新一代信息技术系列教材

国家级高技能人才培训基地建设项目成果

Hadoop 生态系统及开发

深圳市讯方技术股份有限公司 主编

邓永生 刘铭皓 张俊豪
邵成宽 张 韬 唐 珺 编著

西安电子科技大学出版社

内 容 简 介

本书主要围绕 Hadoop 及其生态系统中的各种工具展开讲解，重点介绍大数据分析处理的整体流程，剖析每个环节中所使用的不同组件的技术原理和特点。本书内容共分为七个模块：模块一为大数据基础概述，主要讲述大数据的概念、来源、应用场景、大数据时代的机遇和挑战等相关内容；模块二至模块六以 Hadoop 生态系统为基础，系统地讲解了分布式文件系统 HDFS、分布式计算框架 MapReduce、分布式资源管理器 YARN、分布式 NoSQL 数据库 HBase、分布式数据仓库 Hive、数据采集系统 Flume 和分布式发布订阅消息系统 Kafka，每一个模块均附有大量的实训内容，操作指导步骤详细，以方便读者掌握相关知识；模块七为大数据日志分析综合项目案例，通过案例将前面模块所学的内容融会贯通，以方便读者掌握大数据开发的核心流程。

本书由深圳市讯方技术股份有限公司与重庆机电职业技术大学共同编写，并以新时代中国特色社会主义思想为思政面，每个模块均融入思政元素，内容丰富、概念清晰，可作为大数据相关专业的教材，也可作为大数据领域技术人员及编程爱好者的参考用书。

图书在版编目(CIP)数据

Hadoop 生态系统及开发 / 深圳市讯方技术股份有限公司主编；邓永生等编著. --西安：西安电子科技大学出版社，2023.8(2024.2 重印)
ISBN 978-7-5606-6921-2

Ⅰ. ①H…　Ⅱ. ①深…　②邓…　Ⅲ. ①数据处理软件　Ⅳ. ①TP274

中国国家版本馆 CIP 数据核字(2023)第 109885 号

策　　划　高　樱　张紫薇
责任编辑　吴祯娥　高　樱
出版发行　西安电子科技大学出版社(西安市太白南路 2 号)
电　　话　(029)88202421　88201467　　邮　编　710071
网　　址　www.xduph.com　　电子邮箱　xdupfxb001@163.com
经　　销　新华书店
印刷单位　陕西天意印务有限责任公司
版　　次　2023 年 8 月第 1 版　2024 年 2 月第 2 次印刷
开　　本　787 毫米×1092 毫米　1/16　印 张　16
字　　数　377 千字
定　　价　49.00 元
ISBN 978 - 7 - 5606 - 6921 - 2 / TP

XDUP　7223001-2

如有印装问题可调换

前 言

校企共编教材

随着计算机技术和互联网的广泛应用，大量的数据正在以极快的速度产生和累积，并渗透到很多行业和业务职能领域，成为重要的生产因素。如何充分挖掘并利用好这些海量数据的价值，让其为人类提供更好的服务，是大数据研究和应用的核心主题。

大数据得以广泛应用，得益于一系列优秀的大数据开源平台和开源工具，如 Hadoop、Spark 和 YARN、HBase、Hive、ZooKeeper 等。这些平台和工具共同组成了繁盛的大数据技术生态系统。当前，主要的大数据解决方案大多是基于 Hadoop、Spark 的生态体系发展而来的，如 Cloudera 的大数据解决方案 CDH、华为的大数据解决方案 MRS 等。

本书主要围绕 Hadoop 及其生态系统中的各种工具展开讲述，不仅介绍了大数据的生产和处理的各个环节，而且剖析了每个环节中所使用的不同组件的技术原理和特点，读者可以从中领略分工合作、相辅相成的精妙。同时，本书融入思政元素，全面贯彻新时代中国特色社会主义思想，尤其突出党的二十大精神。

全书共分为七个模块，除模块一为纯理论外，其余模块均为理论和实训的组合，强调理实一体。模块一为大数据基础概述，全面介绍大数据的行业情况和技术发展趋势，包括大数据的概念和价值、大数据的应用场景、Hadoop 及其生态系统简介等。模块二为 Hadoop 分布式文件系统 HDFS，介绍大数据平台 Hadoop 中的核心组件 HDFS，该组件是 Hadoop 平台中负责存储的组件。模块三为分布式计算框架 MapReduce 和分布式资源管理器 YARN，介绍 MapReduce 和 YARN 的工作过程与架构，着重讲解 MapReduce on YARN 任务调度流程、YARN 的资源管理及分配模型等。模块四为分布式 NoSQL 数据库 HBase，其建立在 HDFS 之上，具有可伸缩、高可靠、高性能等特点。模块五为分布式数据仓库 Hive ，其主要作用是将 HiveQL(Hive Query Language)转换为一系列的 MapReduce Job，并利用 Hadoop 框架对数据进行类 SQL 处理。模块六为 Hadoop 其他大数据生态组件，重点讲解数据采集系统 Flume 和分布式发布订阅消息系统 Kafka。模块七为大数据日志分析综合项目案例，读者可以全面学习大数据处理流程中所涉及的各个组件与工具的使用方法，掌握实际项目开发过程中所涉及的各项技能。

本书由深圳市讯方技术股份有限公司与重庆机电职业技术大学联合编写，由邓永生、刘铭皓负责全书的规划，由张俊豪、邵成宽、张韬、唐珺执笔撰写，其中张俊豪负责模块一、模块二，邵成宽负责模块三、模块四、模块七，张韬负责模块五，唐珺负责模块六。

尽管尽了最大的努力，但由于编者能力有限，书中难免存在不妥之处，殷切希望广大读者批评指正！

深圳市讯方技术股份有限公司

重庆机电职业技术大学

2023年1月

目　录

模块一　大数据基础概述

大数据时代的到来，给社会带来了深刻的变革。常规的软件工具已经无法满足大数据时代的需求，所以必须要有新的处理模式。这些新的处理模式应该具有更强的决策力、洞察发现力和流程优化能力，只有这样才能满足大数据管理和利用多样化的要求。

本模块首先介绍大数据的概念和价值以及大数据的来源，然后介绍大数据的应用场景、大数据时代的机遇和挑战，接着给出 Hadoop 及其生态系统简介，最后介绍大数据行业的人才需求状况。

通过本模块的学习，可以培养学生以身作则、爱国如家的爱国情怀。

1.1 大数据的概念和价值

1. 大数据的概念

现在，人们常常将“大数据”理解为数据量庞大，形式繁杂，利用常规的软件工具难以或无法捕获、管理和处理的数据集。大数据的特点如图 1-1 所示，即数据量大、产生速度快、数据种类多和价值密度低。

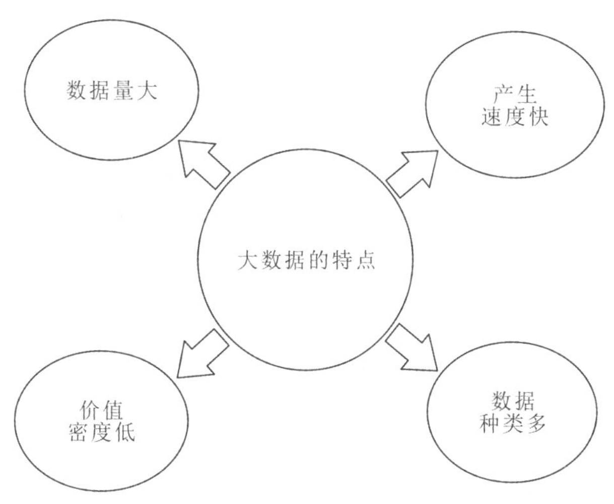

图 1-1　大数据的特点

(1) 数据量大。数据量大是指大数据中的数据集是大型的，采集、存储和计算的数据量都非常大。

(2) 产生速度快。大数据的增长速度快，处理速度快。这是大数据区别于传统数据的显著特征。

(3) 数据种类多。大数据可概括为三种，分别为结构化、半结构化和非结构化数据，具体表现为日志信息、音视频、图片、地理位置信息等。由于数据种类繁多，因此人们对大数据的处理水平需求更高。

(4) 价值密度低。在大数据时代，很多有价值的信息都是分散在海量数据中的。数据价值与数据真实性和数据处理时间相关。如何结合业务逻辑并通过强大的机器算法来挖掘数据价值，是大数据时代最需要解决的问题。

2. 大数据的价值

在当今社会，数据被看作一种重要的战略资产，它就像“新时代的石油”，极富开采价值。任何企业都希望能够充分挖掘大数据的价值，从而做出更准确的商业决策。如果能够充分挖掘大数据的价值并加以利用，那么企业在竞争中将抢占先机。

大数据时代的到来，打破了企业里传统数据的边界，改变了过去商业智能仅仅依靠企业内部业务数据的局面，其背后蕴含的商业价值不可估量。大数据已经对企业产生了巨大的影响，其不仅能够明显提升企业数据的准确性和及时性，还能够降低企业的交易成本。更为关键的是，大数据能够帮助企业分析大量数据而使其进一步挖掘细分市场的机会，还能够缩短企业产品的研发时间，提升企业在商业模式、产品和服务上的创新力，大幅提升企业的商业决策水平，降低企业的经营风险。大数据的价值如图 1-2 所示。

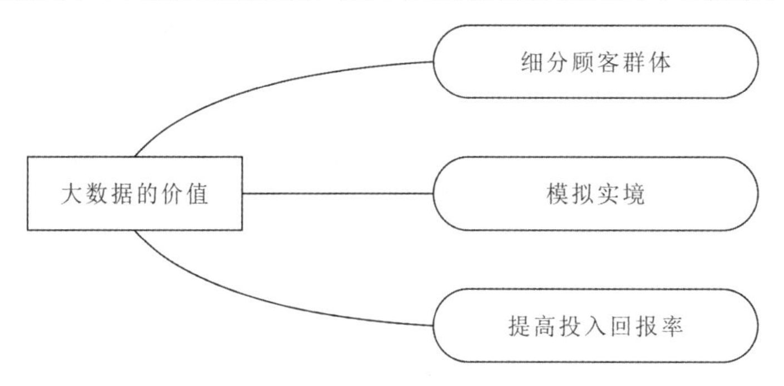

图 1-2　大数据的价值

(1) 细分顾客群体。无论是大企业，还是小商店，都可以利用大数据对顾客群体进行细分，在对每类顾客进行“量体裁衣”后，可采取针对性的行动。瞄准特定的顾客群体进行营销和服务活动是商家一直以来的追求，商家可以通过云存储来实现对顾客群体海量数据的存储，并利用大数据分析技术对顾客群体进行细分，这样在降低成本的同时，整体效率也得到了极大的提高。

(2) 模拟实境。企业可以运用大数据模拟实境，发掘新的需求。当商家与大数据“拥抱”在一起时，人们可以采取相应的分析技术，将所得到的数据与交易行为产生的数据进行储存和分析，然后将交易过程、产品使用过程、人类行为所产生的信息进行数据化。大数据技术可以把这些数据整合起来进行数据挖掘，通过模型模拟来判断在不同变量的情况下应使用何种方案才能够获取更大的利益。

(3) 提高投入回报率。人们可以将大数据成果与相关部门分享，进而提高整个管理链条和产业链条的投入回报率。例如，大数据能力强的部门可以通过云计算、内部搜索引擎将大数据成果与大数据能力薄弱的部门分享，让其了解相关部门的投入回报率。各部门通过可视化图表展示分析结果，可以方便地从中发现存在的一些问题，进而不断地利用大数据创造商业价值，提高投入回报率。

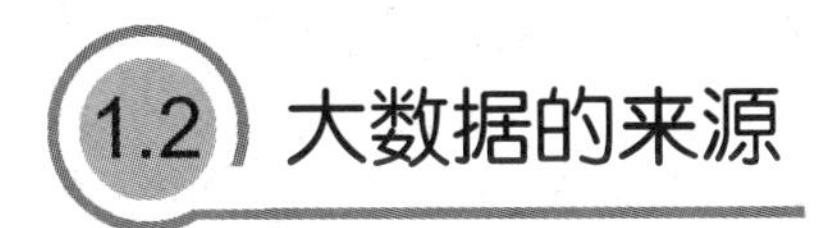

1.2 大数据的来源

数据来源于生活的方方面面。随着互联网、物联网、云计算等技术的快速发展，各类应用层出不穷，引发了数据规模的爆炸式增长。

大数据的来源大致可以分为以下三种：

(1) 移动设备的实时记录与跟踪所产生的数据。例如，汽车生产商在车辆中配置了可传播信号的监控器，如 GPRS(General Packet Radio Service，通用无线分组业务)、油耗器、速度表、公里表等，通过信号的传播，人们可以了解车辆机械系统的整体运行情况。除此之外，日趋火热的移动可穿戴设备也是非常关键的信息来源之一，人们可以从移动可穿戴设备中提取出有用的数据，进而获得相应的价值。此类数据产生的业务可能较少，但可以推动某些经营模式的实质变革。例如，汽车传感数据可用于评价司机的行为，进而推动汽车保险业的深刻变革；汽车的节能减排可以推动环境改善的变革等。

(2) 互联网行业产生的数据。互联网行业产生的数据有很多，如用户在使用各种应用软件时留下的痕迹信息、浏览内容时留下的行为信息等。这些信息很多时候会作为日志信息存储下来，通过对这些信息进行分析，可以挖掘出用户的需求，进而实现个性化推荐。对于企业而言，在获取相应的信息之后，也可以对自身的管理流程做出变革，如在获悉消费者有普遍的行为后，企业可以灵活做出调整，以降低成本或者增加销售量，进而产生经济价值。由此可见，互联网是数据挖掘的源泉，也是价值的重要体现。

(3) 传统行业产生的数据。众所周知，时代的进步会带来许多变革，而在新的时代来临前，都有一个过渡期。当把目光全都聚焦到互联网行业时，不要忘记其也是从传统行业转型过来的，只不过是以一种新的形式而已。这里的传统行业包括电信、银行、金融、医药等行业。

1.3 大数据的应用场景

大数据可以应用在人们生产和生活的方方面面。如今，很多行业开始探索大数据的应用。大数据时代不仅处理着海量的数据，还加工、传播、分享着数据。有关数据显示，中国大数据 IT 应用投资规模较大的有五大行业，其中互联网行业占比最高，其次是电信行业，第三为金融行业，公共安全行业和医疗行业分别为第四和第五。

具体到行业内每家公司的数据量来看，信息、金融保险、计算机及电子设备、公用事业四类的数据量最大。大数据的应用体现在智慧政府、智慧民生、智慧经济等方面，如图 1-3 所示。

图 1-3　大数据的应用体现

以下总结了大数据的六大应用场景。

1. 金融行业

基于大数据的金融服务主要是指拥有海量数据的企业所开展的金融服务。人们已经对大数据技术在风险控制、运营管理、销售支持及商业模式创新等方面进行了全面的尝试。

近年来，不少国内银行已经开始尝试通过大数据来驱动业务运营。例如，中信银行信用卡中心利用大数据技术实现了实时营销；光大银行建立了庞大的社交网络信息数据库；招商银行利用大数据发展小微贷款。总体来看，银行大数据应用主要体现在以下四个方面：

(1) 客户画像，其主要分为个人客户画像和企业客户画像。个人客户画像包括人口统计学特征、消费能力数据、兴趣数据、风险偏好等；企业客户画像包括企业的生产、流通、运营、财务、销售和客户数据及相关产业链上下游等数据。

(2) 精准营销，在客户画像的基础上，银行可以有效地开展精准营销活动。

(3) 风险管控，其包括中小企业贷款风险评估和欺诈交易识别等。

(4) 运营优化，其包括市场和渠道分析优化、产品和服务优化、舆情分析等。

目前，大数据金融模式被广泛应用于电商平台，以利于平台用户和供应商进行贷款融资，使企业获得贷款利息及流畅的供应链所带来的收益。随着大数据金融的不断完善，企业也更加注重用户个人的体验，可以进行个性化的金融产品设计。现在以及未来，大数据金融企业之间的竞争将集中于对数据的采集范围、数据真伪性的鉴别以及数据分析和个性化服务等方面。例如，汇丰银行基于防范信用卡和借记卡欺诈构建了一套全球业务网络的防欺诈管理系统，可为多种业务线和渠道提供完善的欺诈防范服务。该系统通过收集和分析大数据，能够以更快的信息获取速度挖掘不正当的交易行为，并迅速启动紧急告警。

从大数据应用的投资结构来看，银行将会成为金融类企业中的首要部分，证券和保险分别位列第二和第三位。图 1-4 直观地给出了银行、保险和证券行业的大数据应用投资分布情况。

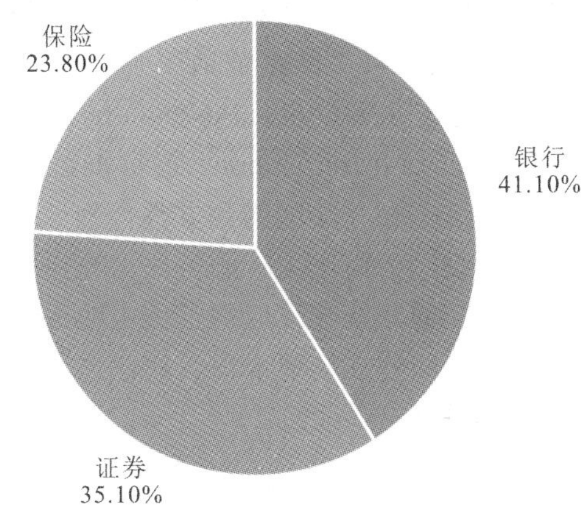

图 1-4　中国金融行业大数据应用投资分布情况

2. 医疗行业

随着移动互联、智能传感器、云计算、大数据、机器人等新兴技术的发展，通信技术与新的信息感知方式开始深刻地改变传统医疗与健康服务的模式。同时，区域医疗、移动医疗、转化医学等新兴技术的应用和发展，促使电子病历、电子健康档案、重症监护室临床监测数据以及可穿戴传感器感知的个人健康状态记录等数据呈现爆炸式增长。在此过程中，医疗数据逐步开放，大数据带来的智能医疗和精准医疗也开始涵盖更多的方向，并在临床操作的比较效果研究、临床决策支持、远程病人监控、病人档案分析等方面发挥重要作用。

例如，上海市浦东新区卫生局积极利用大数据，推动卫生医疗信息化。公共卫生部门通过覆盖区域的居民健康档案和电子病历数据库，可快速检测出传染病，进行全面的疫情监测，并通过集成疾病监测和响应程序快速响应。与此同时，非结构化数据的分析能力的日益加强，使得临床决策支持系统更加智能。

3. 教育行业

随着大数据、云计算、人工智能等新技术的快速发展，教育行业也迎来了前所未有的挑战与机遇。大数据在教育行业中能够发挥的影响力不容小觑，特别是在智能风控预警、学生成长轨迹跟踪等方面将产生深远影响。

大数据平台通过搭建不同的数据模型，可以将大量用户的海量信息进行归类、整理，然后抽象出不同的用户图像，从而可以针对个人推送最适合的优质教学资源，还能对教学资源做优化整理，促使教学资源更人性化、更优质化。针对用户图像，还可以设置预警线，对特定的学生进行特定的观察，实时给予辅导与建议，减少问题学生的出现，推动学生在成长过程中健康发展。

例如，徐州市教育局实施了主题为“教育大数据分析研究”的相关研究工作，旨在应用数据挖掘和学习分析工具，在网络学习和面对面学习融合的混合式学习方式下，实现教育大数据的获取、存储、管理和分析，为教师教学方式构建全新的评价体系，改善教与学的体验。

4. 交通规划行业

交通领域所涉及的范围十分广泛，数据的来源也非常多，如城市道路交通数据、港口货物数据、铁路交通运营数据、物流车辆与货物数据及其所衍生的相关拥堵、事故、违法信息等。人们常提到的城市公安交通管理大数据是指在城市智能交通建设与运营的过程中，从视频监控、管控信息、营运信息、GPS(Global Positioning System，全球定位系统)定位信息、路况信息、RFID(Radio Frequency Identification，射频识别)信息等各类信息中所产生的大量数据，借助信息技术可以将这些相互关联的数据整合到一起，形成一个有价值的数据链，从而加快城市交通信息化建设，为市民出行服务，为交通智能化服务。

在过去几年里，我国的智能交通系统建设取得了巨大的进步与发展，人们可以针对道路交通违法、交通安全等情况，不断建立交通卡口、违法检测、道路智慧监控、交通事件监测等信息化系统，以辅助人们进行交通规划。

5. 公共安全行业

日益复杂多变的公共安全形势向维护国家公共安全提出了更高的要求。日趋发展的信息与互联网技术在促进社会进步与发展的同时也使威胁公共安全的各类信息越来越多，维护公共安全面临着全新的挑战。犯罪行为产生的海量信息，数据量大而分散、构成复杂、有效信息提取困难，传统滞后的公共安全管理模式难堪重负。人们必须加快汇聚整合公安、民政、城管、消防、质监、财政等部门的基础数据和政府部门管理数据、公共服务机构业务数据、互联网等相关数据，加快建设社会公共安全领域大数据智能系统，进而提升社会治安防控体系数字化、网络化、智能化水平。加强大数据应急管理应用，可以完善云计算安全态势感知、安全事件预警预防及应急处置机制，可以构建公共安全数据库群，并且为应对和处理重大突发公共事件提供数据支持。

国家的公共安全问题一直不容忽视，在社会发展过程中，大数据在公共安全行业将发挥越来越关键的作用。

6. 旅游行业

随着新兴技术的发展，大数据在旅游行业也得到了高度重视。大数据在旅游行业的主要应用体现在旅游市场细分、旅游舆情监测、旅游营销诊断、景区动态监测等方面。大数据可以对消费者进行精确的需求分析，挖掘出有价值的信息，然后做出预判。

例如，通过对旅游行业的大数据进行分析，可以对游客画像，可以对旅游舆情进行分析，从而有效提升协同管理和公共服务能力，推动旅游服务、旅游营销、旅游管理、旅游创新等方面的发展。

1.4 大数据时代的机遇和挑战

大数据作为未来社会经济发展的关键技术之一，在各国政府的持续支持下，跨入了新的发展阶段。在大数据时代下，人们还会遇到各种机遇与挑战。

1. 大数据时代的机遇

2023 年 1 月，中国信息通信研究院（以下简称“信通院”）发布了《大数据白皮书（2022年）》，这是中国信通院自 2014 年以来第七次发布大数据白皮书。此白皮书对全球和我国大数据发展的总体态势进行了深入分析，重点探讨了数据存储与计算、数据管理、数据流通、数据应用、数据安全五大核心领域的发展现状、特征、问题和趋势，并对我国大数据未来发展进行了展望与研判。

白皮书指出，大数据发展正处于一个关键的转型期，需要通过深度优化、规范化、深层价值释放和安全保障等方面的努力，实现高质量发展。白皮书还指出，我国大数据产业发展态势良好、动力充足，得益于政策、人才、资金等方面的持续加码。白皮书为我们把握大数据时代的机遇、提升数据的价值和安全提供了重要的参考与指导。在大数据时代，各行各业都能够轻松借助海量的数据资源，开拓新的价值和服务，助力社会进步和经济增长。

2. 大数据时代的挑战

大数据时代充满机遇，也面临许多挑战，主要包含以下七个方面：

(1) 企业对大数据的挖掘能力不足。许多企业的业务部门不了解大数据，也无法清晰地认识大数据的应用场景，所以无法从中挖掘出准确的需求与价值。加上大数据研发成本高，许多企业决策层担心投入产出比不高，在开启大数据业务时会犹豫不决，甚至因为暂时没有应用场景，在考虑成本控制等因素后，抛弃了很多有价值的历史数据。

(2) 企业的内部数据无法打通。企业里的各种数据零散地分布在各个部门，碎片化的内部数据无法在企业内部打通，进而无法发挥数据的真正价值。

(3) 数据可用性低，质量差。因为没有特定的业务场景，所以许多企业在初期对数据不够重视，导致数据结构、数据类型等非常繁杂、极不规范，从而使得后期清洗、处理所需要的时间成本非常高，数据可用性也比较低，质量差。

(4) 传统的数据相关管理技术和架构不符合大数据发展需求。传统的数据库部署无法处理 100 TB 及以上级别的数据，与结构化数据、半结构化数据和非结构化数据的兼容性不好。传统的数据库对数据处理时间要求不高，而大数据对速度要求高。海量数据运维需要保证数据的稳定，支持高并发的同时还要考虑减少服务器负载，以前的架构已经无法满足大数据的发展需求。

(5) 数据的开放与隐私难以权衡。在当今大数据时代，数据的开放与共享已经成为在数据大战中保持优势的关键。但数据的开放与共享不可避免地会侵害一些用户的隐私。如何在推动数据全面开放、数据共享的同时，更加有效地保护用户的隐私，是大数据时代的一个重大挑战。

(6) 数据安全受到挑战。在一个数据网络化的时代，违法犯罪分子能够轻易地通过一些不易被追踪与防范的犯罪手段来达到获取人们隐私信息的目的，因此对数据的安全性就有了更高的要求。

(7) 大数据人才缺口大。大数据初期的建设需要专业人员和团队来完成。根据工业和信息化部发布的《“十四五”大数据产业发展规划》，到 2025 年，我国大数据产业测算规模将突破 3 万亿元。但大数据人才的培养数量和速度远远达不到产业规模增速的要求。预计到 2025 年，大数据核心人才缺口将高达 230 万人，这将严重制约行业的发展。此外，目前高校的大数据相关专业刚刚开始建设，相关专业的授课队伍还在不断调整和完善。因此，可通过校企合作，共同努力去挖掘和培养人才。

1.5 Hadoop 及其生态系统简介

大数据技术是对海量数据进行存储、计算、统计、分析处理的一系列处理技术，处理的数据量通常是太字节(TB)级，甚至是拍字节(PB)级或艾字节(EB)级，其涉及的技术有分布式计算、高并发处理、高可用处理、集群、实时性计算等。这是传统数据处理手段所无法完成的。当前，各主要的大数据解决方案大多是基于开源平台 Hadoop、Spark 的生态系统发展而来的。本书主要介绍 Hadoop 生态系统及开发的相关知识，从而为从事计算机与大数据相关岗位打好基础。

1. Hadoop 简介

Hadoop 系统最初源于 Apache Lucene 项目下的搜索引擎子项目 Nutch，该项目的负责人是道格•卡廷(Doug Cutting)。2003 年，Google 公司为了解决其搜索引擎中大规模 Web 网页数据的处理问题，研究开发了一套称为 MapReduce 的大规模数据并行处理技术，并于 2004 年在著名的 OSDI(Operating System Design and Implementation，操作系统设计与实现)国际会议上发表了一篇题为“MapReduce:Simplified Data Processing on Large Clusters”的论文，该论文简明扼要地介绍了 MapReduce 的基本设计思想。

道格 • 卡廷受到了该论文的很大启发。他发现 MapReduce 所解决的大规模搜索引擎数据处理问题正是他同样面临且急需解决的问题。因此，他尝试依据 MapReduce 的设计思想，模仿 MapReduce 框架的设计思路，用 Java 语言设计了一套新的 MapReduce 并行处理软件系统，并将其与 Nutch 分布式文件系统(NDFS)结合，以达到对 Nutch 搜索引擎进行数据处理的目的。

2006 年后，NDFS 和 MapReduce 从 Nutch 项目中分离出来，成为一套独立的大规模数据处理软件系统，这个系统使用道格 • 卡廷孩子的小黄象玩具的名字“Hadoop”命名。Hadoop 的 Logo 是一只小黄象，如图 1-5 所示。

图 1-5　Hadoop 的 Logo

Hadoop 是一套用于在由通用硬件构建的大型集群上运行应用程序的框架。它实现了一个分布式文件系统(Hadoop Distributed File System，HDFS)。HDFS 有高容错性的特点，可以用来部署在低廉的硬件上，而且它提供高吞吐量来访问应用程序的数据，适合有着超大数据集的应用程序。HDFS 放宽了 POSIX(Portable Operating System Interface of UNIX，可移植操作系统接口)的要求，可以以流的形式访问文件系统中的数据。同时它实现了 Map 和 Reduce 编程范型，可将计算任务分割成小块(多次)运行在不同的节点上，从而进行并行计算和分析。

Hadoop 框架在最初阶段最核心的设计就是 HDFS 和 MapReduce。HDFS 为海量的数据提供存储，而 MapReduce 为海量的数据提供计算。因此，用户可以在不了解分布式底层细节的情况下开发分布式程序，并充分利用集群的威力进行高速运算和存储。

Hadoop 开源项目自推出后，已经历了数十个版本的演进，从 2007 年推出的 Hadoop 0.14.x 测试版，一直发展到 2011 年 5 月推出的经过 4500 台服务器产品级测试的最早的稳定版 0.20.203.x。与此同时，由于 Hadoop 1.x 版本在 MapReduce 基本构架的设计上存在作业主控节点(JobTracker)单点瓶颈、作业执行延迟过长、编程框架不灵活等较多的缺陷和不足，所以在 2011 年 10 月，Hadoop 又推出了基于新一代构架的 Hadoop 0.23.0 测试版，该版本系列最终演化为 Hadoop 2.0 版本。

2011 年 12 月，Hadoop 社区在 0.20.205 版本的基础上发布了 Hadoop 1.0.0，该版本到 2012 年 3 月发展为 Hadoop 1.0.1 稳定版，到 2013 年 8 月发展为 Hadoop 1.2.1 稳定版。

2014 年 11 月，Hadoop 2.6.0 稳定版发布。Hadoop 拥有一批优越的开发者，每年更新迭代十个版本左右，其技术的更新非常迅速。截至 2023 年 1 月，Hadoop 的最新稳定版本是 3.3.4。本书将基于 Hadoop 3.3.4 版本开展实训。

2. Hadoop 生态系统简介

2008 年，Apache Hadoop 项目成为 Apache(知名软件基金会)最大的开源项目，其主要包括 HDFS、YARN、MapReduce、Ozone 等。

随着大数据的日益发展，Hadoop 从狭义的软件系统逐步发展成包含 HDFS、MapReduce、YARN、HBase、ZooKeeper、Pig、Hive、Sqoop、Flume、Mahout、Ambari 的大数据生态系统。

(1) HDFS(Hadoop 分布式文件系统)。HDFS 是 Hadoop 体系的基本组成部分。它是一个高度容错的系统，能检测与应对硬件发生的故障，可运行在低成本的通用硬件上。HDFS 也可以理解成一种分布式保存数据的机制(数据是以块的方式来存储的)，其简化了文件的一致性模型，通过流式数据访问，提高了数据吞吐能力。同时，HDFS 还提供了数据写入一次、读取多次的机制，后面的模块中会学习到其更多相关特性。

(2) MapReduce(分布式计算框架)。MapReduce 是一个分布式、并行处理的计算模型。MapReduce 把需要执行的程序分为 Map(映射)阶段和 Reduce(归约)阶段。开发人员可以编写 MapReduce 任务代码，对存储在 HDFS 上的数据进行操作。MapReduce 能以并行的方式对数据进行处理，从而达到快速处理的效果。

(3) YARN(分布式资源管理器)。YARN 是 Hadoop 的资源调度系统。YARN 可为上层应用提供统一的资源管理和调度，它的引入为集群在利用率、资源统一管理和数据共享等方面带来了巨大好处。

(4) HBase(分布式 NoSQL 数据库)。HBase 是一个建立在 HDFS 之上，面向列的可伸缩、高可靠、高性能、分布式 NoSQL 数据库。HBase 以 BigTable 为原型，将 HDFS 作为其文件存储系统。HBase 使用 ZooKeeper 进行管理和协同，确保所有组件都正常运行。

(5) ZooKeeper(分布式协调服务)。ZooKeeper 是一个分布式协调服务组件，其常用的应用场景包括配置维护、域名服务、分布式协同、组服务等，可以解决分布式环境下的数据管理问题。Hadoop 生态系统中的许多组件都依赖于 ZooKeeper，它可以起到管理 Hadoop 的作用。

(6) Pig(数据流处理)。Pig 是一个分析大型数据集的平台，也是 MapReduce 的一个抽象，其提供了一种称为 Pig Latin 的高级语言。该语言提供了各种操作符。若要使用 Pig 分析数据，程序员需要使用 Pig Latin 语言编写脚本。所有的这些脚本都在平台内部转换为 Map 和 Reduce 任务。程序员可以利用 Pig 开发为自己所用的读取、写入和处理数据的功能。

(7) Hive(分布式数据仓库)。Hive 是基于 Hadoop 的一个数据仓库，又可以理解为一个底层依赖于 HDFS 的工具，它使用类似于 SQL 的 HiveQL 来实现数据查询，这种方式的基本原理是将 HiveQL 语句转化为可以在 Hadoop 上执行的 MapReduce 任务。Hive 的关键优势是可以让不熟悉 MapReduce 的开发人员也能编写数据查询语句来对数据进行处理，这大大降低了大数据处理的门槛。与 Pig 类似，Hive 作为一个抽象层工具，吸引了很多熟悉 SQL 但不熟悉 Java 编程的数据分析人员。

(8) Sqoop(数据 ETL 工具)。Sqoop(SQL-to-Hadoop)是一个可以在数据源和 Hadoop 之间进行结构化数据批量迁移的工具，结构化数据的数据源可以是 MySQL、Oracle 等关系型数据库。Sqoop 底层是用 MapReduce 程序实现抽取、转换、加载的，MapReduce 的特性保证了并行化和高容错率。而且相比 Kettle 等传统 ETL 工具，Sqoop 在 Hadoop 集群上执行任务，可减少 ETL 服务器资源的使用。

(9) Flume(日志收集工具)。Flume 是 Cloudera 公司提供的一个高可用、高可靠、分布式架构的系统。Flume 常用于海量日志的采集、聚合和传输，支持在日志系统中定制各类数据发送方，用于收集数据。同时，Flume 提供对数据进行简单处理的能力，可定制化开发实现特定需求。

(10) Mahout(数据挖掘库)。Mahout 是 Apache 的一个开源项目，实现了一些可扩展的机器学习领域的经典算法，包含聚类、分类、推荐过滤、频繁子项挖掘等。使用 Mahout 可轻松实现数据挖掘相关应用的开发。

(11) Ambari(Hadoop 集群管理与监控工具)。Ambari 是一种基于 Web 的工具，支持 Hadoop 集群的管理和监控。Ambari 支持大多数 Hadoop 生态系统组件，包括 HDFS、MapReduce、HBase、ZooKeeper、Pig、Hive、Sqoop 等。

Hadoop 生态系统如图 1-6 所示。

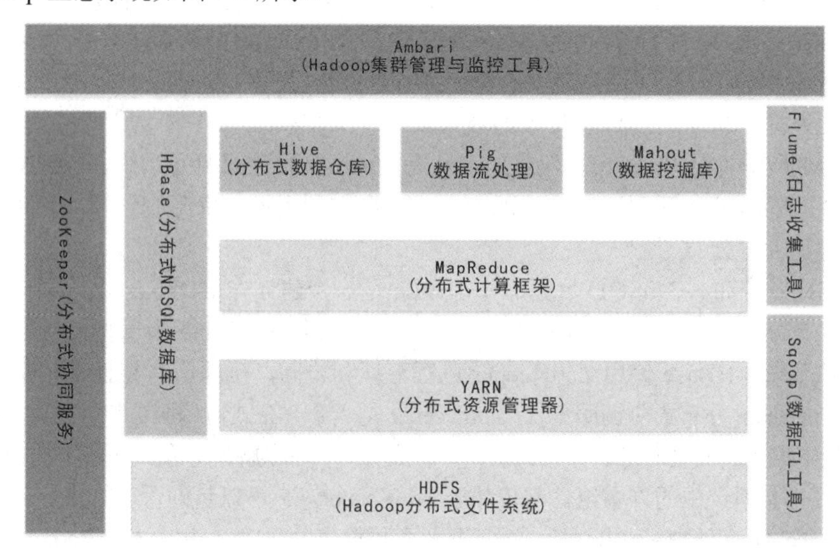

图 1-6 Hadoop 生态系统

1.6 大数据行业的人才需求状况

大数据已经成为国家发展规划中的重要部分。伴随着大数据在各行业应用的逐步深入，大数据行业人才需求剧增，其中相关技术人才大致可以概括为大数据开发工程师、大数据分析/挖掘工程师、大数据运维工程师、数据可视化工程师、数据安全研发人才、数据科学研究人才。此外，还有大数据讲师、大数据产品售前售后工程师、大数据产品经理、大数据架构师等。

(1) 大数据开发工程师。大数据开发工程师主要负责搭建大数据应用平台以及开发分析应用程序，因此其必须熟悉常用的大数据开发工具，并且对算法、编程、优化以及不同大数据平台的部署有一定的了解。此外，大数据开发工程师还应具备根据不同业务实现相关需求的能力，能够开发出各种基于大数据技术的应用程序，并对业界中常见的大数据解决方案有一定的认识。

(2) 大数据分析/挖掘工程师。大数据分析/挖掘工程师主要从事数据挖掘工作，其必须熟练掌握常用的数据分析工具，并且能够运用算法来解决数据分析问题，同时还需要推动数据解决方案的不断更新，有较强的数据敏感性。此外，他们还需要熟悉数据模型设计方法，尤其是需要掌握 SQL 语言，具备独立完成数据抽取、数据处理、数据建模及验证、数据分析报告等任务的能力。

(3) 大数据运维工程师。大数据运维工程师不仅需要掌握一定的运维知识(如对运维相关组件的认识、脚本的编写等)，还需要对大数据工作中所用到的框架有深刻的认识，能跟进生态组件的落地实践，并且可制定运维大数据平台解决方案，设计和实施大数据系统研发，包括大规模非结构化数据业务模型构建、大数据存储、数据库构设、数据库中心设计等。同时，数据集群的日常运作和系统的监测、平台的优化等也是大数据运维工程师的重要工作。该岗位人才是任何一个大数据相关企业必不可少的关键角色，因此此类岗位的人才需求也非常大。

(4) 数据可视化工程师。数据可视化工程师负责利用图形化的工具及手段，清楚地揭示收集到的高质量数据中的复杂信息，帮助用户更好地认识数据的本质。数据可视化工程师与普通的前端开发工程师类似，也需要掌握前端相应的知识，但数据可视化工程师更加注重与数据相关的展示，比如数据报表项目的开发、数据大屏项目的开发等。此外，数据可视化工程师还需要根据目的和用户群选用恰当的表现方式。

(5) 数据安全研发人才。数据安全研发人才主要负责企业内部大型服务器、存储、数据安全管理工作，并对网络、信息安全项目进行规划、设计和实施。在当今数据爆发式增长的时代，数据安全方面的技术人才十分稀缺。

(6) 数据科学研究人才。数据科学研究是一个相对较新的岗位，其任务是使单位、企业的数据和技术发挥商业价值。随着大数据时代的到来，越来越多的工作、事务直接涉及或针对数据，这就需要有数据科学方面的研究专家来进行研究，并将数据分析结果分享给 IT 部门和业务部门的管理者。数据科学研究人才是沟通海量数据和管理者之间的桥梁，该类人才需要有数据专业、分析师和管理者的相关知识及较强的专业综合能力。

知 识 巩 固

1. 大数据的特点是什么？
2. 请自行查找资料，列举出企业的大数据解决方案。
3. 请列举出生活中有关大数据应用的例子。
4. Hadoop 生态系统包含哪些重要组件？
5. 大数据行业有哪些人才需求？请简述其主要工作内容。

模块二 Hadoop 分布式文件系统 HDFS

随着信息化时代的进一步发展，数据呈现爆发式增长，给人们带来了巨大的挑战。如何高效、安全地存储海量数据，是非常棘手的问题。面对数据类型的多样性，传统的数据库已经没有办法满足需要。而 Hadoop 分布式文件系统 HDFS 正是可以解决上述问题的存储引擎。

本模块主要介绍 HDFS 的相关知识，包括 HDFS 概述及基本概念、HDFS 的系统架构与适用场景、HDFS 的操作方式、HDFS 的关键特性等。同时，还讲解相关的实训内容，包括基础实训环境准备、HDFS 的安装部署与配置、HDFS 的读写 API 操作等。

通过本模块的学习，可以培养学生严谨细致、精益求精的科研精神。

2.1 HDFS 概述及基本概念

2.1.1 HDFS 概述

HDFS 即 Hadoop 分布式文件系统，是基于流数据模式访问和处理超大文件的设计原则开发而成的适合运行在通用硬件上的分布式文件系统，是分布式计算中数据存储与管理的基础。HDFS 最早在 Google 公司于 2003 年 10 月发表的一篇关于谷歌文件系统(Google File System，GFS)的论文中被提出，GFS 最开始是作为 Apache Nutch 搜索引擎项目的基础架构而开发的。HDFS 是一个具有高度容错性的系统，适合部署在廉价的机器上。HDFS 还能提供高吞吐量的数据访问，适合在大规模数据集上应用。此外，HDFS 还减少了一部分可移植操作系统接口(Portable Operating System Interface of UNIX，POSIX)的约束，以达到流式读取文件系统数据的目的。

1. HDFS 的优点

(1) 高容错性。对于一个庞大的系统而言，整个系统的存储节点可能会有数百数千甚至上万个，在其中某个存储节点发生故障的可能性很高。如果不采取一些容错机制，则会造成数据的丢失。所以 HDFS 提供了一些机制，这些机制具有故障检测与自动快速恢复的功能，这也是最初设计 HDFS 的重要思想。

(2) 数据批处理。应用程序可以流式访问 HDFS 上的数据集，HDFS 被设计成适合批量处理的场景。当数据量非常大，且对访问数据所消耗的时间要求不高时，适合使用 HDFS，因为 HDFS 可以有很高的数据吞吐量，这也是 HDFS 的一大特点。

(3) 适合大数据集处理。HDFS 可以存储大量的数据集，典型的 HDFS 文件大小是 GB 到 TB 的级别，所以 HDFS 被设计成支持大文件。它能提供很高的聚合数据带宽。在一个集群中，HDFS 支持数百个节点，能支持千万级别的文件。

(4) 简单数据一致性模型。大部分的 HDFS 程序对文件的操作更需要的是一次写、多次读取，一个文件创建、写入、关闭之后最好就不要再修改了。这样就使数据一致的问题简单化了，并且有利于数据的高吞吐访问。

(5) 移动计算。当程序执行到需要访问很大的数据时，因为这些数据是分布式存储在多台机器上的，程序也是作为一个文件存储在 HDFS 上的，而且程序与其所访问的数据不一定在同一台机器上，所以就需要移动数据或者移动程序到同一机器上，这样才能够进行相应的计算。HDFS 被设计成尽可能地移动人们编写的计算程序，因为大多数的程序都是比数据小的，移动程序可以降低网络的拥堵，提高系统的整体吞吐量。HDFS 内部自动实现了相应的接口，可以让程序将自己移动到离数据存储更近的位置。

(6) 异构软硬件平台间的可移植性。HDFS 还被设计成可以简便地实现平台间的迁移，这一特性可以使人们更加方便地进行数据迁移，进而推动 HDFS 本身的发展。

2. HDFS 的缺点

(1) 无法做到低延时数据访问。HDFS 无法做到毫秒级地存储数据，也无法做到在毫秒级内读取数据。它主要是针对高数据吞吐而设计的，所以需要付出一定的时间成本。

(2) 不适合小文件存储。HDFS 采取的是主从架构，其主节点存储着文件系统的元数据(如文件名、目录、块信息等)，而且为了达到快速响应请求的目的，这些元数据是存储在内存中的，内存的大小是有限的。在大数据场景下，数据量是非常大的，当小文件(指小于 HDFS 系统的块大小的文件)很多时，其主节点无法满足元数据的存储需求。所以，如果 HDFS 用来存储大量的小文件，就违背了 HDFS 的设计目标。

(3) 不支持并发写入和任意修改文件。HDFS 中的一个文件只能被一个用户写入，不允许多个线程同时写入，而且仅支持数据以 append(追加)的方式进行追加，不支持文件的随机修改。

2.1.2 HDFS 的基本概念

由上述内容可知，HDFS 是一个分布式文件系统。接下来了解一下 HDFS 的基本概念。

1. 文件系统(File System)

操作系统中负责管理和存储文件信息的软件机构称为文件管理系统，简称文件系统。文件系统是指对文件存储设备的空间进行组织和分配，负责文件存储并对存入的文件进行保护和检索的系统。具体地说，文件系统为用户提供各种对文件的操作，包括文件的建立、写入、读取、修改、复制、删除等，还可对文件的存取、撤销等进行管理。

分布式文件系统(Distributed File System)是指文件系统管理的物理存储资源不直接与本地节点连接，而是通过计算机网络与节点相连的文件系统。分布式文件系统的设计基于客户机/服务器模式。HDFS 是 Hadoop 抽象文件系统的一种实现，HDFS 的文件分布在 Hadoop 集群的各个数据节点上，同时提供副本进行容错及可靠性保证。

2. 文件系统的命名空间(Namespace)

HDFS 支持传统的层次型文件组织结构，应用程序或者用户可以创建特定的目录，然后将文件保存在这些目录中。该文件系统命名空间的层次结构和大多数现有的文件系统类似，用户可以创建、删除、移动或重命名文件。

HDFS 中有特定的进程负责维护文件系统的命名空间，任何对文件系统命名空间或属性的修改都将被此特定进程记录下来。应用程序还可以设置 HDFS 保存的文件副本的数目，文件副本的数目称为文件的副本系数，这个信息也是由此特定进程保存的，其实此特定进程就是 NameNode 进程。

3. 元数据(Metadata)

任何文件系统中的数据都可分为数据与元数据。元数据指的是描述数据的数据(data about data)，主要用来描述数据的属性，诸如访问权限、文件拥有者及文件数据块的分布信息等。通过元数据，可以实现很多功能，如存储位置指示、历史数据和资源查找、文件记录等。元数据算是一种电子式目录，为了达到编制目录的目的，必须描述并收藏数据的内容或特点，进而达成协助数据检索的目的，这在整个系统中具有举足轻重的意义。

在分布式文件系统中，用户如果要操作一个文件就必须先拿到它的元数据，这样才能找到文件的位置。HDFS 的元数据是指维护 HDFS 文件系统中的文件和目录所需要的信息，主要包括以下几个部分：文件、目录自身的属性信息(如文件名、目录名、修改信息等)，文件存储相关的记录信息(如存储块信息、分块情况、副本个数等)，HDFS 的从节点相关信息(用于对从节点的管理)。

4. 数据块(Block)

一般而言，文件系统为了便于管理，会将存储设备按照一定结构规格分割成若干独立的最小存储单元。比如：NTFS(New Technology File System)为 Windows 操作系统下的文件系统，NTFS 的最小存储单元是簇，簇的大小为 4KB；在 Linux 的 Ext3 文件系统中，最小存储单元为块，块的大小默认也为 4KB。文件以最小存储单元的形式存储在磁盘中，最小存储单元的大小代表文件系统读、写操作的最小单位。文件系统一般按照最小存储单元大小的整数倍的存储块来分配空间。

与一般的文件系统类似，HDFS 同样也有块的概念，但块的大小要大很多，默认为 128MB(更早些的版本为 64MB)。存储在 HDFS 上的文件会进行分块，块作为单独的存储单元，以普通文件的形式保存在数据节点的文件系统中。数据块是 HDFS 的文件存储的基本单元。

HDFS 使用了数据块的概念，给存储大文件的系统带来了许多好处。第一，文件块可以保存在集群的任何磁盘上，不限制在同一个机器或同一磁盘上。第二，简化了存储子系统，特别是在故障种类繁多的分布式文件系统中，将管理“块”和管理“文件”的功能区分开，可以简化存储管理，降低分布式管理文件元数据的复杂性。第三，方便容错，有利于数据复制。在 HDFS 中，为了应对损坏的块以及磁盘、机器故障，数据块会被复制到多台不同的机器上(默认设置的副本数为 3，即 1 份数据会复制 2 份副本，并保存在不同的地方)，如果一个数据块副本丢失或者损坏，系统会在其他地方读取副本。

2.2 HDFS 的系统架构与适用场景

2.2.1 HDFS 的系统架构

前面已经提及，HDFS 是一个面向大规模数据使用的、可扩展的分布式文件存储系统。它以文件分块的形式实现对大文件或超大文件的分布式存储。最关键的是，它还具有更加安全、更加可靠、可以快速访问(高吞吐量)等特点。它允许文件通过网络在多台主机之间传送，让实际上是通过网络来访问文件的动作，在用户看来就像是访问本地的磁盘一样。即使系统中有某些节点发生脱机故障，整体来说系统仍然可以持续运作，而不会有数据损失。

为了支持流式数据访问和超大文件存储，HDFS 引入了一些比较独特的设计。在集群上，HDFS 运行在不同服务器上，启动了一些守护进程(daemon)，这些进程有各自的特殊作用，相互配合，共同组成分布式文件系统。一个 HDFS 集群是由一个 NameNode(名称节点)和一定数目的 DataNode(数据节点)组成的。NameNode 是一个中心服务器，也就是前面所提到的主节点，也可以说是一个进程，其主要负责文件系统的命名空间(Namespace)的管理和客户端的请求。DataNode 即从节点，也一样可以理解为一个进程，其管理着自身节点的存储，通常是一个节点部署一个 DataNode。HDFS 暴露了文件系统的命名空间，用户能够以文件的形式在 DataNode 上存储数据。NameNode 不仅执行与文件系统的命名空间相关的操作，比如打开、关闭、重命名文件或目录等，还负责确定数据块到具体 DataNode 的映射；DataNode 则负责处理文件系统客户端的读写请求，然后在 NameNode 的统一调度下进行数据块的创建、删除和复制。HDFS 的简单架构图如图 2-1 所示。

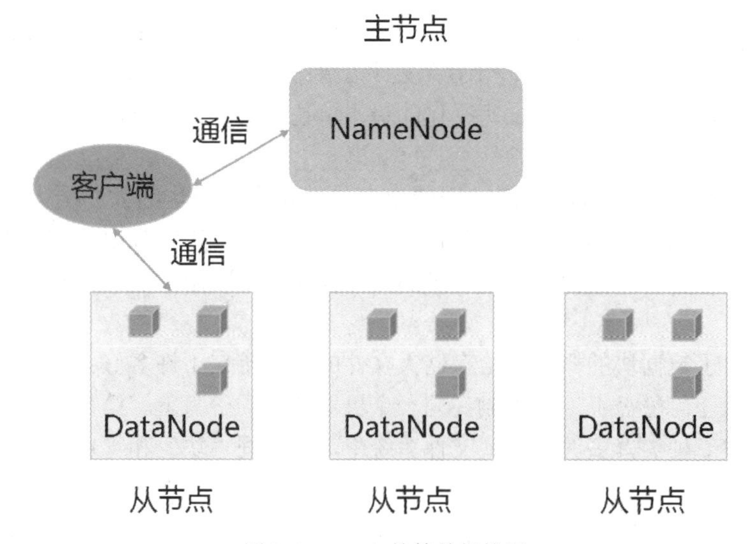

图 2-1 HDFS 的简单架构图

HDFS 采用 master/slave(主/从)模式的架构来存储数据，这种架构主要有三个非常关键的概念，分别为 Client(客户端)、NameNode、DataNode。HDFS 集群中至少要有一个 NameNode，而可以有成千上万个 DataNode，同时也可以有若干数量的 Client。

HDFS 被设计成可在普通的机器上运行，这些机器一般运行着 GNU/Linux 操作系统。由于 HDFS 是使用可移植性极强的 Java 语言开发的，因此任何支持 Java 语言的机器都可以部署 NameNode 或 DataNode。一个典型的部署场景是一台机器上只运行一个 NameNode 实例，而集群中的其他机器分别运行一个 DataNode 实例。下面分别介绍 Client、NameNode、DataNode。

(1) Client。Client 可以指访问 HDFS 的用户，也可以指访问 HDFS 的应用。

(2) NameNode。HDFS 集群有两类节点，分别是 master 节点与 slave 节点。NameNode 即 master 节点，它可看作一个管理者。一个 NameNode 管理着多个 DataNode。NameNode 管理文件系统的命名空间，其维护着整个文件系统树及整棵树内所有文件和目录。数据的元数据会以两种文件形式永久地存放在本地磁盘上，即 FSImage 文件(命名空间镜像文件)和 Edits 文件(编辑日志文件)，对于这两种文件后面会有详细介绍。NameNode 记录着每个文件中各个块所在数据节点的信息，但它并不永久保存块的位置信息，因为这些信息会在系统启动时由数据节点重建。NameNode 的主要功能是管理 HDFS 的命名空间和数据块映射信息，配置副本策略，处理客户端读写请求。

(3) DataNode。DataNode 即 slave 节点，是文件系统的工作节点。DataNode 负责存储分割后的数据块，受 NameNode 管理，其会定期向 NameNode 汇报所存储的数据块列表信息。NameNode 则会下达相关操作的命令给 DataNode，让其执行实际的操作。简而言之，DataNode 的主要作用是存储实际的数据块，执行数据块的读或写操作。

了解了 HDFS 的相关概念后，接下来详细地学习 HDFS 的架构。HDFS 的详细结构图如图 2-2 所示。

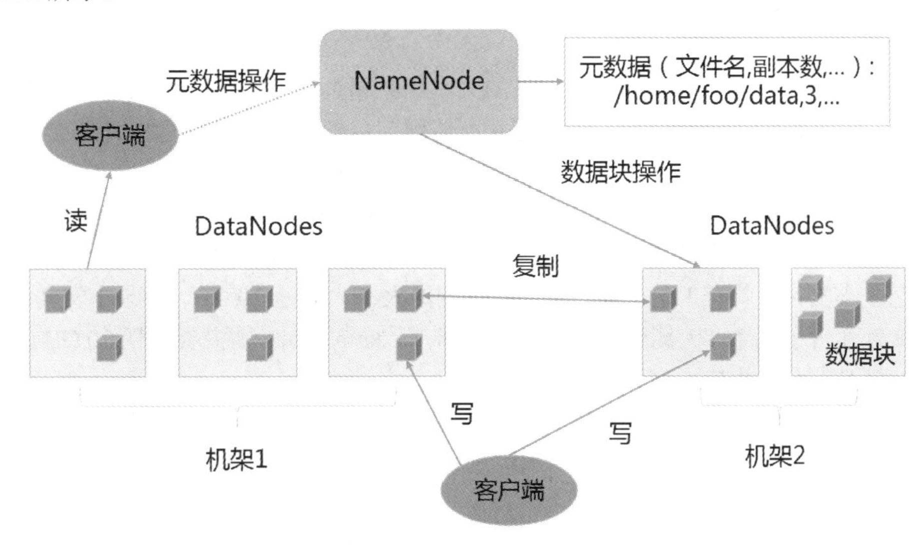

图 2-2 HDFS 的详细架构图

对于很大的数据，比如 5PB 的数据，用一台机器肯定是无法存储的，那么就要使用多台机器进行存储。如何将很大的数据存储在多台机器上呢？自然而然地，人们会想到切分数据，比如将数据切成块。假设将数据块的大小定义成 256 MB，那么 5PB 的数据集可以划分成约 20 971 520 个数据块，然后将其均匀地存储在 1000 台机器上(假设每台机器的空间为 10TB)。这样，应用切块的方式，就可以很好地解决存储大数据的问题。

但是，需要思考这样一个问题：因为机器非常多，不再是一两台，当存储数据的时候，如果重要数据不多，只需要一两台机器可能就存储得下，想要做到数据不丢失，即要求机器不宕机或者不发生其他故障，人们可以用稳定性更好、安全性更高的机器来存储，让它们尽可能少地发生故障。但是如果机器有上千甚至上万台，那么其中一两台发生故障的概率是非常大的。这也是人们常听到的：在大数据环境下，任何机器都是不可靠的，都可能随时出现故障。所以，如果要存储很大的重要数据，一两台、一二十台机器都存储不下的时候，就得好好想一下其他的解决方式了，毕竟稳定性更好、安全性更高的机器，价格要比普通的存储器高得多。那么有没有一种比较好的方式，不仅能够做到数据不丢失，而且机器价格还非常便宜呢？答案是有的。

为了达到数据不丢失而且成本低的目的，可以选择采用多副本的方式对数据进行存储，即多存几份。比如，可以将一个文件切成 *N* 块，每个服务器上都存储不同的块，如果一台机器宕机，还可以在其他机器上取回来数据，这样就可以确保高可靠性。

至此，可以总结出 HDFS 架构的两个关键特点：① 数据分块地存储在多台机器上；② 每一数据块是以多副本的方式存放到多台机器上的。

因为 HDFS 采取分块的形式对数据进行存储，而不再是以传统数据库表的形式对数据进行存储，所以其除了适合存储结构化数据，也适合存储半结构化数据、非结构化数据。而且 NameNode 是管理着 DataNode 的，所以 NameNode 本身必须要知道哪些数据切了块，切成了多少块，存放到了哪里等。当 Client 发起一个读写请求时，必须先去请求 NameNode。具体的原理在后面会讲解。

2.2.2　HDFS 的适用场景

至此已经了解，当需要存储的数据集的大小已经超过一台物理计算机所能存储的范围时，就需要对此数据集进行分块，然后将其存储到多台机器上。为了使 HDFS 发挥其强大的作用，在选择存储引擎的时候，应该了解 HDFS 的适用场景。

HDFS 不适用于存储大量小文件的场景。因为 NameNode 会将文件系统的元数据存放在内存中，一个小文件会被当成一个块来处理。一个块的元数据大小约为 150 个字节，如果有 1 亿个小文件，就有 1 亿个块，此时元数据的大小大概是 20 GB。如果小文件很小，1 亿个小文件才占了几个 TB 甚至更小的存储空间，而 NameNode 则需要消耗 20 GB 的内存，这样的开销是非常昂贵的。

HDFS 适用于高吞吐量的场景，而不适用于低时间延迟的访问场景。因为初始化 Socket、RPC(Remote Procedure Call，远程过程调用)及其多次通信等操作都是非常消耗性能的。

HDFS 适用于流式数据访问场景。HDFS 的设计场景是一次写入、多次读取。因为它认为一个数据集的获取过程往往是先由数据源生成数据集，接着对数据集进行各种分析，每次分析至少会读取此数据集中的大部分数据甚至全部数据，所以 HDFS 的流式数据访问模式可以提高吞吐量。

综上所述，在部署 HDFS 时应根据其特性进行特定的选择，尽可能发挥其优势性能，避免其应用于不适合的环境，造成服务性能的损失，导致集群的工作低效。

2.3 HDFS 的操作方式

2.3.1 常用 Shell 命令

HDFS 的访问操作命令类似于 Linux 下的操作命令。Hadoop 提供了三种命令前缀，即 hadoop fs、hadoop dfs 、hdfs dfs，下面对这三种命令前缀进行区分。

(1) hadoop fs：通用的文件系统命令，可针对任何系统，比如本地文件系统、HDFS 文件系统、HFTP 文件系统、S3 文件系统等。

(2) hadoop dfs：特定针对 HDFS 文件系统的相关操作，已经不推荐使用。

(3) hdfs dfs：与 hadoop dfs 类似，同样是针对 HDFS 文件系统的操作，官方推荐使用。

调用文件系统 Shell(FS Shell)命令应使用 bin/hdfs dfs <args>的形式。所有的 FS Shell 命令使用 URI(Uniform Resource Identifier，统一资源标识符)路径作为参数。URI 格式是 scheme://authority/path。

对 HDFS 文件系统，scheme 是 hdfs；对本地文件系统，scheme 是 file。其中 scheme 和 authority 参数为可选项，如果未加指定，就会使用配置中指定的默认 scheme。一个 HDFS 文件或目录(比如/parent/child)可以表示成下面的形式：hdfs://namenode:namenodeport/parent/child，或者更简单的/parent/child(如果配置文件已经配置了 namenode:namenodeport)。大多数 FS Shell 命令的行为和对应的 Unix Shell 命令类似，不同之处会在下面介绍各命令使用详情时指出。

1. mkdir

使用方法：hdfs dfs -mkdir <paths>

含义：接受路径指定的 URI 作为参数，创建目录。其行为类似于 Unix 的 mkdir -p，它会创建路径中的各级父目录。

示例：

```
hdfs dfs -mkdir /user/hadoop/dir1 /user/hadoop/dir2
hdfs dfs -mkdir hdfs://host1:port1/user/hadoop/dir hdfs://host2:port2/user/hadoop/dir
```

2. mv

使用方法：hdfs dfs -mv URI [URI …] <dest>

含义：将文件从源路径移动到目标路径。这个命令允许有多个源路径，此时目标路径必须是一个目录；不允许在不同的文件系统间移动文件。

示例：

```
hdfs dfs -mv /user/hadoop/file1 /user/hadoop/file2
hdfs dfs -mv hdfs://host:port/file1 hdfs://host:port/file2 hdfs://host:port/file3 hdfs://host:port/dir1
```

3. put

使用方法：hdfs dfs -put <localsrc> ... <dest>

含义：从本地文件系统中复制单个或多个源路径到目标文件系统，也支持从标准输入中读取输入后写入目标文件系统。

示例：

```
hdfs dfs -put localfile /user/hadoop/hadoopfile
hdfs dfs -put localfile1 localfile2 /user/hadoop/hadoopdir
hdfs dfs -put localfile hdfs://host:port/hadoop/hadoopfile
hdfs dfs -put - hdfs://host:port/hadoop/hadoopfile
```

4. rm

使用方法：hdfs dfs -rm URI [URI …]

含义：删除指定的文件，只删除非空目录和文件。请参考 rmr 命令了解递归删除。

示例：

```
hdfs dfs -rm hdfs://host:port/file /user/hadoop/emptydir
```

5. ls

使用方法：hdfs dfs -ls <args>

含义：显示文件或者目录信息，如果是目录，则显示指定目录下的文件及子目录。

示例：

```
hdfs dfs -ls /user/hadoop/file1 /user/hadoop/file2    hdfs://host:port/user/hadoop/dir1 /nonexistentfile
```

6. cp

使用方法：hdfs dfs -cp URI [URI …] <dest>

含义：将文件从源路径复制到目标路径。这个命令允许有多个源路径，此时目标路径必须是一个目录。

示例：

```
hdfs dfs -cp /user/hadoop/file1 /user/hadoop/file2
hdfs dfs -cp /user/hadoop/file1 /user/hadoop/file2 /user/hadoop/dir
```

7. du

使用方法：hdfs dfs -du URI [URI …]

含义：显示目录中所有文件的大小，或者当只指定一个文件时，显示此文件的大小。

示例：

```
hdfs dfs -du /user/hadoop/dir1 /user/hadoop/file1    hdfs://host:port/user/hadoop/dir1
```

8. cat

使用方法：hdfs dfs -cat URI [URI …]

含义：将路径指定文件的内容输出到 stdout。

示例：

```
hdfs dfs -cat hdfs://host1:port1/file1 hdfs://host2:port2/file2
hdfs dfs -cat file:///file3 /user/hadoop/file4
```

9. copyFromLocal

使用方法：hdfs dfs -copyFromLocal <localsrc> URI

含义：除了限定源路径是一个本地文件，其他的与 put 命令相似。

2.3.2 HDFS 的数据写入流程

在将一个文件上传到HDFS的过程中就涉及了HDFS的数据写入流程，具体如图2-3所示。

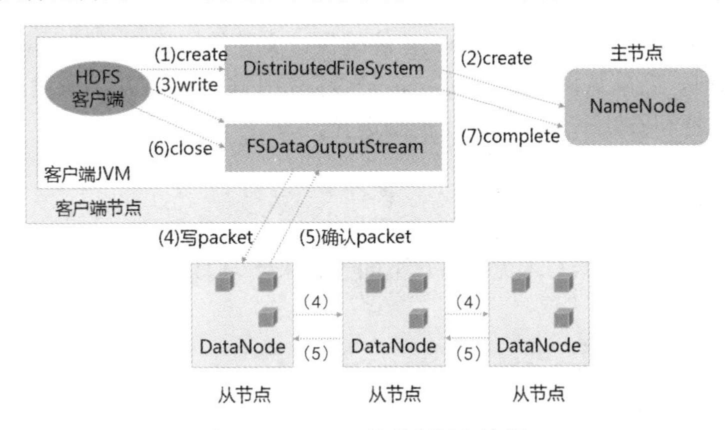

图 2-3 HDFS 的数据写入流程

(1) Client 通过调用 DistributedFileSystem 对象的 create 方法来创建一个新文件。

(2) DistributedFileSystem 会通过 RPC 的方式调用 NameNode，并在 Namespace 中创建一个还没有与数据块关联的新文件条目(Entry)。创建前，NameNode 会做各种校验，例如此新文件是否已经存在，客户端有无权限去创建等。如果校验通过，则会为此文件创建一个记录；如果创建失败，则会向 Client 抛出一个 I/O 异常。创建成功后，DistributedFileSystem 会向 Client 返回一个 FSDataOutputStream 对象。

(3) Client 使用返回的 FSDataOutputStream 对象，对 HDFS 进行写入数据操作。FSDataOutputStream 会封装一个 DFSOutputStream 数据流对象，用于处理 NameNode 和 DataNode 之间的通信。

(4) DFSOutputStream 会将文件切分成多个 packet(数据包)，一个 packet 可以理解为一个网络数据传输单位，这些 packet 会被放到数据队列(data queue)中，然后 DataStreamer 会向 NameNode 申请 Block，它先询问 NameNode 这个新的 Block 最适合存储在哪几个 DataNode 里(比如副本数是 3，那么就找到 3 个最适合的 DataNode)，再把它们排成一个 Pipeline(管道)。DataStreamer 把 packet 输出到管道的第一个 DataNode 中，然后第一个 DataNode 又把 packet 输出到第二个 DataNode 中，以此类推，直到最后一个 DataNode 写完，这种写数据的方式呈流水线的形式。

(5) DFSOutputStream 还有一个队列叫 ack queue(也是由 packet 组成的)，会等待 DataNode 收到的响应。DataNode 会按照第(4)步骤 Pipeline 的反方向发送 ack，当 Pipeline 中的所有 DataNode 都收到响应时，ack queue 会把对应的 packet 移除掉，并告诉 DFSOutputStream 已经写成功了。如果在写的过程中某个 DataNode 发生错误，则会采取以下操作：Pipeline 被关闭掉；为了防止丢包，ack queue 里的 packet 会同步到 data queue 里；把产生错误的 DataNode 上当前在写但未完成的 Block 删掉；Block 剩下的部分会被写到剩下的两个正常的 DataNode 中，NameNode 找到另外的 DataNode 去创建这个块的复制。当然，这些操作对 Client 来说是透明的。

(6) Client 完成写数据后调用 close 方法关闭写入流。

(7) Client 调用 DistributedFileSystem 对象的 complete 方法，通知 NameNode 已经完成了文件的写入操作。

注意：Client 执行 write 操作后，写完的 Block 才是可见的，正在写的 Block 对 Client 是不可见的；只有调用 sync 方法，Client 才能确保该文件的写操作已经全部完成；当 Client 调用 close 方法时，会默认调用 sync 方法，是否需要手动调用取决于所设计的程序，这就需要在数据健壮性和吞吐率之间做出权衡和选择。

2.3.3 HDFS 的数据读取流程

在介绍完 HDFS 的数据写入流程后，下面一起来学习 HDFS 的数据读取流程，具体如图 2-4 所示。

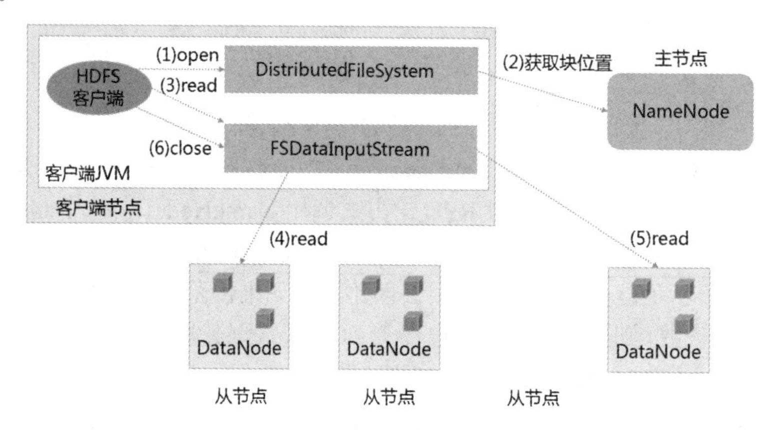

图 2-4 HDFS 的数据读取流程

(1) Client 通过调用 FileSystem 的 open 方法打开文件，实际上 Client 调用的是 DistributedFileSystem 实例的 open 方法。

(2) DistributedFileSystem 通过 RPC 的方式向 NameNode 发起请求，NameNode 会把该文件所对应的数据块相关信息，例如存了几份、对应的块存储在哪里等返回给 DistributedFileSystem，以供其去读取 DataNode 的数据。

(3) HDFS 会向 Client 返回一个 FSDataInputStream 对象，此对象封装了一个 DFSInputStream 对象，用于管理 DataNode 与 NameNode 之间的数据流。Client 获取到相应的数据块信息后，会调用 read 方法去读取数据。

(4) DFSInputStream 对象调用 read 方法，持续读取 DataNode 的数据并返回到 Client。如果有多个副本，只需要读取最接近 Client 的一份就可以。而如果客户端本身就是 DataNode，那么将从本地直接获取数据。

(5) 当一个数据块读取完毕时，DFSInputStream 会关闭与当前 DataNode 相关联的连接，然后继续连接距此文件的下一个数据块最近的 DataNode。当读完列表中的数据块后，如果文件的读取还没有结束，那么客户端会继续向 NameNode 获取下一批的数据块列表。

(6) 当客户端读取完数据的时候，Client 会调用 FSDataInputStream 的 close 函数，以关闭所有的流。

注意：在读取数据的过程中，如果 Client 在与 DataNode 通信时出现了错误，那么程序会尝试连接包含此数据块的下一个 DataNode，并且会记住此错误的 DataNode；如果以后还要读取此数据块，则会忽略此节点。此外，DFSInputStream 在读取数据块的时候也会对数据块的数据进行校验，如果发现有坏的数据块，则在以后读取此数据块时会忽略此节点，选择其他数据块副本所在的节点。

2.4 HDFS 的关键特性

2.4.1 HDFS 的架构设计特性

HDFS 在设计层面上考虑得十分周到，最大限度地保证了数据的可靠性与完整性，提高了分布式集群存储与访问的效率，增强了集群的可扩展性与灵活性。HDFS 的架构设计特性如图 2-5 所示。

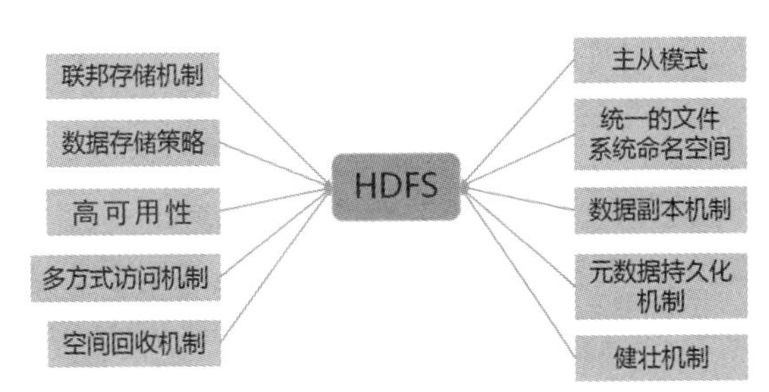

图 2-5 HDFS 的架构设计特性

2.4.2 HDFS 的高可用性

在 Hadoop 2.x 版本之前，NameNode 在 HDFS 集群中存在单点故障(Single Point Of Failure，SPOF)。每个集群都只有一个 NameNode，如果该机器或进程变得不可用，则整个集群将无法使用，直到 NameNode 重新启动或在单独的计算机上启动。这会严重影响 HDFS 集群的总体可用性，主要体现在两个方面：

(1) 对于计划外事件(如计算机崩溃)，在操作员重新启动 NameNode 之前，集群是不可用的。

(2) 计划维护事件(如 NameNode 计算机上的软件或硬件升级)可能导致集群暂时不可用，因为需要进行升级操作，而停机时间窗口则取决于具体的升级任务及其复杂性。

HDFS 的高可用性(High Availability，HA)是通过配置两个 NameNode 来解决单点故障问题的。两个 NameNode 分别是 Active NameNode 和 Standby NameNode，其中 Active 为活跃进程，Standby 为热备进程。当 Active NameNode 发生故障时，可以迅速对故障进行转移，形成两个 NameNode 一主一辅的状态。在此过程中，HDFS 集群通过使用 JournalNode

进程来完成两个 NameNode 的元数据同步，期间还可以借助故障转移控制器(ZooKeeper Failover Controller，ZKFC)来完成 NameNode 的故障转移。

HDFS 的高可用性架构在基本架构上增加了以下组件。

(1) ZooKeeper(ZK)：分布式协调，主要用来存储 HA 下的状态文件、主备节点相关信息等。ZK 部署的数量建议为 3 个或者以上，而且最好为奇数个。

(2) NameNode 主备节点：主节点用于提供服务，备节点用于合并元数据并作为主节点的热备。

(3) ZKFC：用于控制 NameNode 节点的主备状态。

(4) JournalNode(JN)：用于共享存储 NameNode 生成的 EditLog(事务日志)。

ZKFC 在 HDFS 的高可用性架构中作为一个精简的仲裁代理角色，其利用 ZooKeeper 的分布式锁功能，实现 NameNode 的主备仲裁，而且可以通过命令通道，控制 NameNode 的主备状态。ZKFC 与 NameNode 部署在一起，两者个数相同。

下面具体来看一下 HDFS 的高可用性架构，如图 2-6 所示。

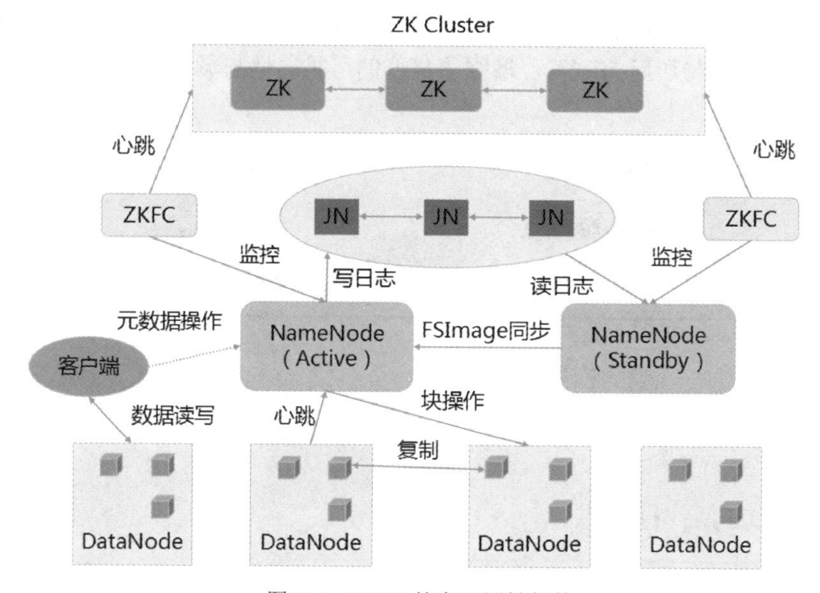

图 2-6　HDFS 的高可用性架构

在典型的 HA 集群中，两台独立的计算机配置为 NameNode。在任何时间点，其中一个 NameNode 处于 Active 状态，另一个处于 Standby 状态。需要注意的是，同一时刻只能有一个 NameNode 处于 Active 状态。Active NameNode 负责集群中的所有客户端操作；而 Standby NameNode 只是充当备用服务器，维持足够的状态以在必要时提供快速故障转移。

为了使 Standby 节点保持其状态与 Active 节点同步，两个节点都与一组 JournalNode 的单独守护进程通信。当 Active 节点执行任何名称空间修改时，它会将修改记录持久地记录到 JournalNode 中。当 Standby 节点检测到有变动时，它会将修改记录应用到自己的命名空间。如果发生故障转移，Standby 节点将确保在自身升级为 Active 状态之前已从 JournalNode 读取所有编辑内容，此操作可确保在发生故障转移之前完全同步命名空间状态。

在 HA 集群中，一次只有一个 NameNode 处于 Active 状态是非常重要的。否则，命名空间状态将在两者之间快速产生分歧，导致发生数据丢失或其他不正确结果。当发生故障时，Standby NameNode 需要变为 Active 状态的 NameNode，Standby NameNode 将简单地接管写入 JournalNode 的任务，这将有效地阻止其他 NameNode 继续处于活动状态，从而允许集群安全地进行故障转移。

故障转移的过程主要由 ZKFC 控制完成，其作为一个 ZooKeeper 客户端，监视并管理着 NameNode 的状态。NameNode 与 ZKFC 是一对一的关系，在运行 ZKFC 的服务器上，也运行着 NameNode。ZKFC 会定期使用健康检查命令调用其本地 NameNode，只要 NameNode 以健康的状态及时响应，ZKFC 就会认为节点是健康的。

如果节点已崩溃、冻结或以其他方式进入不健康状态，则 ZKFC 会将其标记为不健康。如果本地 NameNode 是 Active 状态的，它就持有一个特殊的"锁"，类似于注册在 ZooKeeper 中的临时会话。如果会话过期，则将自动删除锁节点；如果会话没过期，则其他角色无法获得此锁。谁得到了锁，谁就赢得了"选举"，并负责运行故障转移以使其本地 NameNode 切换成活跃状态。

在图 2-6 所示的典型 HA 架构中，虽然配置了 HA，但是如果 Active NameNode 宕机，那么整个集群又变成了只有一个 NameNode，因此还是会存在出现单点故障的风险。所以，在 Hadoop 3.0 版本后，HDFS 推出了多个 NameNode 的 HA 模式，此模式下依然有一个 Active NameNode，但是 Standby NameNode 可以是 3～5 个，新增的 Standby NameNode 在功能上和普通的 Standby NameNode 没有任何区别。由此可见，多个 NameNode 的 HA 模式可以使集群进一步稳定。

2.4.3　元数据持久化

前面已经简单提到，NameNode 上保存着 HDFS 的命名空间，在对 HDFS 进行读写等操作时，NameNode 会将修改的过程通过一种称为 EditLog 的事务日志记录下来，其实此过程就是元数据持久化的过程。例如，在 HDFS 中创建一个文件，NameNode 就会在 EditLog 中插入一条标识修改过程的记录。同样地，修改文件的副本系数，NameNode 也会向 EditLog 中插入记录，此 EditLog 会存储在 NameNode 所在机器的操作系统的文件系统中，比如若机器上安装了 Linux 系统，则存储在 Linux 的特定文件路径中，而不是在 HDFS 上。整个文件系统的命名空间，包括数据块到文件的映射、文件的属性等，都存储在一个称为 FSImage 的文件中，这个文件也存储在 NameNode 所在机器的操作系统的文件系统中。

NameNode 在内存中保存着整个文件系统的命名空间和文件数据块映射(Blockmap)的映像。这个关键的元数据结构设计得很紧凑，所以一个有 4G 内存的 NameNode 足够支撑大量的文件和目录。当 NameNode 启动时，它会从硬盘中读取 EditLog 和 FSImage，将所有 EditLog 中的事务作用在内存中的 FSImage 上，并将这个新版本的 FSImage 从内存中保存到本地磁盘上，然后删除旧的 EditLog，因为这个旧的 EditLog 中的事务都已经作用在 FSImage 上了。

DataNode 将 HDFS 数据以文件的形式存储在本地文件系统中，它并不知道有关 HDFS 文件的信息。它把每个 HDFS 数据块存储在本地文件系统的一个单独文件中。DataNode 并不在同一个目录创建所有的文件，实际上，它是用试探的方法来确定每个目录的最佳文件数目，并且在适当的时候创建子目录。在同一个目录中创建所有的本地文件并不是最优的选择，因为本地文件系统可能无法高效地在单个目录中支持大量的文件。当一个

DataNode 启动时，它会扫描本地文件系统，并产生一个这些本地文件对应的所有 HDFS 数据块的列表，然后作为报告发送到 NameNode，这个报告就是 Blockreport(块状态报告)。

元数据持久化的流程如图 2-7 所示。

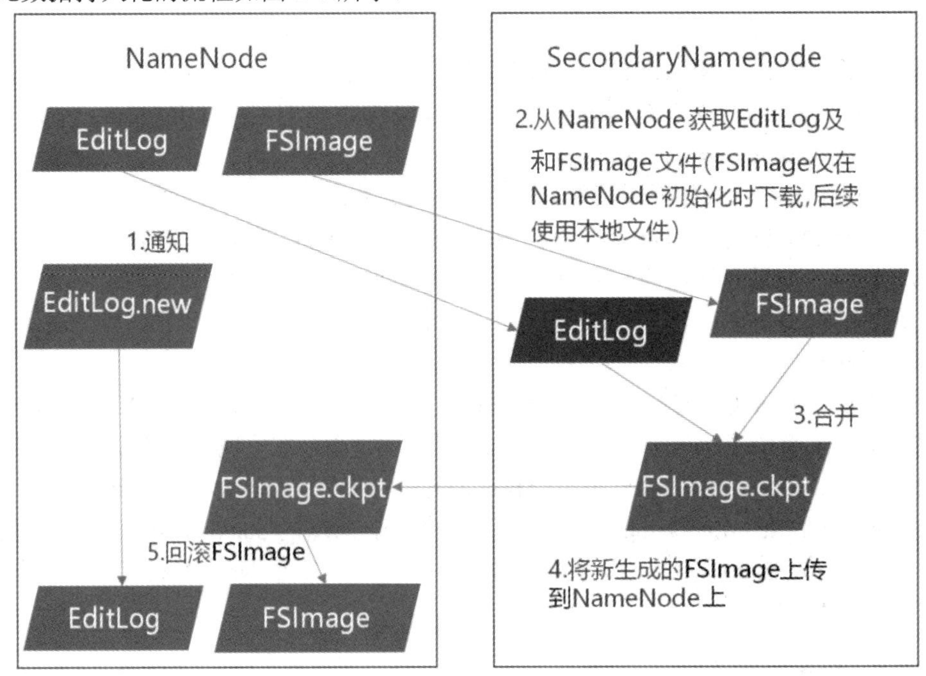

图 2-7　元数据持久化的流程

此流程图可以简单描述成如下 6 个步骤：

(1) 备 NameNode 会不定期地获取 EditLog 文件的大小，当 EditLog 文件达到一定的大小时，便通知主 NameNode 生成新的日志文件 EditLog.new，之后的日志就写到这个新文件中，同时会获取旧的 EditLog。

(2) 备 NameNode 从主 NameNode 上获取 EditLog 和 FSImage 文件，如果文件位于 JournalNode，则从 JournalNode 上获取。

(3) 备 NameNode 将日志和旧的元数据合并，生成新的元数据 FSImage.ckpt。

(4) 备 NameNode 将元数据上传到主 NameNode 上。

(5) 主 NameNode 将上传的元数据进行回滚，改回原来的名称 FSImage。

(6) 循环步骤(1)。

上述步骤中的关键概念如下：

(1) FSImage.ckpt：在内存中对 FSImage 和 EditLog 文件合并后产生的新的 FSImage 文件，将其写到磁盘上，这个过程称为 checkpoint。备 NameNode 加载完 FSImage 和 EditLog 文件后，会将合并后的结果同时写到本地磁盘和内存中。此时，磁盘上有一份原始的 FSImage 文件和一份新生成的 checkpoint 文件。FSImage.ckpt 而后会改名并覆盖原有的 FSImage。

(2) EditLog.new：NameNode 每隔 1 h 或 EditLog 满 64 MB 就会触发合并，合并时会将数据传到备 NameNode，因数据读写不能同步进行，故此时主 NameNode 产生一个新的日志文件 EditLog.new，用来存放这段时间的操作日志。备 NameNode 合并成 FSImage 后回传给主 NameNode 替换掉原有 FSImage，并将 EditLog.new 命名为 EditLog。

2.4.4 HDFS 的联邦存储机制

Hadoop 2.x 之前的 HDFS 架构的集群中只允许存在一个 Namespace，即一个 NameNode 管理着命名空间。由于 NameNode 的内存容量与 HDFS 的文件数量息息相关，因此这会制约整个集群的横向扩展。

鉴于单 NameNode 架构各方面的局限性，Hadoop 2.x 中开始增加了联邦(Federation)机制的概念。HDFS 的 Federation 机制提供了一种横向扩展 NameNode 的方式。它相当于将一个大的 HDFS 集群拆分成多个小的 HDFS 集群，每个小的 HDFS 集群的 NameNode 又管理着独立的命令空间，而且多个 NameNode 可以同时对外提供服务，除了共享底层的 DataNode 存储资源，它们彼此之间相互隔离。例如，一个 NameNode 管理/user 目录下的文件，另一个 NameNode 管理/share 目录下的文件，这样就可以缓解单个 NameNode 的内存压力。

HDFS 的 Federation 机制除了可以解决 NameNode 的横向扩展问题，还有一些其他的优点，具体如下所述。

(1) 更高的性能：多个 NameNode 同时对外提供服务，可以为用户提供更高的读写吞吐率。

(2) 增强隔离性：每个 NameNode 管理着不同的数据，彼此隔离，可以减少彼此之间的相互影响。

(3) 更高的可用性：多个 NameNode 同时提供服务，当其中某个 NameNode 发生故障时，只会影响到部分数据，提高了 HDFS 集群的可用性。

在 Hadoop 2.x 版本中，Federation 机制采用了一种类似于 Linux 挂载目录的 viewfs(view file system)方案，其模式架构图如图 2-8 所示。

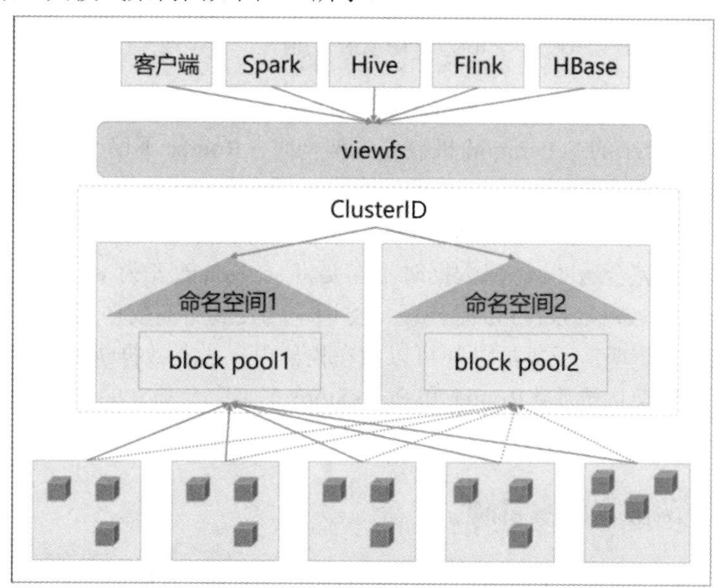

图 2-8 基于 viewfs 的 Federation 机制模式架构图

数据块的集合组成一个 block pool(块池)，一个命名空间对应着一个 block pool，每个 block pool 和命名空间都是单独管理的，命名空间每次为新的数据块生成 BlockID 时，均不需要与其他命名空间进行交互。

Federation 机制中添加了 ClusterID，用来区分集群中的每个节点。当格式化一个 NameNode 时，这个 ClusterID 会自动生成或者由手动提供。在格式化同一集群中的其他 NameNode 时会用到这个 ClusterID。

大数据生态链上的各个服务(如 Spark、Hive、Flink 等)，可以通过 viewfs 提供的统一视图来访问集群。

但基于 viewfs 的 Federation 机制模式也存在一些缺陷，比如各个客户端同步最新的映射表时就有所限制，难以维护；而且 viewfs 是以客户端为核心的解决方案，对客户端影响较大，在落地应用时对上层应用模式有较强的依赖。

综上所述，Apache 社区在 Hadoop 3.x 版本中提出了全新的解决方案：基于 Router 的 Federation 机制模式。基于 Router 的 Federation 机制模式在所有子集群之上新增了一个拦截转发层。拦截转发层包含 Router 和 State Store 两个组件，其中 State Store 存储远程挂载表和有关子集群的负载、空间使用信息。由此可见，State Store 与 viewfs 有相似之处。Router 实现了与 NameNode 相同的接口，根据 State Store 的元数据信息将客户端请求转发给需要访问的子集群，同时也通过与 NameNode 进行通信将 NameNode 的信息维护在 State Store 中。基于 Router 的 Federation 机制模式架构图如图 2-9 所示。

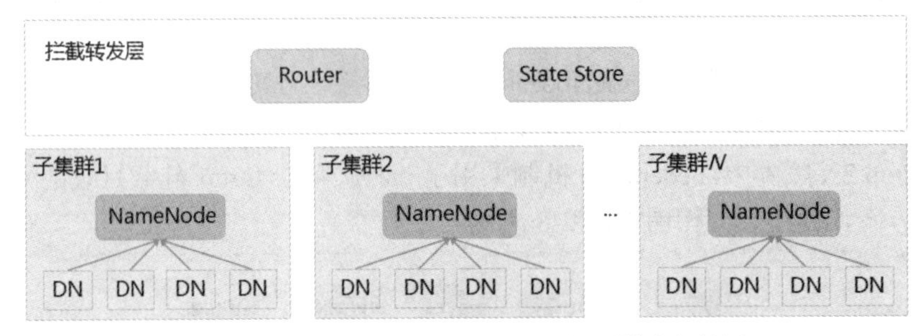

图 2-9　基于 Router 的 Federation 机制模式架构图

在部署基于 Router 的 Federation 机制模式架构时，Router 不仅可以部署在集群内的节点上，还可以部署在集群外的节点上，但通常会部署在 NameNode 上。

最后总结一下基于 Router 的 Federation 机制模式的优势，具体如下所述。

(1) 对客户访问完全透明：访问数据时不需要将 schema 改变为 viewfs，直接访问 Router 即可，此时 Router 作为 NameNode 的代理，将请求转发到所需要访问的子集群中。

(2) 对负载均衡透明：子集群之间可以像在集群内一样对数据进行负载均衡。

(3) 对现有代码架构透明：Router 和 State Store 都是完全独立的，HDFS 中原组件的代码不需要进行任何修改。

2.4.5　HDFS 的数据副本机制

当 HDFS 存储一个超大文件时，是以数据块的形式来进行的。HDFS 一般部署在由大量普通计算机节点组成的集群上，各计算机节点可能由于自身或网络等问题引发故障而脱离集群，进而造成文件数据块丢失。为保证数据的安全性和完整性，最好的办法就是采取冗余数据存储，而具体的实现就是数据副本机制。每个文件的数据块大小和副本系数都是可配置的，Hadoop 可以指定某个文件的副本数目。副本系数可以在文件创建的时候指定，也可以在之后更改。HDFS 中的文件都是一次性写入的，并且严格要求在任何时候只能有一个写入者。

数据副本机制是 HDFS 保持可靠性和性能的关键，优化的副本存放策略是 HDFS 区别于其他大部分分布式文件系统的重要特性。这种特性需要做大量的调优工作，并需要经验的积累。HDFS 采用一种称为机架感知(rack-aware)的策略来改进数据的可靠性、可用性和网络带宽的利用率。目前实现的副本存放策略只是在这个方向上的第一步，实现这个策略的短期目标是验证它在生产环境下的有效性，并观察其行为，为实现更先进的策略打下测试和研究的基础。

在实际生产中，HDFS 实例一般运行在跨越多个机架的计算机组成的集群上，不同机架上的两台机器之间的通信需要经过交换机。在大多数情况下，同一个机架内的两台机器间的带宽会比不同机架的两台机器间的带宽大。

通过机架感知的过程，NameNode 可以确定每个 DataNode 所属的机架 ID。将副本存放在不同的机架上可以有效防止当整个机架失效时数据丢失，并且允许读数据时充分利用多个机架的带宽。这种策略设置可以使副本均匀分布在集群中，有利于组件失效情况下的负载均衡。但是，因为这种策略的一个写操作需要传输数据块到多个机架，所以增加了写的代价。

在默认情况下，副本系数是 3，HDFS 的副本存放策略是将第一个副本存放在一个机架的节点上，第二个副本存放在另一机架的节点上，最后一个副本存放在与第二个副本相同机架的不同节点上。这种策略减少了机架间的数据传输，提高了写操作的效率。机架的错误远远比节点的错误少，所以这种策略不会影响到数据的可靠性。此外，因为数据块只放在两个不同的机架上，所以此策略减少了读取数据时需要的网络传输总带宽。在这种策略下，副本并不是均匀分布在不同的机架上，1/3 的副本在一个节点上，2/3 的副本在一个机架上，其他副本均匀分布在剩下的机架中。这一策略在不损害数据可靠性和读取性能的情况下改进了写的性能。数据块的副本距离示意图如图 2-10 所示，通过此图可以更加直观地了解数据副本机制。

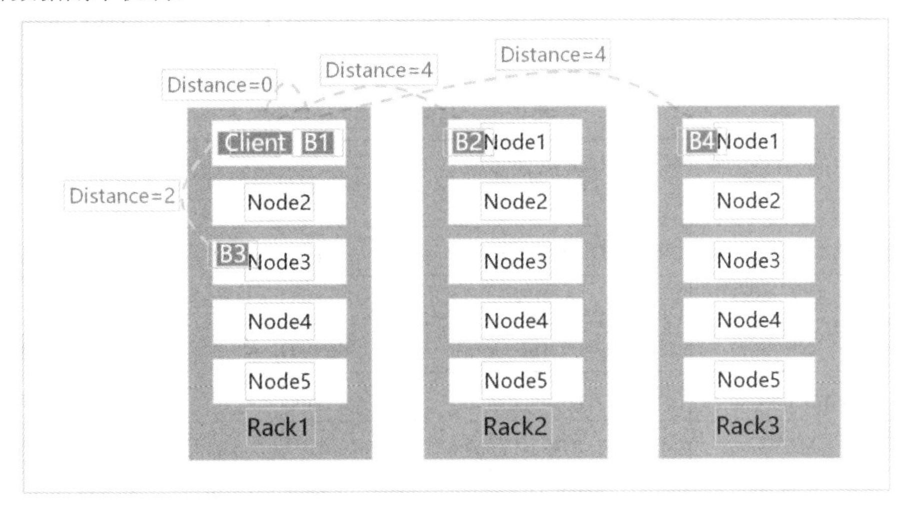

图 2-10 数据块的副本距离示意图

了解副本距离如何计算，有利于权衡 HDFS 集群的可靠性和性能。副本距离计算公式如下：

(1) Distance(Rack1/D1, Rack1/D1)=0，即同一台服务器的距离为 0。

(2) Distance(Rack1/D1, Rack1/D3)=2，即同一机架不同的服务器的距离为 2。

(3) Distance(Rack1/D1, Rack2/D1)=4，即不同机架的服务器的距离为 4。

其中，Rack1 表示机架 1，Rack2 表示机架 2；D1 表示 DataNode 节点 1，D3 表示 DataNode 节点 3。

以客户端是 DataNode 为例，副本存放策略如下：

(1) 第一个副本存放在本地机器上。

(2) 第二个副本存放在远端机架的节点上。

(3) 第三个副本，看之前的两个副本是否在同一机架，如果是，则选择其他机架；如果不是，则选择和第二个副本相同机架的不同节点。

(4) 第四个及以上副本，随机选择存放位置。

2.4.6 HDFS 的数据存储策略

默认情况下，HDFS 的 NameNode 会自动选择 DataNode 保存数据的副本。在实际业务中，存在以下场景：

(1) DataNode 存在着不同的存储设备，需要选择一个合适的存储设备分级存储数据。

(2) DataNode 不同目录中的数据的重要程度不同，需要根据目录标签选择一个合适的 DataNode 节点来保存数据。

(3) DataNode 集群使用了异构服务器，关键数据需要保存在具有高度可靠性的节点组中。

1. 配置 HDFS 数据存储策略之分级存储

(1) HDFS 的异构分级存储框架提供了 RAM_DISK(内存虚拟硬盘)、DISK(机械硬盘)、ARCHIVE(高密度低成本存储介质)、SSD(固态硬盘)四种存储类型的存储设备。

(2) 通过对四种存储设备进行合理组合，即可形成适用于不同场景的存储策略，如表 2-1 所示。

表 2-1 存储策略

策略 ID	名 称	Block 放置位置 (副本数)	备选存储策略	副本的备选存储策略
15	LAZY_PERSIST	RAM_DISK:1, DISK: n −1	DISK	DISK
12	ALL_SSD	SSD: n	DISK	DISK
10	ONE_SSD	SSD:1, DISK: n −1	SSD, DISK	SSD, DISK
7	HOT (default)	DISK: n	<none>	ARCHIVE
5	WARM	DISK:1, ARCHIVE: n −1	ARCHIVE, DISK	ARCHIVE, DISK
2	COLD	ARCHIVE: n	<none>	<none>

存储策略允许不同的文件存储在不同的存储设备上。目前有以下策略：

(1) HOT：用于存储和计算，经常被使用的数据将保留在此策略中。当块很热时，所有副本都存储在 DISK 中。

(2) COLD：仅适用于计算量有限的存储，不再使用的数据或需要存档的数据从热存储移动到冷存储。当块是冷的时，所有副本都存储在 ARCHIVE 中。

(3) WARM：部分热和部分冷。当块是暖的时，它的一些副本存储在 DISK 中，其余的副本存储在 ARCHIVE 中。

(4) ALL_SSD：用于在 SSD 中存储所有副本。

(5) ONE_SSD：用于在 SSD 中存储其中一个副本。剩余的副本存储在 DISK 中。

(6) LAZY_PERSIST：只针对只有一个复制的数据块，它们被放在 RAM_DISK 后会被写入 DISK 中。

一个存储策略应该包含：① 策略 ID；② 策略名称；③ 块存放的有关存储类型(可以多个)；④ 如果创建失败的替代存储类型(可以多个)；⑤ 如果复制失败的替代存储类型(可以多个)。

当有足够空间时，块复制使用表 2-1 第三列中所列出的存储类型。如果第三列的空间不够，则考虑用第四列的(创建的时候)或者第五列的(复制的时候)。

2. 存储策略命令

存储策略命令具体如下：

(1) 列出所有存储策略命令：

```
hdfs storagepolicies -listPolicies
```

(2) 设置存储策略命令：

```
hdfs storagepolicies -setStoragePolicy -path <path> -policy <policy>
```

(3) 取消存储策略命令：

```
hdfs storagepolicies -unsetStoragePolicy -path <path>
```

(4) 获取存储策略命令：

```
hdfs storagepolicies -getStoragePolicy -path <path>
```

2.4.7　HDFS 的数据完整性保障

在存储和处理数据时，用户总是不希望数据有丢失或者损坏任何数据，但如果系统中需要处理的数据量已经达到 Hadoop 的处理极限时，数据被损坏的概率还是很高的。

造成数据损坏的原因可能是 DataNode 的存储设备错误、网络错误或者软件的 bug，HDFS 客户端软件实现了对 HDFS 文件内容的校验和(checksum)检查。当客户端创建一个新的 HDFS 文件时，会计算这个文件每个数据块的校验和，并将校验和作为一个单独的隐藏文件保存在同一个 HDFS 命名空间下。当客户端获取文件内容后，它会检验从 DataNode 中获取的数据与相应的校验和文件中的校验和是否匹配。如果不匹配，则客户端可以选择从其他 DataNode 获取该数据块的副本。但该技术并不能修复数据，它只能检测出数据错误。需要注意的是，除了数据可能被损坏，校验和也有可能被损坏，但由于校验和比数据小得多，所以其损坏的可能性非常小。

HDFS 的主要目的是保证存储数据的完整性，对于各组件的失效，都做了可靠性处理，具体如下：

(1) 重建失效数据盘的副本数据。DataNode 与 NameNode 之间通过心跳周期汇报数据状态，NameNode 管理数据块是否上报完整。如果 DataNode 因硬盘损坏未上报数据块，那么 NameNode 将发起副本重建动作以恢复丢失的副本。

(2) 数据有效性保证。对于 DataNode 存储在硬盘上的数据块，都有一个校验文件与之对应。在读取数据时，DataNode 会校验其有效性，若校验失败，则 HDFS 客户端将从其他数据节点读取数据，并通知 NameNode，发起副本恢复动作。

(3) 安全模式防止故障扩散。当节点硬盘出现故障时，HDFS 集群将进入安全模式，此时的 HDFS 只支持访问元数据，而且 HDFS 上的数据是只读的，其他操作(如创建、删除文件等)都无法执行成功。待硬盘问题解决、数据恢复后，再退出安全模式。

2.4.8 HDFS 的其他关键特性

HDFS 的其他关键特性如下：

(1) 统一的文件系统。HDFS 对外仅呈现一个统一的文件系统。

(2) 统一的通信协议。HDFS 统一采用 RPC 方式通信，NameNode 被动地接收 Client、DataNode 的 RPC 请求。

(3) 空间回收机制。HDFS 支持回收站机制以及副本数的动态设置机制。

(4) 数据组织。HDFS 的数据以数据块为单位，存储在操作系统的 HDFS 文件系统上。

(5) 访问方式。HDFS 提供 Java API、HTTP、Shell 方式访问数据。

(6) 纠删码副本策略。Hadoop 3.x 版本中新增加了纠删码副本策略，以提高存储资源的利用率。

技 能 实 训

实训 2.1 基础实训环境准备

1. 实训目的

本实训的目的是对大数据实训环境配置进行前期准备操作，以了解各个节点之间的基础通信原理。

2. 实训内容

该实训主要针对集群配置做前期的域名映射、SSH 免密登录工作，对 SSH 安全通信协议及通信方式有所提及，对大数据服务组件之间的安全通信有所提及。

3. 实训要求

以小组为单元进行实训，每小组 5 人，小组成员自行协商选一位组长。由组长安排和分配实训任务，具体内容请参考实训步骤。

4. 准备知识

本实训任务可以配套大数据实训平台，由平台分发 3 台裸机服务器。如果没有使用大数据实训平台，则首先需要在电脑上安装好 VMware 或者 VirtualBox 等类似软件，然后装 1 台 Centos7 虚拟机，再克隆 3 台出来，并配置好 ip 地址，具体可自行查阅相关资料，或者查看本书的附录 1。

同学们需要提前学习一些简单的 Linux 基础知识、网络基础知识、云计算基础知识，学会配置虚拟机之间的网络等，如基础比较薄弱，可以在老师的指导下进行学习。由于涉及面比较广，建议同学们之间多加交流，打下良好基础，为后面的学习做准备。

5. 实训步骤

1) 搭建集群服务器

老师按照平台操作手册，给学生分发初始裸机环境。一共是 3 台服务器，master 是主节点，slave1、slave2 是从节点，服务器的网关均为 192.168.128.2。角色、ip 地址、用户名、密码等信息初始化情况如表 2-2 所示。

表 2-2　信息初始化情况

角色	ip 地址	cpu	内存	用户名	密码
master	192.168.128.131	2 核	1.5 GB	root	hadoop
slave1	192.168.128.132	2 核	1 GB	root	hadoop
slave2	192.168.128.133	2 核	1 GB	root	hadoop

说明：如果资源配置允许，可以将 master、slave1、slave2 的内存分别调成 3 GB、2 GB、2 GB，以获得更好的性能与稳定性。

服务器基本情况示意图如图 2-11 所示。

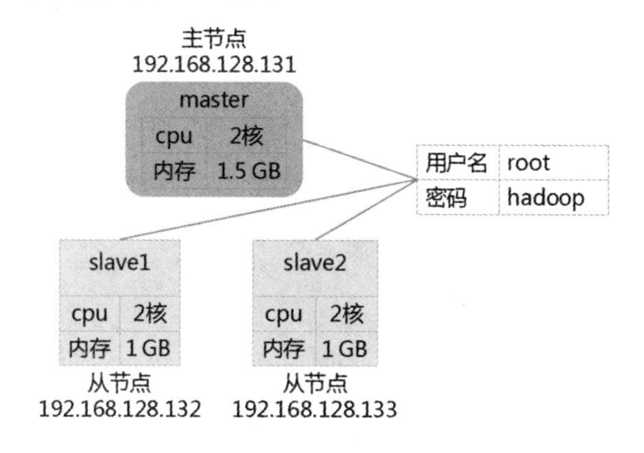

图 2-11　服务器基本情况示意图

2) 打开 MobaXterm 使用页面

如果想要操作服务器，一般都会使用第三方工具进行连接操作。第三方工具有 MobaXterm、XShell、SecureCRT 等，工具的使用可谓大同小异，此处使用目前比较主流的 MobaXterm。由于 MobaXterm 具有绿色版本，因此不需要安装，直接双击图标即可打开使用页面，如图 2-12 所示。

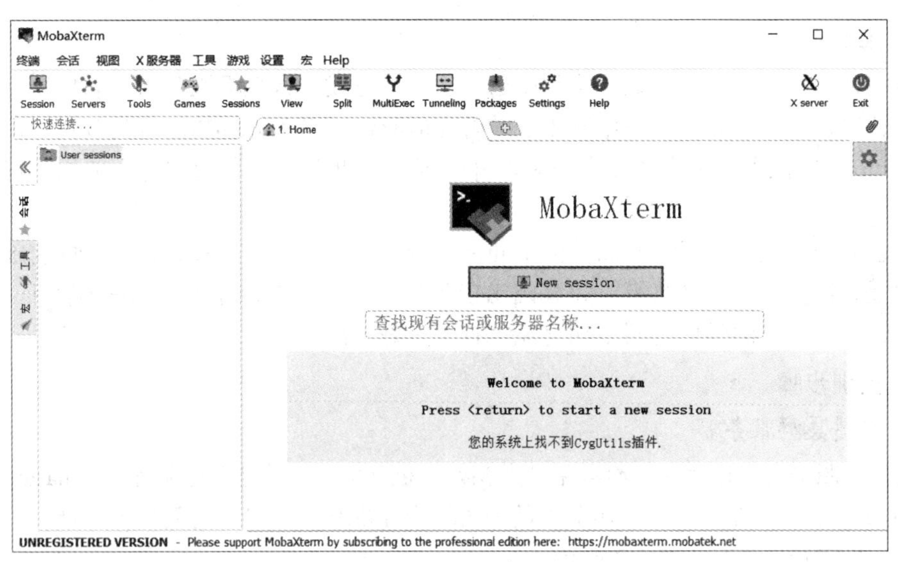

图 2-12　MobaXterm 使用页面

3) *新建会话*

(1) 单击如图 2-12 所示页面中部的“New session”即可打开新建会话页面，此时默认选择是“SSH”类型，直接输入远程主机的 ip 地址(此时输入 master 的 ip 地址)，然后勾选“指定用户名”，输入用户名(此时为 root 用户)，其余保持默认不变，如图 2-13 所示。

图 2-13　新建会话设置

(2) 单击如图 2-13 所示窗口下方的“OK”按钮，会提示输入 root 用户的密码，如图 2-14 所示。

(3) 输入密码后，会提示是否保存密码，单击“Yes”按钮，如图 2-15 所示。

(4) 此后即可连接上 master 服务器，如图 2-16 所示。

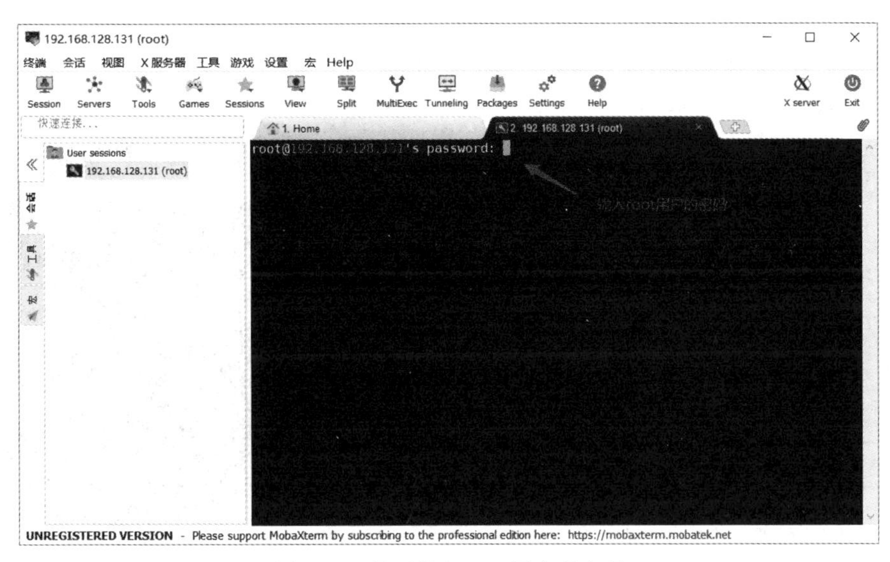

图 2-14　提示输入 root 用户的密码

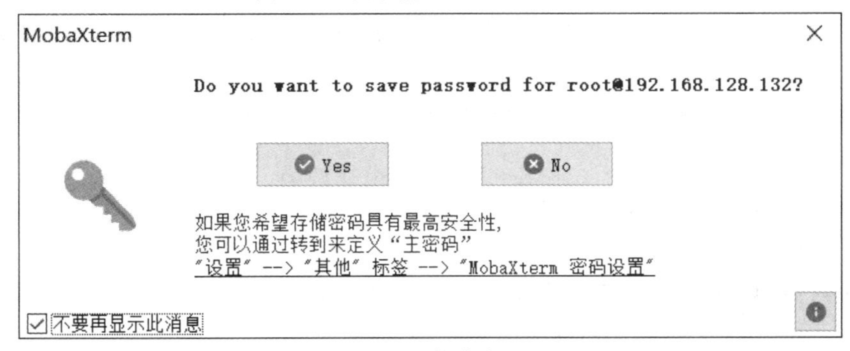

图 2-15　保存密码

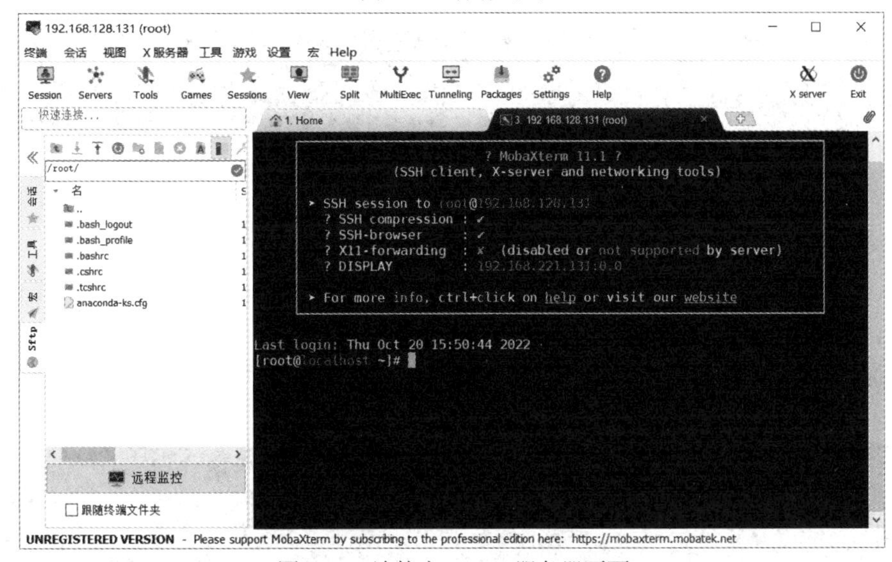

图 2-16　连接上 master 服务器页面

(5) 单击如图 2-16 所示左上角菜单栏的“终端”，选择“打开新标签”，重复上述操作，连接上 slave1 和 slave2 节点，如图 2-17 所示。

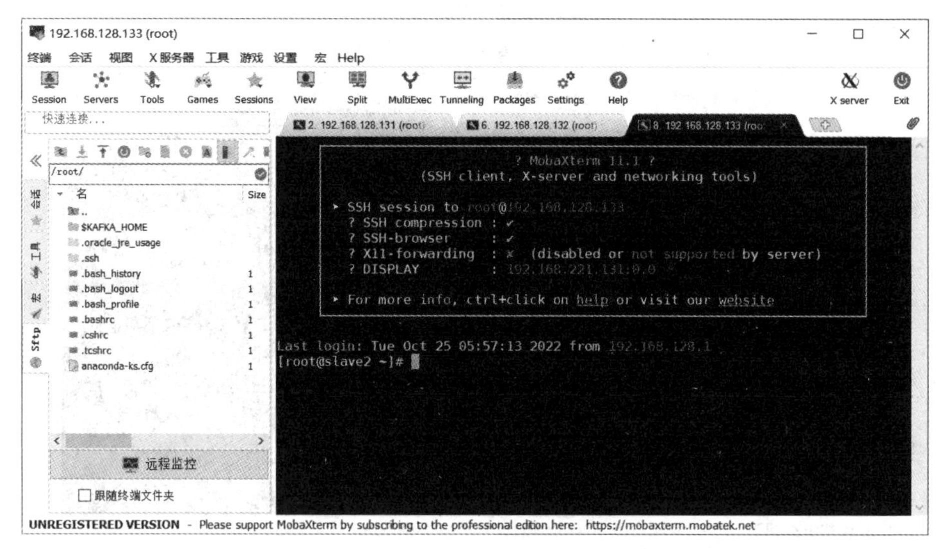

图 2-17 连接上 slave1 和 slave2 节点页面

(6) 连接好后，可以右击会话，将会话名称分别改为 master、slave1、slave2，以方便辨识。

4) 修改 master 主机名(如果主机名已经修改好，可忽略此操作)

命令格式：

hostnamectl set-hostname 主机名

命令如下：

```
hostnamectl set-hostname master
bash
```

修改主机名效果如图 2-18 所示。

```
Last login: Thu Oct 27 11:41:38 2022
[root@localhost ~]# hostnamectl set-hostname master
[root@localhost ~]# bash
[root@master ~]#
```

图 2-18 修改主机名效果

同样地，slave1、slave2 的主机名也分别修改好。

5) 添加域名映射

(1) 先安装好加强版 vi 编辑器 vim，使编辑页面更加美观。

在 3 台节点上执行：

```
yum install -y vim
```

若提示如图 2-19 所示的页面，则表示安装成功。

```
  perl-threads-shared.x86_64 0:1.43-6.el7
  vim-common.x86_64 2:7.4.629-8.el7_9
  vim-filesystem.x86_64 2:7.4.629-8.el7_9

Complete!
[root@master ~]#
```

图 2-19 安装成功效果

(2) 使用 vim 命令编辑/etc/hosts 文件。

在 3 台节点上执行：

```
vim /etc/hosts
```

然后添加 3 台主机 ip 地址和主机名映射关系，内容如下：

```
192.168.128.131 master
192.168.128.132 slave1
192.168.128.133 slave2
```

配置域名映射如图 2-20 所示。

```
127.0.0.1   localhost localhost.localdomain localhost4 localhost4.localdomain4
::1         localhost localhost.localdomain localhost6 localhost6.localdomain6
192.168.128.131 master
192.168.128.132 slave1
192.168.128.133 slave2
```

图 2-20 配置域名映射

配置好之后可以通过主机名来代替 ip 进行一系列的操作。

(3) 保存退出后，可使用 cat 命令查看配置的文件是否配置好。命令如下：

```
cat /etc/hosts
```

如果查看到/etc/hosts 文件里面有映射关系，则表示配置好了，如图 2-21 所示。

```
[root@master ~]# cat /etc/hosts
127.0.0.1   localhost localhost.localdomain localhost4 localhost4.localdomain4
::1         localhost localhost.localdomain localhost6 localhost6.localdomain6
192.168.128.131 master
192.168.128.132 slave1
192.168.128.133 slave2
```

图 2-21 校验域名映射

(4) 同理，在 slave1、slave2 上也要配置好域名映射，域名映射的内容是一样的。

6) 配置 3 台服务器的 SSH 免密码登录

(1) 生成服务器的密钥。

在 master 上执行：

```
ssh-keygen
```

(2) 输入之后连续按 3 次回车，则可以生成服务器的密钥，如图 2-22 所示。

```
[root@master ~]# ssh-keygen
Generating public/private rsa key pair.
Enter file in which to save the key (/root/.ssh/id_rsa):
Created directory '/root/.ssh'.
Enter passphrase (empty for no passphrase):
Enter same passphrase again:
Your identification has been saved in /root/.ssh/id_rsa.
Your public key has been saved in /root/.ssh/id_rsa.pub.
The key fingerprint is:
SHA256:TPVYzjgqIkqUKLJ/xsYRqE5ql7/yspbBJ0N3m0nENac root@master
The key's randomart image is:
+---[RSA 2048]----+
|      . .o...    |
|. ..    o .+B    |
|+o. . .  .E+ +   |
|+o . o = . .     |
|oo+ + + S        |
|=o 0.+ =         |
|oo.o%            |
|. .0.            |
|  ..=+.          |
+----[SHA256]-----+
```

图 2-22 生成服务器密钥

(3) 在 slave1、slave2 上也要执行上面两步来生成密钥。

7) 配置公钥到 authorized_keys 文件(slave1、slave2 节点)

(1) 将 master 的公钥 id_rsa.pub 写入到 authorized_keys 文件。

在 master 上执行：

```
cd ~/.ssh

cat id_rsa.pub >> authorized_keys

ls
```

执行结果如图 2-23 所示。

```
[root@master ~]# cd ~/.ssh
[root@master .ssh]#
[root@master .ssh]# cat id_rsa.pub >> authorized_keys
[root@master .ssh]#
[root@master .ssh]# ls
authorized_keys  id_rsa  id_rsa.pub
```

图 2-23　写入公钥到 authorized_keys 文件

(2) 将 slave1 的公钥 id_rsa.pub 写入到 authorized_keys1 文件。此处是 authorized_keys1 文件，因为接下来要拷贝到 master 节点，所以需要做一下区分，使用其他文件名也可以。

在 slave1 上执行：

```
cd ~/.ssh

cat id_rsa.pub >> authorized_keys1
```

执行结果如图 2-24 所示。

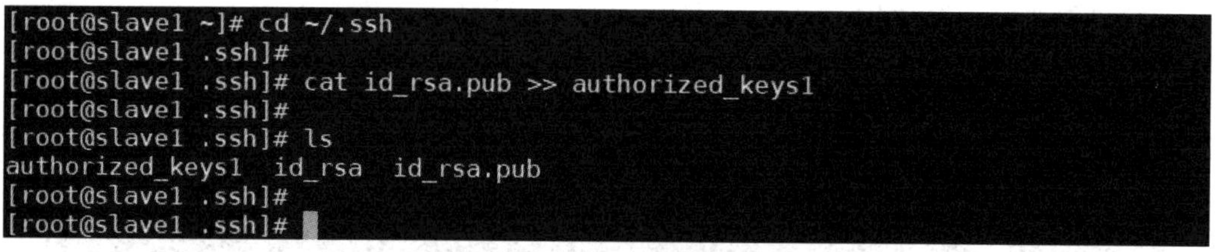

```
[root@slave1 ~]# cd ~/.ssh
[root@slave1 .ssh]#
[root@slave1 .ssh]# cat id_rsa.pub >> authorized_keys1
[root@slave1 .ssh]#
[root@slave1 .ssh]# ls
authorized_keys1  id_rsa  id_rsa.pub
[root@slave1 .ssh]#
[root@slave1 .ssh]#
```

图 2-24　写入公钥到 authorized_keys1 文件

(3) 将 slave2 的公钥 id_rsa.pub 写入到 authorized_keys2 文件。

在 slave2 上执行：

```
cd ~/.ssh

cat id_rsa.pub >> authorized_keys2
```

执行结果如图 2-25 所示。

```
[root@slave2 ~]# cd ~/.ssh
[root@slave2 .ssh]#
[root@slave2 .ssh]# cat id_rsa.pub >> authorized_keys2
[root@slave2 .ssh]#
[root@slave2 .ssh]# ls
authorized_keys2  id_rsa  id_rsa.pub
[root@slave2 .ssh]#
```

图 2-25　写入公钥到 authorized_keys2 文件

(4) 将 authorized_keys1 文件拷贝到 master 节点，注意此处的 ip 地址需要修改成自己的 master 节点的 ip 地址，也可以使用 master 节点的主机名来代替。

在 slave1 上执行：

```
scp authorized_keys1 root@master:~/.ssh/
```

执行结果如图 2-26 所示。

```
[root@slave1 .ssh]# scp authorized_keys1 root@master:~/.ssh/
The authenticity of host 'master (192.168.128.131)' can't be established.
ECDSA key fingerprint is SHA256:y6qXjS+N44sAkZA82j9GZQx7Mms5B8be0iZYzq52GDg.
ECDSA key fingerprint is MD5:0b:ff:66:d7:11:e2:7b:b0:36:69:99:c6:fc:c7:76:dc.
Are you sure you want to continue connecting (yes/no)? yes
Warning: Permanently added 'master,192.168.128.131' (ECDSA) to the list of known
 hosts.
root@master's password:          ← master节点root用户的密码
authorized_keys1                          100%  393   270.5KB/s   00:00
[root@slave1 .ssh]#
```

图 2-26　拷贝 slave1 公钥到 master

(5) 将 authorized_keys2 文件拷贝到 master 节点。

在 slave2 上执行：

```
scp authorized_keys2 root@master:~/.ssh/
```

执行结果如图 2-27 所示。

```
[root@slave2 .ssh]# scp authorized_keys2 root@master:~/.ssh/
The authenticity of host 'master (192.168.128.131)' can't be established.
ECDSA key fingerprint is SHA256:y6qXjS+N44sAkZA82j9GZQx7Mms5B8be0iZYzq52GDg.
ECDSA key fingerprint is MD5:0b:ff:66:d7:11:e2:7b:b0:36:69:99:c6:fc:c7:76:dc.
Are you sure you want to continue connecting (yes/no)? yes
Warning: Permanently added 'master,192.168.128.131' (ECDSA) to the list of known
 hosts.
root@master's password:          ← master节点root用户的密码
authorized_keys2                          100%  393   289.7KB/s   00:00
[root@slave2 .ssh]#
```

图 2-27　拷贝 slave2 公钥到 master

(6) 此时，master 上其实已经有了 slave1 和 slave2 的公钥，需要对公钥进行整合，然后再分发到 slave1 和 slave2，这样才能实现各节点间免密码登录。在 master 上执行：

```
cat authorized_keys1 >> authorized_keys

cat authorized_keys2 >> authorized_keys
```

执行结果如图 2-28 所示。

```
[root@master .ssh]# cat authorized_keys1 >> authorized_keys
[root@master .ssh]#
[root@master .ssh]# cat authorized_keys2 >> authorized_keys
[root@master .ssh]#
[root@master .ssh]# ll
total 20
-rw-r--r--. 1 root root 1179 Oct 27 16:44 authorized_keys
-rw-r--r--. 1 root root  393 Oct 27 16:42 authorized_keys1
-rw-r--r--. 1 root root  393 Oct 27 16:43 authorized_keys2
-rw-------. 1 root root 1675 Oct 27 16:37 id_rsa
-rw-r--r--. 1 root root  393 Oct 27 16:37 id_rsa.pub
```

图 2-28　汇集 3 台服务器的公钥

(7) 查看 authorized_keys 文件是否已经有各节点的公钥。

在 master 上执行：

```
cat authorized_keys
```

执行结果如图 2-29 所示。

```
[root@master .ssh]# cat authorized_keys
ssh-rsa AAAAB3NzaC1yc2EAAAADAQABAAABAQDUm8WDVoVl4bVbzknf66DcD0On9fo+nOMRdwFweQaf
/nmfjUUwrNZgvzr69tm+Sl2Nmw8wB5rTtQoara7qBV20AiYSqFng/J/hocejSQ4gAcsoocKyepDx+wIN
6wZql0m8D/9umb9uTrGNKFfSuczkgvMx4PZGXHY2qjZ08vnd41Tnv850MpMv2tEPPrcCI301nDLC4Ctq
PhDdscCgI4jek2XaJ7x08UHqsI284EcQbdvsY/IBmCf7NCZTYmo2fSVadJ8NowA3g9V3X7WuMvsvgd1C
NqwU6aYEFGRLk20VVwzx3h/qHFPCHv04oiN76pRrNYbQvdIFnwmDDUIfrhot root@master
ssh-rsa AAAAB3NzaC1yc2EAAAADAQABAAABAQDP0MI0QPq+7LzStBfloowdSLdN0aA7Cova6+LnvAXw
KAUXmIQIUeelcJnJQrBf9pZpypng98gkia1XNep41CI7aJd0vDlRwXRBZXZxYXRFyFQGiSu5xjsMFiGj
GurNa7QQszR/wzppKUW5DWN3HsYzLxDh8xRm5zNnAQ9iwcDWtUuVZhg7q8tRJgNnYwfcmM3Tk5vBDpzB
aHNUNiBVaYgkcbL/0vIHKUHuMhTflRpJNuDBS0RW/7VekMUpVMC/dj1wm0AHdopbL3MZSw7IgZzklUbU
KvhUwASaV8KLGlHzlaVvDmGPTV9dPdJ8/Y4L52ekfxqqo/+HLGMvd1pHezsv root@slave1
ssh-rsa AAAAB3NzaC1yc2EAAAADAQABAAABAQCW+ntov3RFob3UxsQvbmPiw2nRQnFy7IKBzSftI3fR
IHMqfzi//gVSMJQ63vjhxPazEBuFPXFY9AfzE30BYl0HLL9eopkGkFnSrZTiATdEYLW9LOm+LJTwQBq0
a8Zl46Mq+CmCg7toC2ByEcm+gAXRN6iXaA98ZTigrUx6BEY3SCFC1JGGMTIB9K72/f4PElSNPoxm0V+l
2eCl3CPbP8lUvsybgLn4kH6RVy1FbZeG/hOnpTLIBIEf5WG3i2Fv9S6pka8Q0BH84+qi7UcYKx32j06m
zfz7t40GQ9DaCKmt0TDo1BvqLf7DKPIaAH3Xt88DmvFJNc6xvtbzxN1w+iyX root@slave2
```

图 2-29 查看汇集结果

(8) 将 master 的 authorized_keys 文件拷贝到 slave1、slave2 节点的/root/.ssh/目录下，以达到互相可以免密码访问的目的。

在 master 上执行：

```
scp authorized_keys root@slave1:~/.ssh/

scp authorized_keys root@slave2:~/.ssh/
```

执行结果如图 2-30 所示。

```
[root@master .ssh]# scp authorized_keys root@slave1:~/.ssh/
The authenticity of host 'slave1 (192.168.128.132)' can't be established.
ECDSA key fingerprint is SHA256:y6qXjS+N44sAkZA82j9GZQx7Mms5B8be0iZYzq52GDg.
ECDSA key fingerprint is MD5:0b:ff:66:d7:11:e2:7b:b0:36:69:99:c6:fc:c7:76:dc.
Are you sure you want to continue connecting (yes/no)? yes
Warning: Permanently added 'slave1,192.168.128.132' (ECDSA) to the list of known
 hosts.
root@slave1's password:          slave1节点root用户密码
authorized_keys                                 100% 1179   928.1KB/s   00:00
[root@master .ssh]#
[root@master .ssh]# scp authorized_keys root@slave2:~/.ssh/
The authenticity of host 'slave2 (192.168.128.133)' can't be established.
ECDSA key fingerprint is SHA256:y6qXjS+N44sAkZA82j9GZQx7Mms5B8be0iZYzq52GDg.
ECDSA key fingerprint is MD5:0b:ff:66:d7:11:e2:7b:b0:36:69:99:c6:fc:c7:76:dc.
Are you sure you want to continue connecting (yes/no)? yes
Warning: Permanently added 'slave2,192.168.128.133' (ECDSA) to the list of known
 hosts.
root@slave2's password:          slave2节点root用户密码
authorized_keys                                 100% 1179     1.2MB/s   00:00
[root@master .ssh]#
```

图 2-30 分发公钥到 slave1、slave2

(9) 测试免密码登录。

校验的命令格式如下(ssh 后面有一个空格)：

ssh 主机名

使用 ssh 登录进去后，务必记得使用 exit 命令退出再测试其他节点。

可以发现，从 master 节点 ssh 到 master、slave1、slave2 均不用输入密码(如出现需要输入 yes/no，则输入 yes，下次重新执行就不会再出现输入密码情况)，表示免密码登录是成功的。校验结果如图 2-31 所示。

```
[root@master .ssh]# ssh master
The authenticity of host 'master (192.168.128.131)' can't be established.
ECDSA key fingerprint is SHA256:y6qXjS+N44sAkZA82j9GZQx7Mms5B8be0iZYzq52GDg.
ECDSA key fingerprint is MD5:0b:ff:66:d7:11:e2:7b:b0:36:69:99:c6:fc:c7:76:dc.
Are you sure you want to continue connecting (yes/no)? yes
Warning: Permanently added 'master,192.168.128.131' (ECDSA) to the list of known
 hosts.
Last login: Thu Oct 27 16:33:19 2022 from 192.168.128.1
[root@master ~]# exit
logout
Connection to master closed.
[root@master .ssh]#
[root@master .ssh]# ssh slave1
Last login: Thu Oct 27 16:33:10 2022 from 192.168.128.1
[root@slave1 ~]#
[root@slave1 ~]# exit
logout
Connection to slave1 closed.
[root@master .ssh]#
[root@master .ssh]#
[root@master .ssh]# ssh slave2
Last login: Thu Oct 27 16:33:12 2022 from 192.168.128.1
[root@slave2 ~]#
[root@slave2 ~]# exit
logout
Connection to slave2 closed.
[root@master .ssh]#
[root@master .ssh]#
[root@master .ssh]#
```

图 2-31 校验 master 能否免密码登录 slave1 和 slave2

(10) 测试 slave1 和 slave2 能否免密码登录到 master，如果没有问题，也是可以免密码登录的，此处不再截图展开讲述。

6. 实训总结

前期的基础配置准备工作是为之后的环境搭建做好充分的准备。该实训主要通过 ssh 免密码登录配置操作，使学生对实操节点之间的这种 ssh 通信方式有所感知。

本实训对于初学者而言，最难的是没有接触过 Linux 操作。如果接触过，那么上手会很快。其实也可以不使用 XShell 工具，但是为了更好地操作，此处使用了远端登录工具，直接在 Windows 上就可以操作集群，如果没有使用工具，则应该直接进去操作集群。免密码登录是大数据集群的大前提，如果没有进行免密码设置，节点之间是无法进行友好通信的，而域名映射是为了替代 ip，方便集群的管理与相关配置的迁移等。学习的时候，需要理解好实训的目的。

每个人的用户名及 ip 都会有所不同，本书的用户名和 ip 需要特别留意，后期会一直使用，先记住以便不在学习中混淆。如果是自己搭建的虚拟机，则可以取一个较短的名字和设置一个便于记忆的 ip，以便学习。

最后，总结一下同学们在操作过程中比较容易遇到的问题：

(1) 如果是自己搭建的环境，可能会没有 scp 命令，此时可以自己安装一下。

(2) 生成的公钥文件其实只有一行内容，在实操时，不要将 authorized_keys 里面的内容复制出来，然后编辑，最好是跟着实训步骤一步一步地复制，否则很容易出错，比如文件格式发生改变、会自动换行等。配置好后，每台服务器 authorized_keys 文件里面的内容其实是一样的。

(3) 测试是否配置成功时，记得测试完后，需要执行 exit 命令进行退出。否则，很可能会影响后面的操作。比如你在 master 上用 ssh 登录上了其他节点，但忘记退出了，你之后的操作其实是针对其他节点的，而你却没发现，以为还是针对 master，所以务必记得使用 exit 命令。

实训 2.2 HDFS 的安装部署与配置

1. 实训目的

通过本实训，理解 HDFS 的架构以及安装与部署，学会启动 HDFS 集群，懂得上传文件到 HDFS。

2. 实训内容

该实训主要是进行 HDFS 集群的相关操作，包括 HDFS 的安装部署与配置，查看 HDFS 的 Web UI 界面和上传文件到 HDFS。但在部署之前需要安装好 HDFS 的运行前提环境 JDK，然后在 master 上部署 NameNode 服务，在 slave 上部署 DataNode 服务。

3. 实训要求

以小组为单元进行实训，每小组 5 人，小组成员自行协商选一位组长。由组长安排和分配实训任务，具体内容请参考实训步骤。

4. 准备知识

1) HDFS 内容回顾

(1) 分布式文件系统。分布式文件系统是指文件系统管理的物理存储资源不一定直接连接在本地节点上，而是通过计算机网络与节点相连。该系统架构于网络之上，势必会引入网络编程的复杂性，因此分布式文件系统比普通磁盘文件系统更为复杂。

(2) HDFS 架构。HDFS 为大数据平台其他所有组件提供了基本的存储功能。它具有高容错、高可靠、可扩展、高吞吐率等特征，为大数据存储和处理提供了强大的底层存储架构。HDFS 是一个主从结构的分布式文件系统，具有分布式存储的特点。HDFS 集群拥有一个 NameNode 和多个 DataNode，NameNode 管理文件系统的元数据，DataNode 存储实际的数据。从用户的角度来看，HDFS 集群与传统的文件系统类似，可通过目录路径对其上的文件执行增删改查操作。HDFS 开放文件系统的命名空间以便用户以文件形式存储数据，秉承"一次写入、多次读取"的原则。客户端通过 NameNode 和 DataNode 的交互访问文件系统，联系 NameNode 以获取文件的元数据，而真正的文件 I/O 操作是直接和 DataNode 进行交互的。

2) HDFS 的基本命令

HDFS 的基本命令与 Linux 的命令非常相似，因此可以结合 Linux 的命令进行对比学习。HDFS 的基本命令格式如下(cmd 为具体的操作，args 为参数)：

```
hdfs dfs -cmd args
```

部分 HDFS 命令示例如下：

```
hdfs dfs -mkdir /user/trunk          #建立目录/user/trunk
hdfs dfs -ls /user                   #查看/user 目录下的目录和文件
hdfs dfs -lsr /user                  #递归查看/user 目录下的目录和文件
```

```
hdfs dfs -put test.txt /user/trunk          #上传 test.txt 文件至/user/trunk
hdfs dfs -get /user/trunk/test.txt          #获取/user/trunk/test.txt 文件
hdfs dfs -cat /user/trunk/test.txt          #查看/user/trunk/test.txt 文件内容
hdfs dfs -tail /user/trunk/test.txt         #查看/user/trunk/test.txt 文件的最后 1000 行
hdfs dfs -rm /user/trunk/test.txt           #删除/user/trunk/test.txt 文件
hdfs dfs -help ls                           #查看 ls 命令的帮助文档
```

5. 实训步骤

1) 准备安装包

(1) 下载好 JDK 和 Hadoop 的安装包，可以直接使用 MobaXterm 工具上传安装包到各个节点。单击 MobaXterm 软件左侧的 Sftp 可以进入传输文件页面，勾选“跟随终端文件夹”可以让显示的内容跟随操作的路径，如图 2-32 所示。

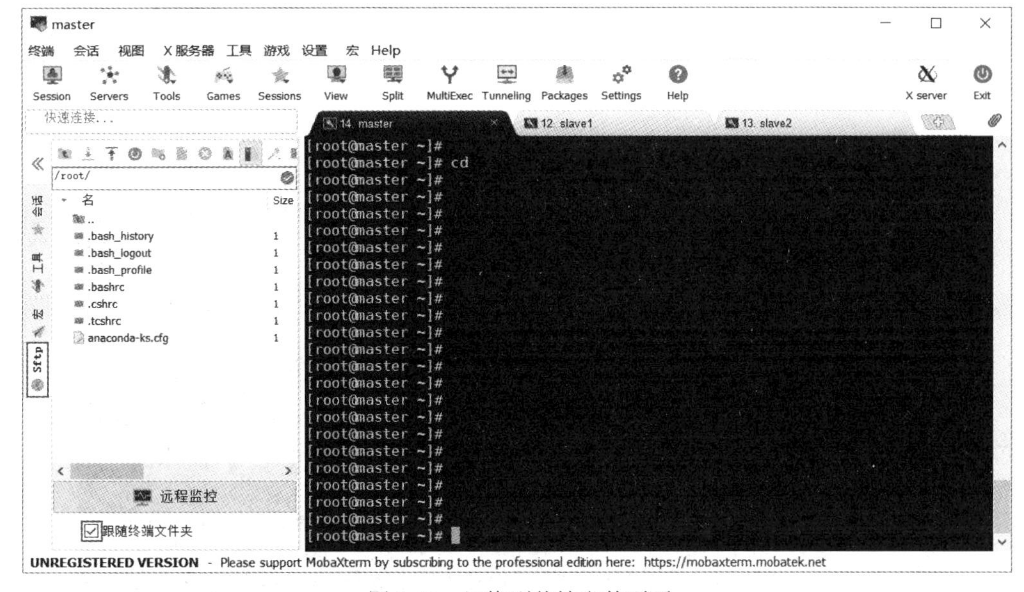

图 2-32　切换到传输文件页面

(2) 将需要上传的安装包拖拉到 MobaXterm 窗口空白处，如图 2-33 所示。

等待安装包上传完成后，就可以继续往下操作。注意 3 台节点均需要上传 JDK 安装包。

2) 配置 JDK 相关内容

3 台节点均需操作，具体如下所述。

(1) 将 JDK 移动到指定文件夹放置好，命令如下：

```
mkdir package

mv hadoop-3.3.4.tar.gz jdk-8u161-linux-x64.tar.gz package/

cd package/

ll
```

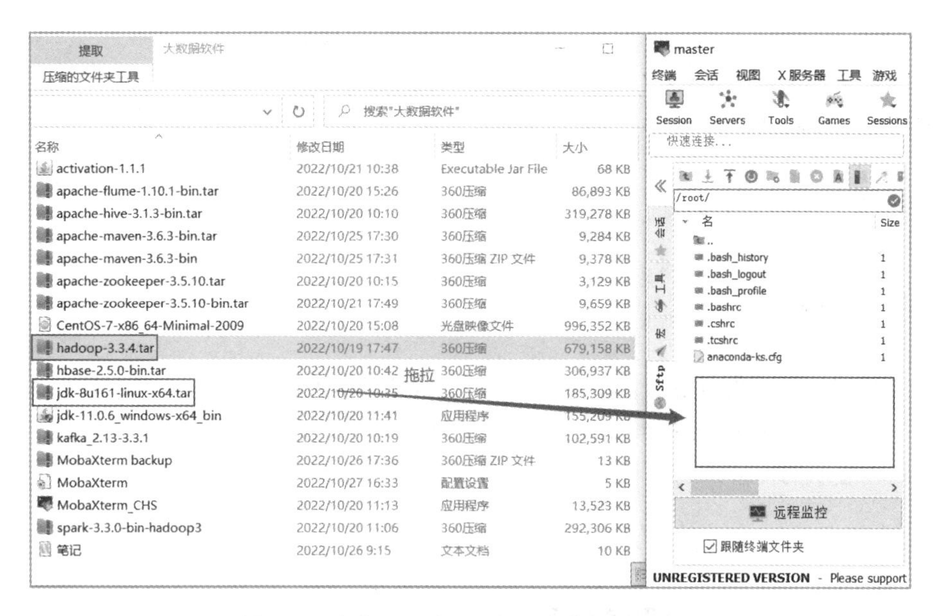

图 2-33　上传 JDK 与 Hadoop 安装包到 master

结果如图 2-34 所示。

```
[root@master ~]# mkdir package
[root@master ~]#
[root@master ~]# ll
total 864476
-rw-------. 1 root root      1259 Oct 27 11:37 anaconda-ks.cfg
-rw-r--r--. 1 root root 695457782 Oct 27 17:04 hadoop-3.3.4.tar.gz
-rw-r--r--. 1 root root 189756259 Oct 27 17:05 jdk-8u161-linux-x64.tar.gz
drwxr-xr-x. 2 root root         6 Oct 27 17:05 package
[root@master ~]#
[root@master ~]# mv hadoop-3.3.4.tar.gz jdk-8u161-linux-x64.tar.gz package/
[root@master ~]#
[root@master ~]# ll
total 4
-rw-------. 1 root root 1259 Oct 27 11:37 anaconda-ks.cfg
drwxr-xr-x. 2 root root   67 Oct 27 17:05 package
[root@master ~]#
[root@master ~]# cd package/
[root@master package]# ll
total 864472
-rw-r--r--. 1 root root 695457782 Oct 27 17:04 hadoop-3.3.4.tar.gz
-rw-r--r--. 1 root root 189756259 Oct 27 17:05 jdk-8u161-linux-x64.tar.gz
[root@master package]#
[root@master package]#
```

图 2-34　将 JDK 移动到指定文件夹放置结果

(2) 创建/opt/software 文件夹以放置需要安装的软件，然后解压 JDK，命令如下：

```
mkdir /opt/software

tar -zxvf jdk-8u161-linux-x64.tar.gz -C /opt/software/
```

解压完成效果如图 2-35 所示。

```
jdk1.8.0_161/jre/Welcome.html
jdk1.8.0_161/jre/README
jdk1.8.0_161/README.html
[root@master package]#
```

图 2-35　解压完成效果

(3) 配置环境变量(本次实训在/etc/profile 文件中配置)，命令如下：

```
vim /etc/profile

export JAVA_HOME=/opt/software/jdk1.8.0_161
export PATH=$PATH:$JAVA_HOME/bin
```

配置环境变量界面如图 2-36 所示。

```
done

unset i
unset -f pathmunge
export JAVA_HOME=/opt/software/jdk1.8.0_161
export PATH=$PATH:$JAVA_HOME/bin
```

图 2-36　配置环境变量界面

注意：添加配置的位置是文件的最后一行。

(4) 配置好后，需要使环境变量在当前会话生效，命令如下：

```
source /etc/profile
```

结果如图 2-37 所示。

```
[root@master package]#
[root@master package]# source /etc/profile
```

图 2-37　使环境变量在当前会话生效

(5) 校验是否设置成功，可以查看 JDK 的版本号，命令如下：

```
java -version
```

结果如图 2-38 所示。

```
[root@master package]# java -version
java version "1.8.0_161"
Java(TM) SE Runtime Environment (build 1.8.0_161-b12)
Java HotSpot(TM) 64-Bit Server VM (build 25.161-b12, mixed mode)
[root@master package]#
[root@master package]#
```

图 2-38　查看 JDK 版本号

注意：3 台节点均需要安装 JDK。

3) 配置 HDFS 相关内容

(1) 解压 Hadoop 安装包文件至/opt/software 目录，命令如下：

```
tar -zxvf hadoop-3.3.4.tar.gz -C /opt/software/
```

然后查看是否解压成功，如图 2-39 所示。

```
[root@master package]# ll /opt/software/
total 0
drwxr-xr-x. 10 1024 1024 215 Jul 29 21:44 hadoop-3.3.4
drwxr-xr-x.  8   10  143 255 Dec 20  2017 jdk1.8.0_161
[root@master package]#
[root@master package]#
```

图 2-39　查看是否解压成功

(2) 修改 HDFS 配置文件。

① 设置 JDK 安装目录。编辑文件为“/opt/software/hadoop-3.3.4/etc/hadoop/hadoop-env.sh”，命令如下：

```
cd /opt/software/hadoop-3.3.4/etc/hadoop

vim hadoop-env.sh
```

找到如下一行：

```
# export JAVA_HOME=
```

在其下方添加内容如下：

```
export JAVA_HOME=/opt/software/jdk1.8.0_161
```

操作结果如图 2-40 所示。

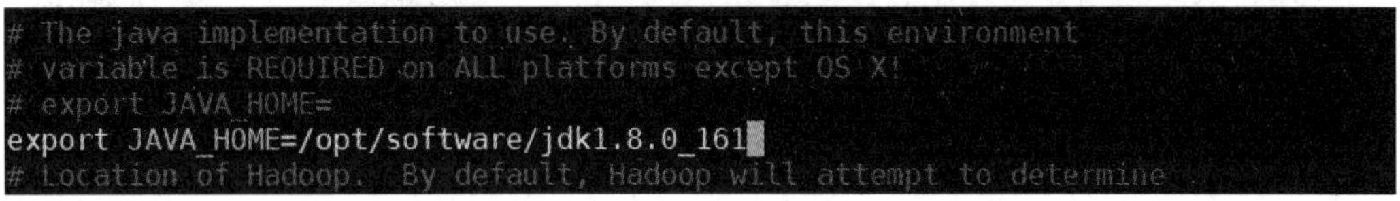

```
# The java implementation to use. By default, this environment
# variable is REQUIRED on ALL platforms except OS X!
# export JAVA_HOME=
export JAVA_HOME=/opt/software/jdk1.8.0_161
# Location of Hadoop.  By default, Hadoop will attempt to determine
```

图 2-40　设置 JAVA_HOME 操作结果

注意：此处的“/opt/software/jdk1.8.0_161”即是 JDK 安装位置。如果不同，请根据实际情况更改。

② 指定 HDFS 主节点。编辑文件为“/opt/software/hadoop-3.3.4/etc/hadoop/core-site.xml”，修改编辑文件，命令如下：

```
vim core-site.xml
```

将如下内容添加到最后两行的<configuration></configuration>标签之间：

```
<property>
        <name>hadoop.tmp.dir</name>
        <value>/opt/software/hadoop/tmp</value>
</property>
<property>
        <name>fs.defaultFS</name>
        <value>hdfs://master:8020</value>
</property>
```

操作结果如图 2-41 所示。

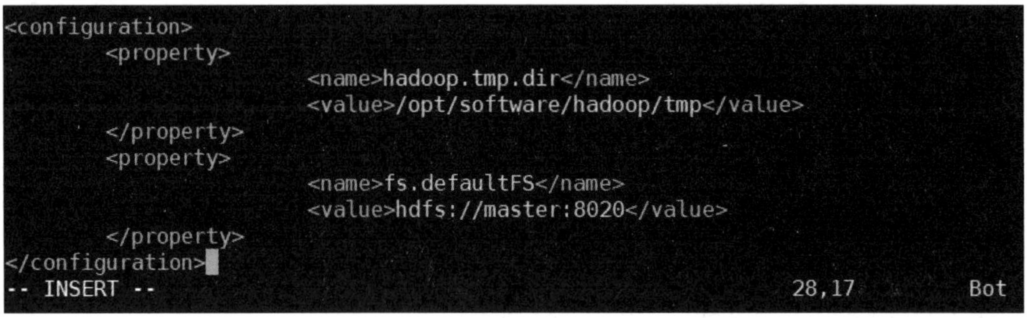

```
<configuration>
        <property>
                        <name>hadoop.tmp.dir</name>
                        <value>/opt/software/hadoop/tmp</value>
        </property>
        <property>
                        <name>fs.defaultFS</name>
                        <value>hdfs://master:8020</value>
        </property>
</configuration>
-- INSERT --                                             28,17         Bot
```

图 2-41　配置 core-site.xml 操作结果

③ 指定 HDFS 相关配置。编辑文件为“/opt/software/hadoop-3.3.4/etc/hadoop/hdfs-site.xml”，将指定 HDFS 集群元数据和数据的存储位置、块存储的副本系数和 Secondary NameNode 地址，并设置开启 webhdfs 服务。修改编辑文件，命令如下：

```
vim hdfs-site.xml
```

将如下内容添加到最后两行的<configuration></configuration>标签之间：

```
<property>
        <name>dfs.namenode.name.dir</name>
        <value>/opt/software/hadoop-3.3.4/dfs/name</value>
        <description>NameNode 元数据存储位置</description>
</property>
<property>
        <name>dfs.datanode.data.dir</name>
        <value>/opt/software/hadoop-3.3.4/dfs/data</value>
        <description>DataNode 数据存储位置</description>
</property>
<property>
        <name>dfs.replication</name>
        <value>2</value>
        <description>块存储的副本系数</description>
</property>
<property>
        <name>dfs.namenode.secondary.http-address</name>
        <value>master:9868</value>
        <description>Secondary NameNode 地址</description>
    </property>
<property>
        <name>dfs.webhdfs.enabled</name>
        <value>true</value>
        <description>开启 webhdfs 服务</description>
</property>
```

④ 指定 HDFS 从节点。编辑 worker 文件，其在“/opt/software/hadoop-3.3.4/etc/hadoop”文件夹里，将 slave 节点的主机名加入此文件中。本实训的 slave 节点的主机名为 slave1 和 slave2，所以添加的内容为 slave1 和 slave2，命令如下：

```
vim workers


slave1
slave2
```

注意：原本文件中默认有 localhost，记得删除掉；此文件中不要包含多余的空行或者空格。

最终配置内容如图 2-42 所示。

```
[root@master hadoop]# cat workers
slave1
slave2
```

图 2-42　最终配置内容

4) 拷贝 master 上的配置文件到 slave1、slave2

在 master 上执行下列命令，将配置好的 Hadoop 主目录拷贝至 slave1、slave2。本实训使用附录中提供的脚本实现拷贝操作，可以查看后面的附录内容，本脚本放置于“~/shell”路径下。

```
~/shell/scp_call.sh /opt/software/hadoop-3.3.4/
```

拷贝结束后，slave1 和 slave2 节点将会有相应的文件目录，如图 2-43、图 2-44 所示。

```
[root@slave1 software]# ll
total 0
drwxr-xr-x. 10 root root 215 Oct 27 17:49 hadoop-3.3.4
drwxr-xr-x.  8 root root 255 Oct 27 17:23 jdk1.8.0_161
```

图 2-43　查看 slave1 节点文件目录

```
[root@slave2 software]# ll
total 0
drwxr-xr-x. 10 root root 215 Oct 27 17:50 hadoop-3.3.4
drwxr-xr-x.  8 root root 255 Oct 27 17:23 jdk1.8.0_161
```

图 2-44　查看 slave2 节点文件目录

5) 启动 HDFS

(1) 配置环境变量。为了方便后面操作，可以先将 Hadoop 主目录下的 bin 和 sbin 目录配上环境变量，命令如下：

```
vim /etc/profile


export HADOOP_HOME=/opt/software/hadoop-3.3.4
export PATH=$PATH:$HADOOP_HOME/bin:$HADOOP_HOME/sbin
```

因为 Hadoop 3.3.4 版本对用户做了限制，所以还需要添加定义用户的变量，配置的内容如下：

```
export HDFS_NAMENODE_USER=root
export HDFS_DATANODE_USER=root
export HDFS_SECONDARYNAMENODE_USER=root
export YARN_RESOURCEMANAGER_USER=root
export YARN_NODEMANAGER_USER=root
```

最终配置结果如图 2-45 所示。

```
unset i
unset -f pathmunge
export JAVA_HOME=/opt/software/jdk1.8.0_161
export PATH=$PATH:$JAVA_HOME/bin
export HADOOP_HOME=/opt/software/hadoop-3.3.4
export PATH=$PATH:$HADOOP_HOME/bin:$HADOOP_HOME/sbin
export HDFS_NAMENODE_USER=root
export HDFS_DATANODE_USER=root
export HDFS_SECONDARYNAMENODE_USER=root
export YARN_RESOURCEMANAGER_USER=root
export YARN_NODEMANAGER_USER=root
```

图 2-45　最终配置结果

最后还需要使环境变量在当前会话生效，命令如下：

```
source /etc/profile
```

为了方便操作，可以拷贝 master 上的环境变量文件到 slave1、slave2 节点。在 master 节点执行如下命令：

```
~/shell/scp_call.sh /etc/profile
```

拷贝完成后，需要在 slave1、slave2 节点上执行 source 操作。

(2) 格式化 HDFS。首次使用 HDFS 时，需要先进行格式化操作，可以在 /opt/software/hadoop-3.3.4/bin 目录执行格式化命令。在 master 节点执行如下命令：

```
hdfs namenode -format
```

如果没有发生意外，则会提示格式化成功，如图 2-46 所示。

```
2022-10-27 19:19:57,526 INFO common.Storage: Storage directory /opt/software/hadoop-3.3.4/dfs/name has been successfully formatted.
2022-10-27 19:19:57,589 INFO namenode.FSImageFormatProtobuf: Saving image file /opt/software/hadoop-3.3.4/dfs/name/current/fsimage.ckpt_0000000000000000000 using no compression
2022-10-27 19:19:57,762 INFO namenode.FSImageFormatProtobuf: Image file /opt/software/hadoop-3.3.4/dfs/name/current/fsimage.ckpt_0000000000000000000 of size 399 bytes saved in 0 seconds .
2022-10-27 19:19:57,773 INFO namenode.NNStorageRetentionManager: Going to retain 1 images with txid >= 0
2022-10-27 19:19:57,781 INFO namenode.FSNamesystem: Stopping services started for active state
2022-10-27 19:19:57,782 INFO namenode.FSNamesystem: Stopping services started for standby state
2022-10-27 19:19:57,785 INFO namenode.FSImage: FSImageSaver clean checkpoint: txid=0 when meet shutdown.
2022-10-27 19:19:57,785 INFO namenode.NameNode: SHUTDOWN_MSG:
/************************************************************
SHUTDOWN_MSG: Shutting down NameNode at master/192.168.128.131
************************************************************/
```

图 2-46　格式化 HDFS 成功提示

注意：NameNode 元数据的存储位置是 hdfs-site.xml 配置文件中指定的位置。

(3) 启动 HDFS。在 master 节点执行如下命令：

```
start-dfs.sh
```

结果如图 2-47 所示。

```
[root@master hadoop]# start-dfs.sh
Starting namenodes on [master]
Last login: Thu Oct 27 19:07:45 CST 2022 on pts/2
Starting datanodes
Last login: Thu Oct 27 19:22:41 CST 2022 on pts/2
slave1: WARNING: /opt/software/hadoop-3.3.4/logs does not exist. Creating.
slave2: WARNING: /opt/software/hadoop-3.3.4/logs does not exist. Creating.
Starting secondary namenodes [master]
Last login: Thu Oct 27 19:22:44 CST 2022 on pts/2
```

图 2-47　启动 HDFS 结果

(4) 通过查看进程的方式验证 HDFS 是否启动成功。分别在 master、slave1、slave2 三台机器上执行 jps 命令，查看 HDFS 服务是否已经启动。若启动成功，则在 master 上会看到相应的 NameNode、SecondaryNameNode 进程信息，如图 2-48 所示；在 slave1、slave2 上会看到相应的 DataNode 进程信息，如图 2-49、图 2-50 所示。

```
[root@master hadoop]# jps
13872 NameNode
14288 Jps
14134 SecondaryNameNode
```

图 2-48 查看 master 进程

```
[root@slave1 hadoop]# jps
12115 Jps
12039 DataNode
```

图 2-49 查看 slave1 进程

```
[root@slave2 ~]# jps
12290 DataNode
12377 Jps
```

图 2-50 查看 slave2 进程

也可以使用提供的脚本文件查看进程，命令如下：

```
~/shell/jps_all.sh
```

结果如图 2-51 所示。

```
[root@master ~]# ~/shell/jps_all.sh
============= master jps ==============
13872 NameNode
14134 SecondaryNameNode
14268 Jps
============= slave1 jps ==============
12039 DataNode
12104 Jps
============= slave2 jps ==============
12290 DataNode
12355 Jps
```

图 2-51 使用脚本文件查看进程

相关脚本请查看附录的 jps_all.sh 内容。

6) 通过 Shell 指令上传文件到 HDFS

(1) 新建一个测试文件。在 master 节点上执行如下命令：

```
mkdir /root/datas

cd /root/datas

echo 123 >> data.txt
```

效果如图 2-52 所示。

```
[root@master hadoop]# mkdir /root/datas
[root@master hadoop]# cd /root/datas
[root@master datas]# echo 123 >> data.txt
[root@master datas]#
[root@master datas]# cat data.txt
123
```

图 2-52 新建测试文件效果

(2) 上传 data.txt 文件到 HDFS 集群，命令如下：

```
hdfs dfs -put /root/datas/data.txt /

hdfs dfs -ls /
```

结果如图 2-53 所示。

```
[root@master datas]# hdfs dfs -put /root/datas/data.txt /
[root@master datas]# hdfs dfs -ls /
Found 1 items
-rw-r--r--   2 root supergroup          4 2022-10-27 19:43 /data.txt
```

图 2-53　上传文件到 HDFS 集群结果

(3) 查看 Web UI 界面。在浏览器中打开 192.168.128.131:9870 访问路径，其格式为 master 的 ip:9870，查看 Web UI 界面，如图 2-54 所示。

Hadoop　Overview　Datanodes　Datanode Volume Failures　Snapshot　Startup Progress　Utilities

Overview 'master:8020' (✔active)

Started:	Thu Oct 27 19:37:39 +0800 2022
Version:	3.3.4, ra585a73c3e02ac62350c136643a5e7f6095a3dbb
Compiled:	Fri Jul 29 20:32:00 +0800 2022 by stevel from branch-3.3.4
Cluster ID:	CID-fa2cc198-844c-44c2-8642-be8c773fbfae
Block Pool ID:	BP-1214421466-192.168.128.131-1666869597501

Summary

Security is off.

Safemode is off.

2 files and directories, 1 blocks (1 replicated blocks, 0 erasure coded block groups) = 3 total filesystem object(s).

图 2-54　查看 Web UI 界面

单击 Web UI 界面上方菜单栏的“Utilities”，选择“Browse the file system”，可以看到上传至 HDFS 集群根路径的 data.txt 文件，如图 2-55 所示。

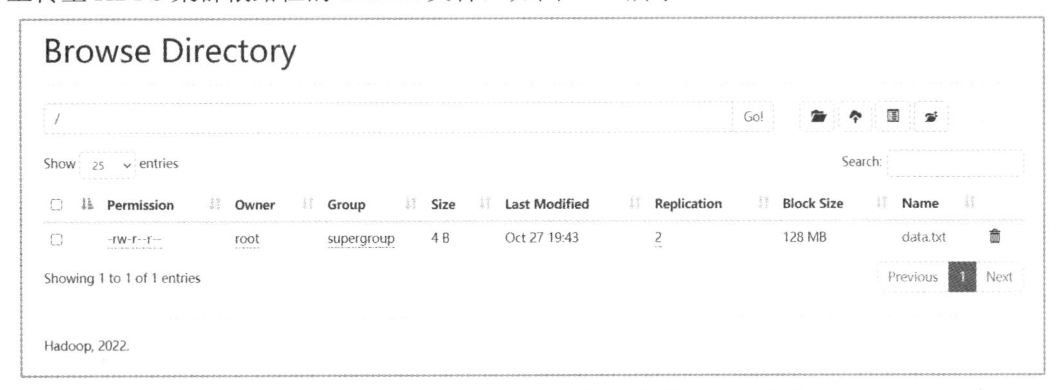

图 2-55　查看上传至 HDFS 集群根路径的 data.txt 文件

接着，可以按照如图 2-56 所示的步骤，查看 data.txt 文件的具体内容。具体操作步骤为：先单击①弹出窗口，再单击②，则会提示③的内容。

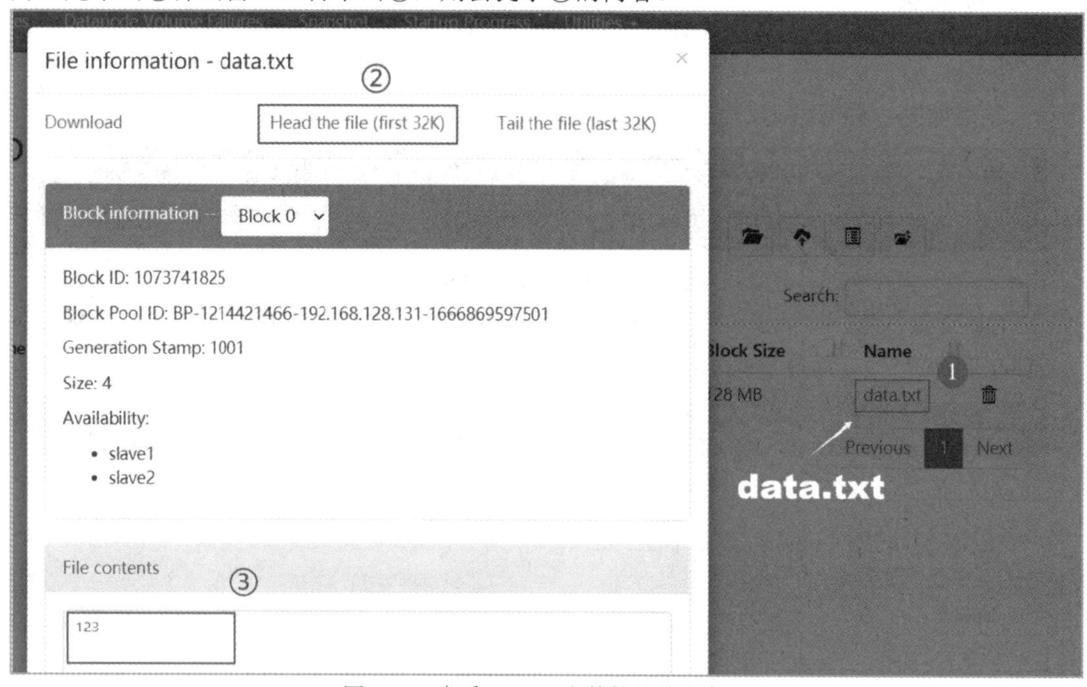

图 2-56 查看 data.txt 文件的具体内容

(4) 设置 Windows 电脑与 3 台节点的映射关系。为了方便后期操作，可以配置 Windows 电脑与 3 台节点的映射关系，以达到直接通过主机名和端口号访问 Web UI 界面的效果。

配置文件路径为：C:\Windows\System32\drivers\etc\hosts，修改此文件，将映射关系添加上，配置的内容如下：

```
192.168.128.131 master
192.168.128.132 slave1
192.168.128.133 slave2
```

此时在浏览器地址栏输入地址：http://master:9870，同样可以访问 NameNode 的 Web UI 页面。

6. 实训总结

本实训通过安装部署 HDFS 集群以及创建相关目录、上传相关的数据文件到 HDFS 等操作，对 HDFS 分布式文件系统的基础配置及操作进行了一定的介绍。

总览整个操作流程，下面总结一下大家在操作过程中比较容易遇到的问题：

(1) 需要特别注意的是，JDK 是安装在 3 台服务器上的。

(2) 最后配置好 Hadoop 的时候，每 1 台服务器上的 Hadoop 目录里的内容其实是一样的，因为这些内容是从 master 节点复制到另外 2 台 slave 上的，所以如果在操作过程中发现 master 上的配置文件有错误，那么一定要记得将 master 上的正确文件也同步到 slave 节点上去。

(3) 如果在操作时，发现格式化后配置错了，需要重新配置，记得将配置文件 core-site.xml 里的 hadoop.tmp.dir 配置项所配置的目录以及 hdfs-site.xml 里配置的 NameNode

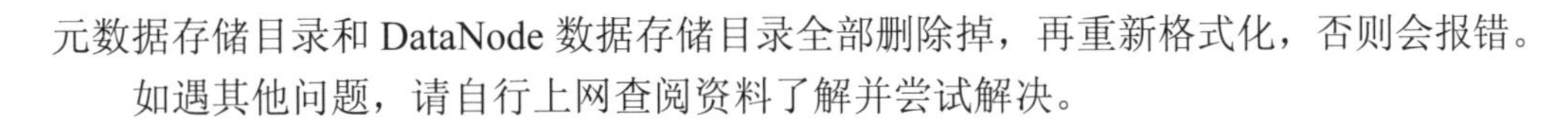

元数据存储目录和 DataNode 数据存储目录全部删除掉，再重新格式化，否则会报错。

如遇其他问题，请自行上网查阅资料了解并尝试解决。

实训 2.3 HDFS 的读写 API 操作

1. 实训目的

本实训的目的是使学生学会在本地(Windows 环境)编写 Java 代码，学会用离线工程编写 HDFS 的读写操作，并且学会打包工程上传到服务器执行。

2. 实训内容

该实训需要每位学生在已搭建的 HDFS 开发环境上编写 HDFS 读写程序代码，并打包项目，在集群环境上执行该程序。

3. 实训要求

以小组为单元进行实训，每小组 5 人，小组成员自行协商选一位组长由组长。安排和分配实训任务，具体内容请参考实训步骤。

4. 准备知识

1) IDEA 编辑器介绍

IDEA 全称是 IntelliJ IDEA，是 Java 语言开发的集成环境(也可用于其他语言)，在业界被公认为最好的 Java 开发工具之一，特别是在代码自动提示、代码重构、代码审查、多种插件整合、GUI 设计等方面发挥着巨大的作用。

在本实训中，使用社区版本即可完成所有编程相关操作。

2) Java 实现文件读写的方式

在进行 HDFS 的读写操作之前，我们最好有一点 Java 基础，比如说 Java 是怎么实现文件读写的。下面列举几种 Java 读写文件的方式，大家也可自行搜索资料学习。

方式一：InputStream、OutputStream；

方式二(缓存字节流)：BufferedInputStream、BufferedOutputStream；

方式三：InputStreamReader、OutputStreamWriter；

方式四：BufferedReader、BufferedWriter；

方式五：Reader、PrintWriter。

建议使用第二种方式 BufferedInputStream、BufferedOutputStream，该方式与字节流差不多，但是效率比后者更高(推荐使用)。

5. 实训步骤

1) 完成前提工作

(1) 需要提前安装好 Windows 系统上的 JDK，本实训教程安装的版本为：jdk-11.0.6。

(2) 需要将 Hadoop 的安装包解压在 Windows 系统的某一路径上。

(3) 需要安装好 IDEA 编辑器，本实训使用的版本为 ideaIC-2022.2.3。

2) 新建 Java 项目

打开 IDEA 后，单击“New Project”，新建一个项目，如图 2-57 所示。

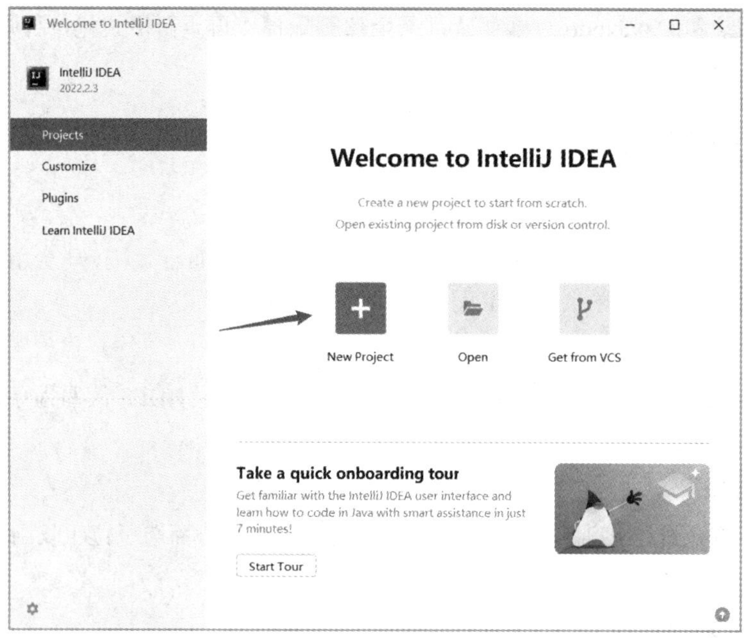

图 2-57　新建项目

在弹出的窗口中，完成以下配置：

(1) 项目名称：hadoop-project。

(2) JDK：选择 Windows 上安装的 JDK。

相应配置结果如图 2-58 所示，然后单击窗口下方的“Create”，接着会新建好项目。

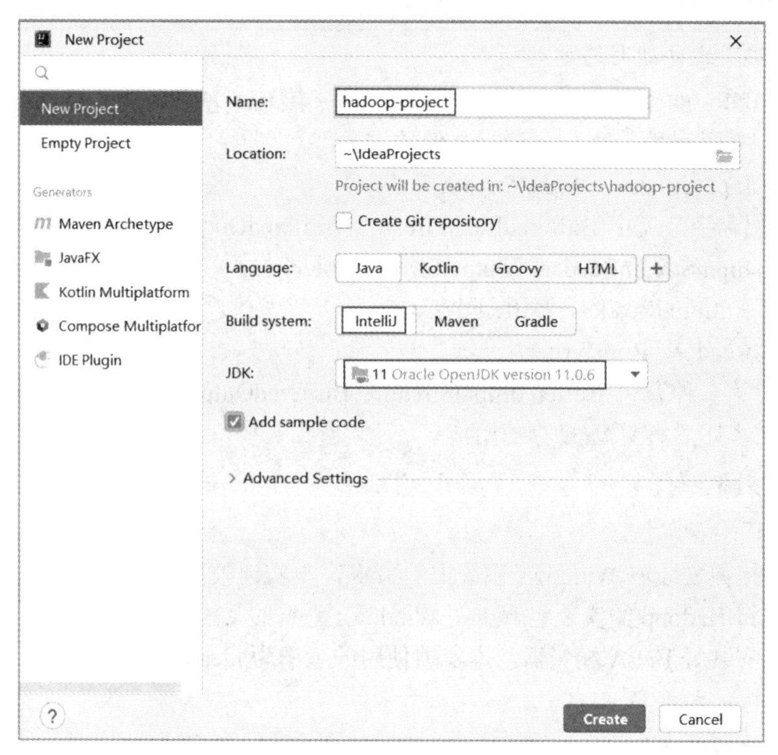

图 2-58　相应配置结果

3) 配置项目

(1) 右击“src”，选择“New”，单击“Package”，新建一个包，命名为“com.bigdata”，如图 2-59 所示。

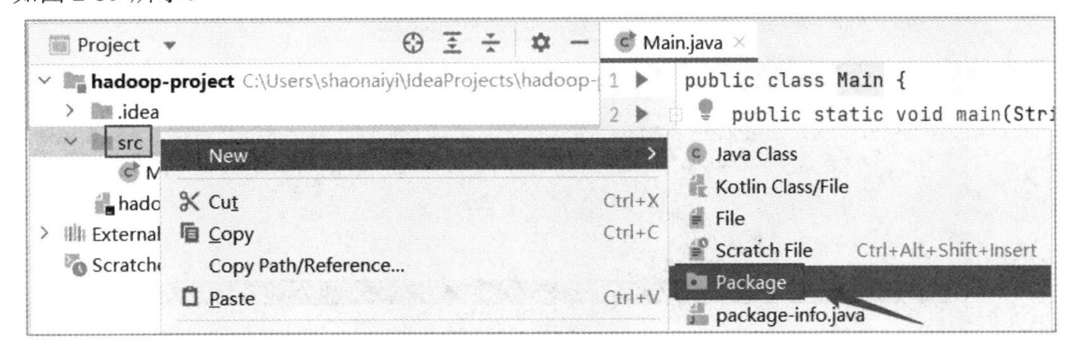

图 2-59　新建包

(2) 先单击“File”，再单击“Project Structure...”按钮，编辑项目结构，如图 2-60 所示。

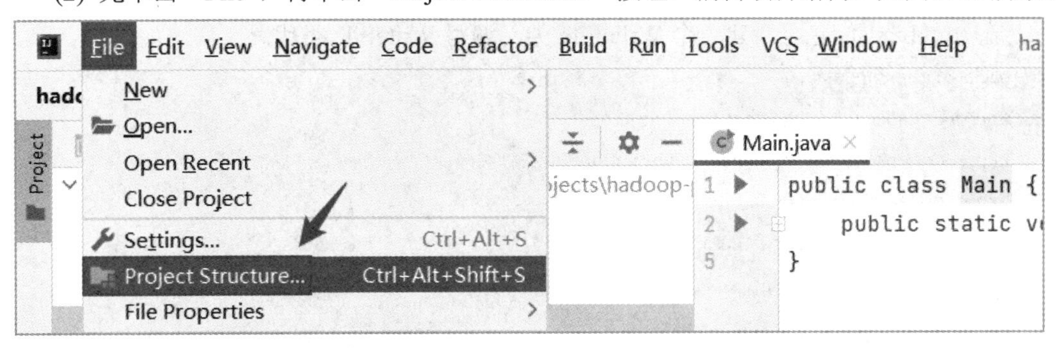

图 2-60　编辑项目结构

(3) 单击“Libraries”，导入编写 HDFS 程序相关的 JAR 依赖包。具体操作步骤为：单击“Libraries”→“+”→“Java”，找到解压后的 Hadoop 安装包，导入 HDFS 公共依赖包，如图 2-61 所示。

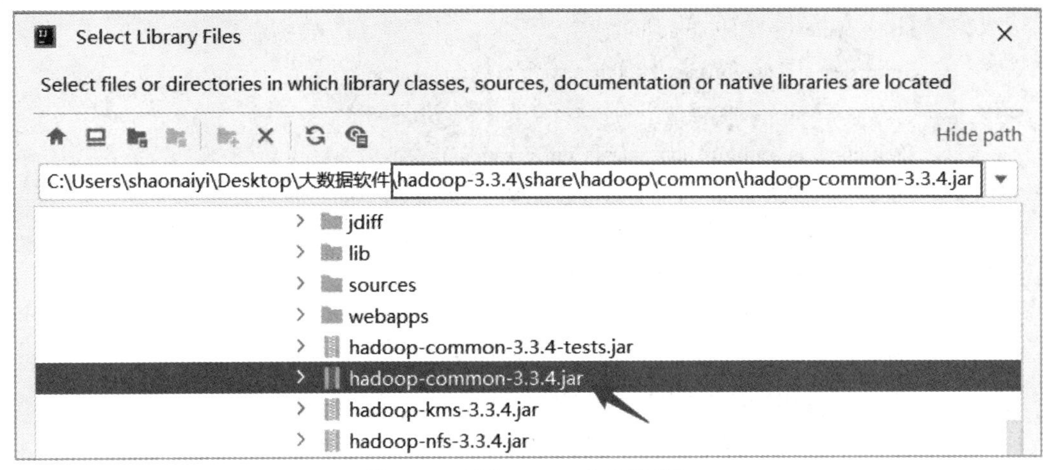

图 2-61　导入 HDFS 公共依赖包

(4) 单击“OK”后会提示选择模块，由于项目目前只有一个模块，因此直接单击“OK”选项即可。接着导入 HDFS 的其他相关依赖包，如图 2-62 所示。

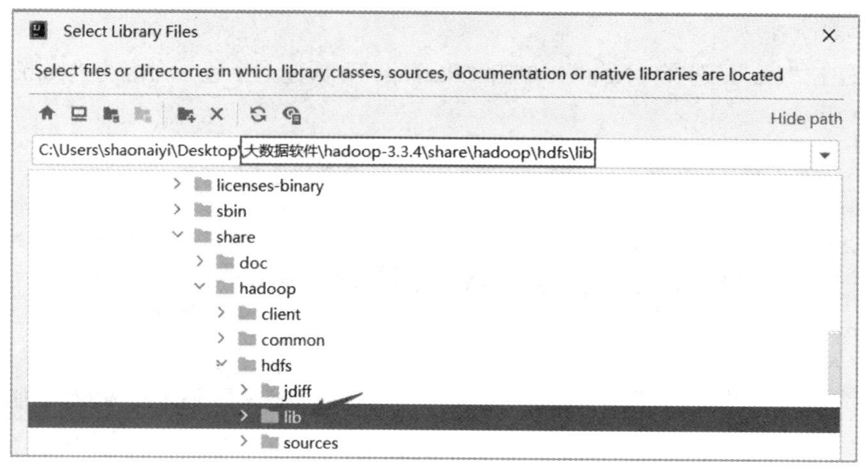

图 2-62　导入 HDFS 相关依赖包

4) 编写 HDFS 写操作代码

在 com.bigdata 包里新建一个 WriteFile 类，编写 WriteFile 类代码，代码如下：

```
package com.bigdata;
import org.apache.hadoop.conf.Configuration;
import org.apache.hadoop.fs.FSDataOutputStream;
import org.apache.hadoop.fs.FileSystem;
import org.apache.hadoop.fs.Path;
import java.io.IOException;
import java.net.URI;

public class WriteFile {

    public static void main(String[] args) throws IOException {
        String content = "Hello,bigdata!";
        String dest = "hdfs://master:8020/test.txt";

        Configuration configuration = new Configuration();
        FileSystem fileSystem = FileSystem.get(URI.create(dest), configuration);
        FSDataOutputStream out = fileSystem.create(new Path(dest));
        out.write(content.getBytes("UTF-8"));
        out.close();
    }
}
```

注意：请按照实际情况修改 master 的主机名。

5) 编写 HDFS 读操作代码

在 com.bigdata 包里新建一个 ReadFile 类，编写 ReadFile 类代码，代码如下：

```
package com.bigdata;
import org.apache.hadoop.conf.Configuration;
import org.apache.hadoop.fs.FSDataInputStream;
import org.apache.hadoop.fs.FileSystem;
import org.apache.hadoop.fs.Path;
import java.io.*;
import java.net.URI;

public class ReadFile {

    public static void main(String[] args) throws IOException {
        String dest = "hdfs://master:8020/test.txt";
        Configuration configuration = new Configuration();
        FileSystem fileSystem = FileSystem.get(URI.create(dest), configuration);
        FSDataInputStream in = fileSystem.open(new Path(dest));
        BufferedReader bufferedReader = new BufferedReader(new InputStreamReader(in));
        String line = null;
        while ((line = bufferedReader.readLine()) != null) {
            System.out.println(line);
        }
        in.close();
    }
}
```

6) 打包代码到服务器

(1) 单击“File”→“Project Structure...”→“Artifacts”→“+”→“JAR”→“From modules with dependencies...”，创建 JAR，如图 2-63 所示。

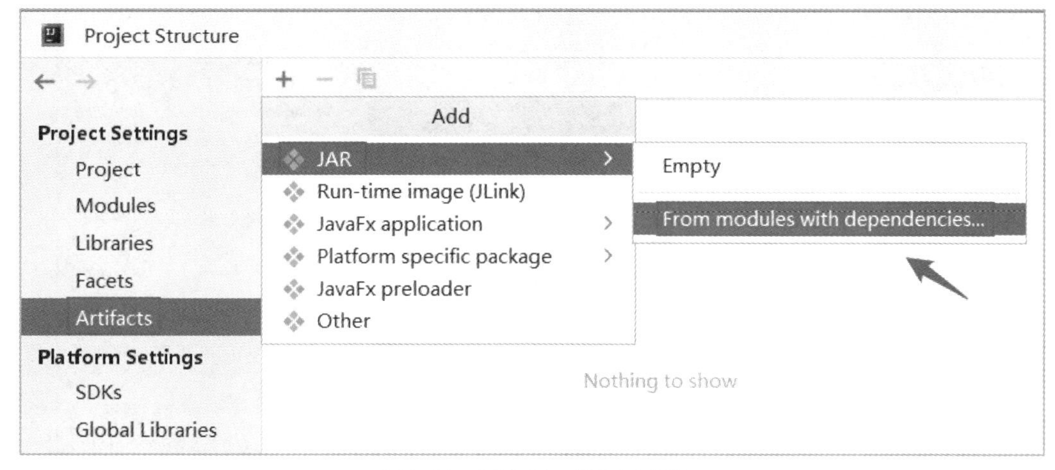

图 2-63　创建 JAR 流程示意图

(2) 单击完成后会弹出 JAR 包设置界面，如图 2-64 所示。

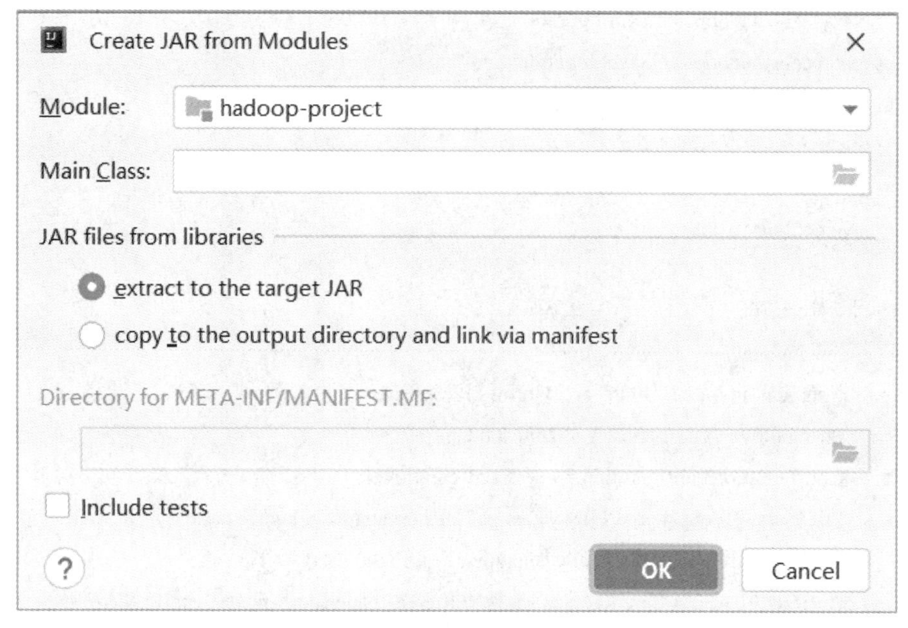

图 2-64　JAR 包设置界面

由于目前项目里有多个 main 方法，因此可以不设置“Main Class”，直接单击“OK”即可。

(3) 因为服务器上已经有了相应的 JAR 包，所以需要移除掉再打包。单击“Artifacts”→“hadoop-project:jar”→“Output Layout”，勾选相应的 JAR 包，单击“-”进行移除，如图 2-65 所示。

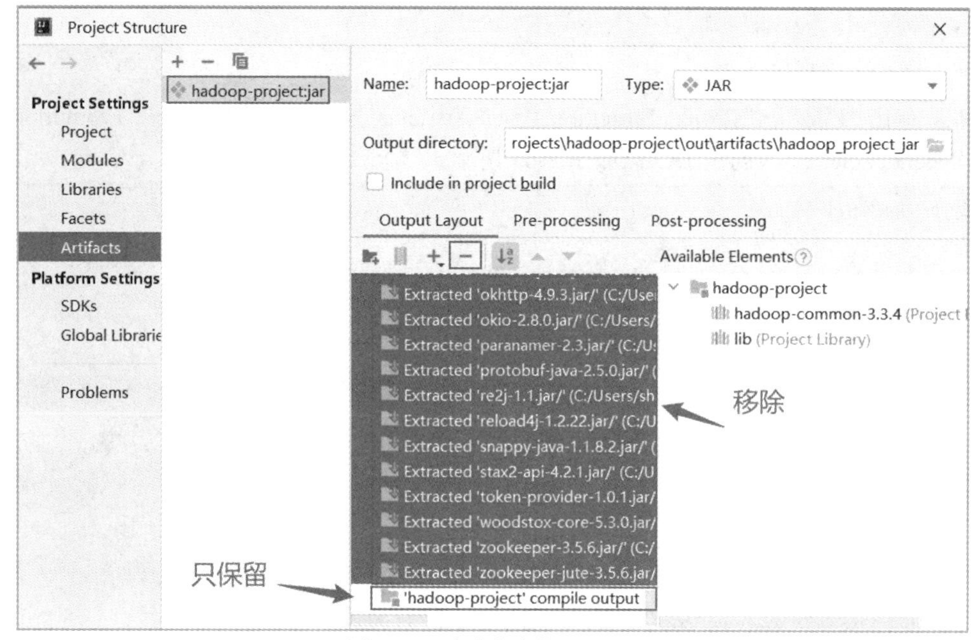

图 2-65　移除多余的 JAR 包

移除多余的 JAR 包后，一直单击“OK”即可。

7) 打包操作

(1) 打包之前，如果你的服务器上的 JDK 版本是 8，而 Windows 的版本为 jdk11，则需要设置一下打包的项目语言级别才能兼容。单击“Project Structure”→“Project”，在“Language level”栏选择服务器上相应的语言级别，JDK8 对应的是 8 级别，如图 2-66 所示。

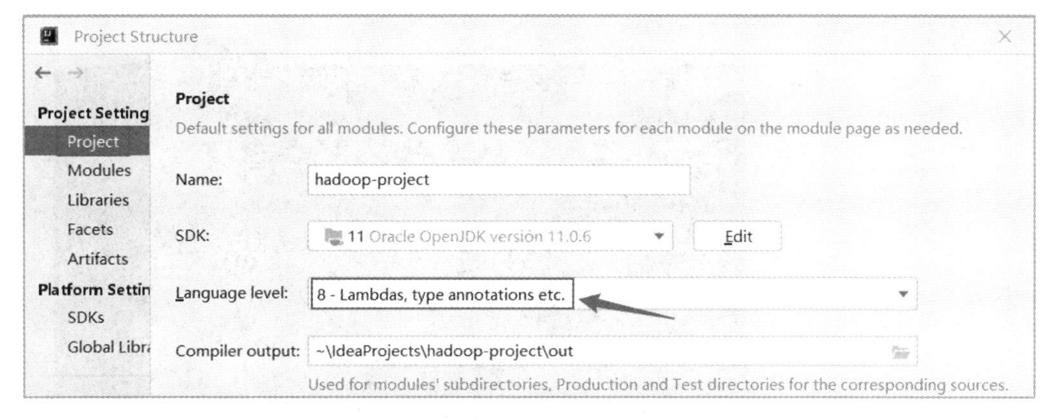

图 2-66　选择服务器上相应的语言级别

(2) 单击菜单栏的“Build”→“Build Artifact”，在弹出的选项中，先选择“hadoop-project:jar”，再选择“Build”即可构建 JAR 包，如图 2-67 所示。

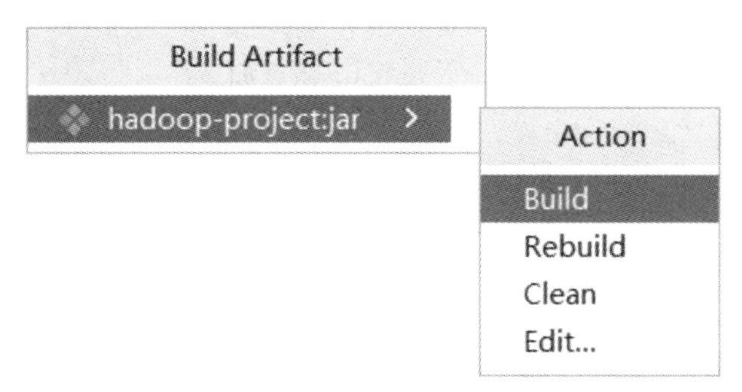

图 2-67　构建 JAR 包

(3) 稍等一会，执行完后就可以看到 out 目录生成了一个 JAR 包，如图 2-68 所示。

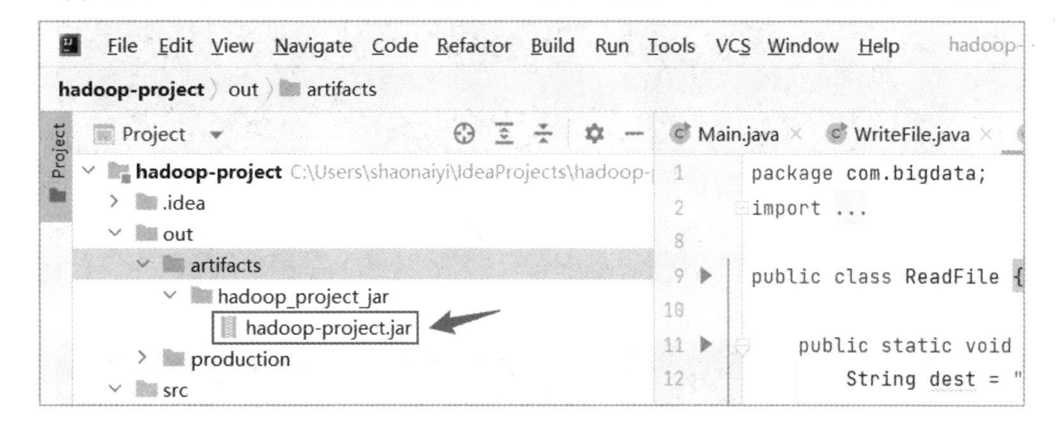

图 2-68　查看生成的 JAR 包

8) 上传 JAR 包并执行

(1) 使用 MobaXterm 工具上传 JAR 包到 master 节点的/root/jars 文件夹(没有此目录则新建一个)，结果如图 2-69 所示。

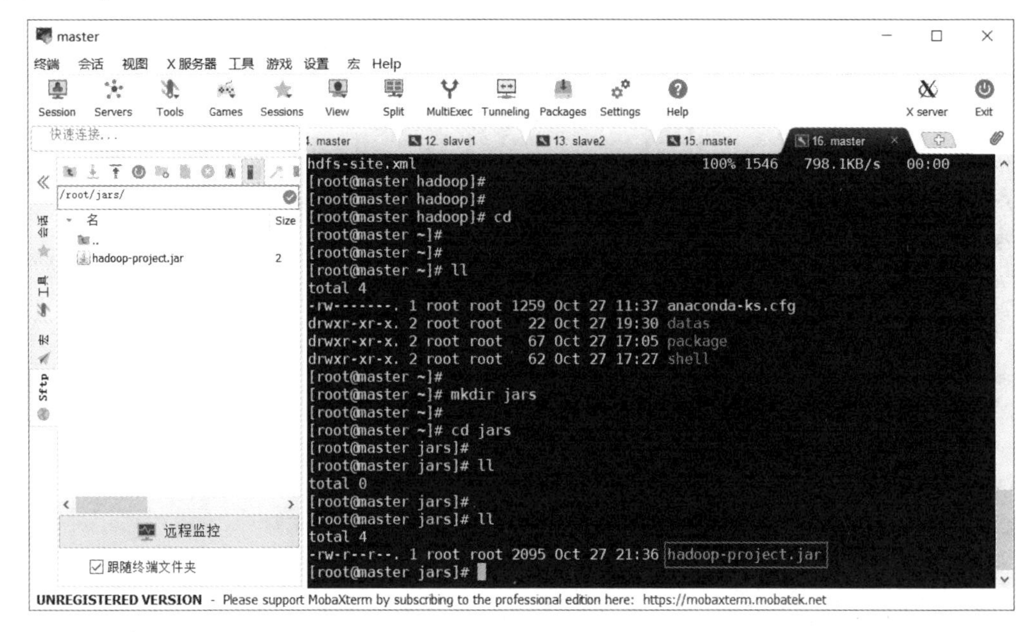

图 2-69　JAR 包上传结果

(2) 启动 HDFS(如果已启动则无须此步骤)，命令如下：

```
start-dfs.sh
```

(3) 执行 JAR 包(在 JAR 包所在的路径下，此处路径为：/root/jars)。先执行 HDFS 的写操作代码(如 HDFS 上已有/test.txt 文件则会报错，请先删除或者更换代码里的文件名)，命令如下：

```
hadoop jar hadoop-project.jar com.bigdata.WriteFile
```

查看是否写内容进去，命令如下：

```
hdfs dfs -cat /test.txt
```

写入结果如图 2-70 所示。

```
[root@master jars]# hadoop jar hadoop-project.jar com.bigdata.WriteFile
[root@master jars]#
[root@master jars]#
[root@master jars]# hdfs dfs -cat /test.txt
Hello,bigdata![root@master jars]#
```

图 2-70　执行写操作代码结果展示

执行完后发现已经可以看到写入了数据，然后执行 HDFS 的读操作代码，命令如下：

```
hadoop jar hadoop-project.jar com.bigdata.ReadFile
```

读取结果如图 2-71 所示，可以看到有结果输出。

```
[root@master jars]# hadoop jar hadoop-project.jar com.bigdata.ReadFile
Hello,bigdata!
[root@master jars]#
```

图 2-71　执行读操作代码结果展示

6. 实训总结

本实训主要是在 IDEA 上编写 HDFS 读、写操作程序代码，并打包在集群环境上执行。通过本实训的学习，学生可以加深对 HDFS 的读写逻辑以及编程原理的认识。本实训不用联网也可以执行 HDFS 的读写操作，此外，本实训一样也可以执行 Spark、机器学习等案例。本实训非常关键，当网络不好或者项目简单时，这种传统的方式也是非常简单方便的。

总览整个操作流程，同学们可能分不清 Windows、服务器、HDFS 集群、Client 的相关概念，此处做一个简单的说明以便同学们理解，后面还会遇到很多相关的概念，所以务必要厘清思路。

(1) Windows：Windows 指的是个人计算机或者学校的实训室里的计算机，是提供给同学们学习的。此计算机上应该安装好 JDK，而且也应该先安装好代码编辑工具。本实训使用的编辑工具是 IDEA，如果使用 Eclipse 或者其他编辑工具，也是可以的。

(2) 服务器：服务器在工作上一般指的是物理服务器或者云服务器。但是在学习的时候，如果使用此类服务器，需要投入的资金成本会很高，所以可以选择其他服务器。比如要在个人计算机上安装多台虚拟机，可通过 VMWare 等软件，安装好一台虚拟机，然后复制两台或者更多台出来，这些虚拟机就是所说的服务器，也可以称之为节点或者机器。如果使用大数据学习平台，那么平台会默认分发 3 台服务器给每位学生。

(3) HDFS 集群：HDFS 集群指的是安装在服务器上的软件。比如在 3 台服务器上都安装了 Centos 操作系统，然后在系统之上又部署好了 HDFS，这样就组成了一个集群。类似于 3 台计算机都安装了 Windows 系统，然后在此 3 台计算机上又安装上了通信软件。

(4) Client：Client 指的是提交作业的那台服务器。本次实训过程中，将写好的代码打成 JAR 包，然后上传到 master 机器上，最后执行 JAR 包，在哪里执行 JAR 包，哪里就充当着 Client 的角色。

知 识 巩 固

1. HDFS 文件系统与普通文件系统的区别是什么？
2. JournalNode 在 HDFS 高可用性机制中起到什么样的作用？
3. HDFS 为什么要引入 Federation 机制？
4. 请自行查找资料，通过构建 Maven 工程方式实现实训 2.3。

模块三 分布式计算框架 MapReduce 和分布式资源管理器 YARN

在大数据时代，数据量呈爆发式增长，传统的单机处理方式已经无法满足大规模的数据处理需求，因此 MapReduce 和 YARN(Yet Another Resource Negotiator，另一种资源协调者)应运而生。MapReduce 将计算分为 Map 和 Reduce，通过并行处理来提高计算效率。YARN 作为 Hadoop 的资源管理器，负责调度和管理集群中的计算资源，提高资源利用率。这两种技术结合使用，能够有效地解决大规模数据处理的问题，为企业发展与业务分析带来巨大的价值。

本模块主要介绍 MapReduce 和 YARN 的理论基础知识，包括 MapReduce 和 YARN 概述、工作过程与架构，YARN 的资源管理和任务调度等内容，同时结合技能实训来强化动手实践能力，包括 YARN 集群的部署、单词计数(WordCount)程序的编写。

通过本模块的学习，可以培养学生推陈出新、革故鼎新的创新精神。

3.1 MapReduce 和 YARN 概述

3.1.1 MapReduce 概述

HDFS 解决了大规模数据的存储难题，但大数据还需要解决大规模数据的高效计算难题。如何实现大规模数据的计算呢？在存储的时候，人们可以使多台机器进行分布处理，而在计算的时候，能否实现分布计算呢？答案是肯定的。Hadoop 的核心组成 MapReduce 就是一个分布式计算引擎。

MapReduce 最早是由 Google 公司提出的，它是一种面向大规模数据处理的并行计算模型。Google 公司设计 MapReduce 的初衷主要是为了解决其搜索引擎中大规模网页数据的并行化处理问题。Google 公司发明 MapReduce 后首先用其重新改写了搜索引擎中的 Web 文档索引处理系统，但由于 MapReduce 可以普遍应用于很多大规模数据的计算问题，因此 Google 公司内部进一步将其广泛应用于很多大规模数据处理问题。

2003 年和 2004 年，Google 公司在国际会议上分别发表了两篇关于 Google 分布式文件系统和 MapReduce 的论文，这些论文公布了 Google 的 GFS 和 MapReduce 的基本原理和主要设计思想，Hadoop 框架里面的 HDFS 其实最开始也是借鉴了 GFS 的设计思想。

2004 年，道格·卡廷(开源项目 Lucene 和 Nutch 的创始人)发现 MapReduce 正是其所需要的解决大规模数据计算问题的重要技术，因而他模仿 Google 的 MapReduce，基于 Java 设计开发了一个称为 Hadoop 的开源 MapReduce 并行计算框架和系统。自此，Hadoop 成为 Apache 开源组织下最重要的项目。Hadoop 推出后很快得到了全球学术界和工业界的普遍关注，并得到推广和普及应用。

MapReduce 计算引擎使懂得编程的人可以轻松地在大型集群上以可靠、容错的方式并行处理大量数据，从而节省大量时间。采用分布式并行处理方式可以大幅提高程序性能，实现高效的批量数据处理，拥有强大的计算能力。

MapReduce 采用“分而治之”的设计思想，其核心组成部分主要有两个环节：“Map(映射)”和“Reduce(归约)”。MapReduce 作业通常将输入数据集拆分为独立的块，这些块由 Map 环节的程序用并行的方式来处理。框架对 Map 的输出进行排序，然后输入到 Reduce 环节的程序进行汇总计算。简而言之，MapReduce 的处理流程就是将一个庞大的数据集进行分布式计算，每台机器计算一点，计算好后再汇总，由于数据量比较庞大，所以往往需要结合 HDFS 来工作。MapReduce 可以理解为一个包含 Map 和 Reduce 这两个阶段的引擎，我们将使用 MapReduce 计算引擎的程序称为 MapReduce 任务(或 MapReduce 作业)，Map 环节执行的程序称为 Map 程序(或 Map 任务)，Reduce 环节执行的程序称为 Reduce 程序(或 Reduce 任务)。

MapReduce 的推出给计算机行业带来了革命性的影响，其成为事实上的大数据处理的工业标准。尽管 MapReduce 还有很多局限性，但人们普遍认为 MapReduce 是大数据领域起源阶段最为成功、最广为接受和最易于使用的大数据并行处理技术。即使是在技术更新换代极其频繁的时代，MapReduce 在行业里仍占有一定的地位，其也是学习大数据的基础。MapReduce 的发展及其带来的巨大影响远远超出了发明者和开源社区当初的预设，以至于 2010 年出版的 *Data-Intensive Text Processing with MapReduce* 一书的作者马里兰大学教授吉米 • 林(Jimmy Lin)在书中提出：“MapReduce 改变了我们组织大规模计算的方式，它代表了第一个有别于冯 • 诺依曼结构的计算模型，是在集群规模而非单个机器上组织大规模计算的新的抽象模型上的第一个重大突破，是到目前为止所见到的最为成功的基于大规模计算资源的计算模型。”

MapReduce 被广泛地应用于日志分析、海量数据排序、在海量数据中查找特定模式等场景中。

3.1.2　YARN 概述

Hadoop 主要包含三大子系统：HDFS、MapReduce 和 YARN。Apache Hadoop 的另一种资源协调者(Yet Another Resource Negotiator，YARN)是一种新的 Hadoop 资源管理器，是在 Hadoop 2.x 版本引进的资源管理系统，是从 Hadoop 1.x 版本中的 MapReduce(MRv1)演化而来的。Hadoop 2.x 与 Hadoop 1.x 相比，架构层面的主要变化是分离了资源管理器和处理组件。

YARN 是一个通用资源管理系统，可为上层应用提供统一的资源管理与调度，而 MapReduce 则只是运行在 YARN 上的一个应用。YARN 的引入为集群在资源统一管理、资源的利用率提高和数据共享等方面带来了巨大好处。

基于 YARN 的 Hadoop 2.x 的架构提供了一个更加通用的计算平台，不仅仅包含 MapReduce，还支持 Spark、Storm 等。Hadoop 2.0 版本架构图如图 3-1 所示，从中可以清楚地看到 YARN 在 Hadoop 中的位置。

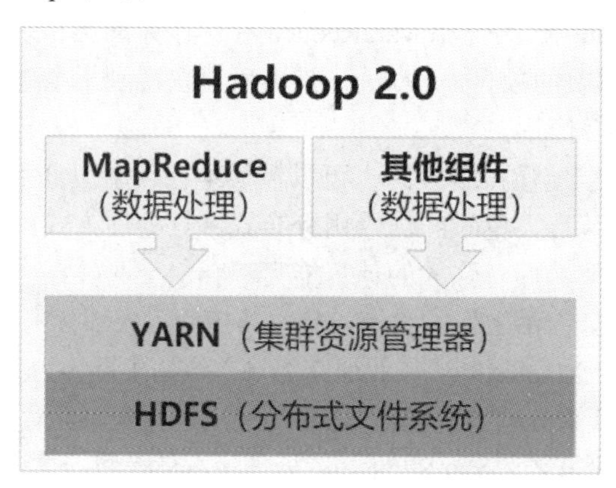

图 3-1 Hadoop 2.0 版本架构图

为什么引入 YARN 呢？这就需要了解一下 MRv1 存在的不足。

MRv1 在扩展性、可靠性、资源利用率和多框架等方面有诸多不足。比如，MRv1 原本主要是用来计算的，却还要负责资源的调度工作，此时就非常有局限性。当多个功能混在一起的时候，对硬件的要求就更高了，此时扩展性更差。所以，Hadoop 对 MapReduce 进行了升级和改造，诞生了更加先进的 MRv2(MapReduce 2.0 版本)。

从总体架构上来讲，MRv2 是将原有 MRv1 拆分成 YARN 和 MapReduce 两个组件，YARN 负责资源协调和管理，MapReduce 负责分布式计算。具体而言，MRv2 是对 MRv1 中 JobTracker 的两个主要功能(资源管理和作业调度/监控)进行分离，而实现方法是创建一个全局的 ResourceManager(RM)和若干个针对应用程序的 ApplicationMaster(AM)。这里的应用程序是指传统的 MapReduce 作业或作业的有向无环图(Direct Acyclic Graph，DAG)。

YARN 克服了 MRv1 中的各种局限性，其主要优点如下：

(1) 解决了单点故障。YARN 从 MRv1 框架中分离出来，不仅增强了各个计算组件之间的兼容性和控制能力，而且即使计算引擎出现故障，任务也不会丢失，因为 YARN 可以根据执行的进度，重新下发任务，类似于网络中的断点重传。

(2) 实现了共享集群。相对于“一个计算框架一个集群”的模式，YARN 的出现使资源利用率更高，通过多种框架共享资源，集群中的资源得到了充分利用。让多种框架共享数据和硬件资源，可以减少数据移动成本，同时也降低了运维的成本。

(3) 能够支持不同的计算框架。在 YARN 中，ApplicationMaster 是一个灵活的组成部分，用户可以根据实际情况编写自己的 ApplicationMaster，让其他计算框架也能够“跑”在 Hadoop 集群中。

3.2 MapReduce 和 YARN 的工作过程与架构

3.2.1 MapReduce 的基本工作过程

Hadoop 通过 HDFS 实现分布式数据存储，由 MapReduce 实现分布式计算。同时

MapReduce 的输入和输出都需要借助于分布式文件系统进行存储。下面介绍 MapReduce 的基本工作过程，如图 3-2 所示。

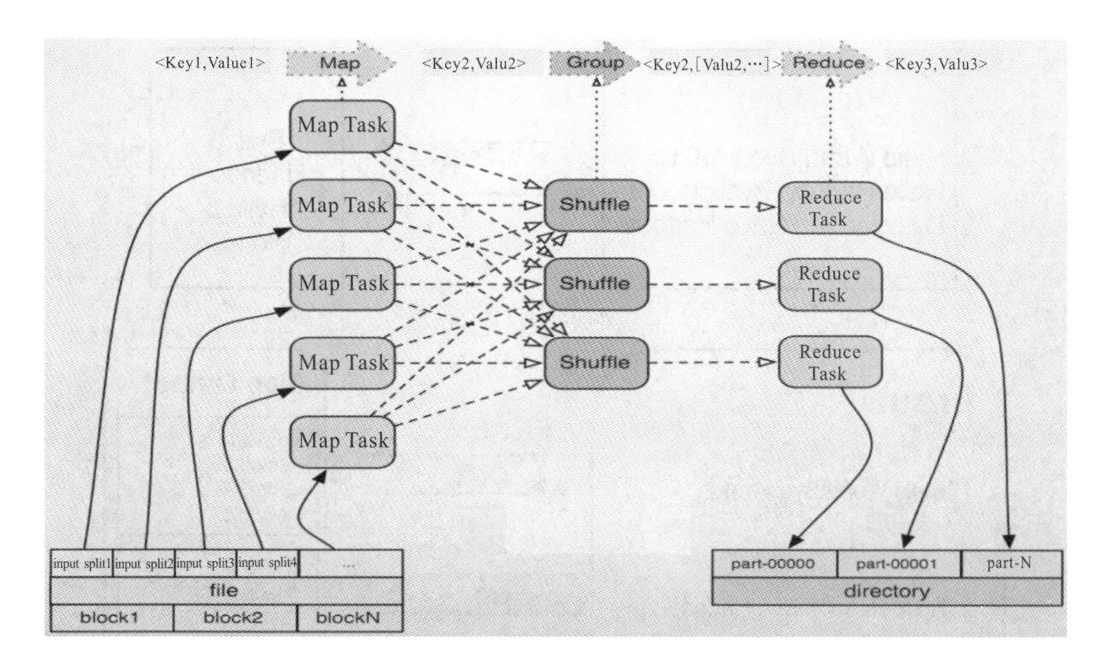

图 3-2　MapReduce 的基本工作过程

(1) 输入分片(input split)：在进行 Map 计算之前，MapReduce 会根据输入文件计算输入分片。每个输入分片对应一个 Map 任务。输入分片存储的并非数据本身，而是一个分片长度和一个记录数据位置的数组。输入分片跟输入文件的个数、每个文件的大小和文件分片大小有密切关系。

默认情况下，分片大小是数据块大小(block size)，分片切分逻辑是将输入文件按照分片大小切分成 n 等份。如果最后一块数据不足一整份且小于分片大小的 10%，则将其并入前一份分片中，否则新建一个分片。当然，切分的前提条件是输入文件的格式是可切分格式。

(2) Map 阶段：在此阶段，MapReduce 会根据用户自定义的映射规则，输出一系列的<Key,Value>作为中间结果。一般的 Map 操作都是在本地进行的，也就是说相应的 Map 任务往往会直接在存储此数据的节点上进行。

(3) Shuffle 阶段：在此阶段，MapReduce 会将 Map 的输出作为 Reduce 的输入，在此过程中会涉及一个 Shuffle 过程(在 3.2.2 小节会展开讲解)，类似于洗牌的操作。

(4) Reduce 阶段：和 Map 任务一样，Reduce 任务也是由程序员来编写实现的，在此阶段，Reduce 任务会对计算结果进行归约，然后将最终结果存储在 HDFS 上。

为了便于理解，下面通过一个 MapReduce 文本单词统计(WordCount)的例子来演示 MapReduce 的处理过程。假设要分析一个大文件里每个英文单词出现的个数，利用 MapReduce 框架能快速实现这一统计分析。MapReduce 执行结果如图 3-3 所示，MapReduce Map 阶段如图 3-4 所示，MapReduce Reduce 阶段如图 3-5 所示。

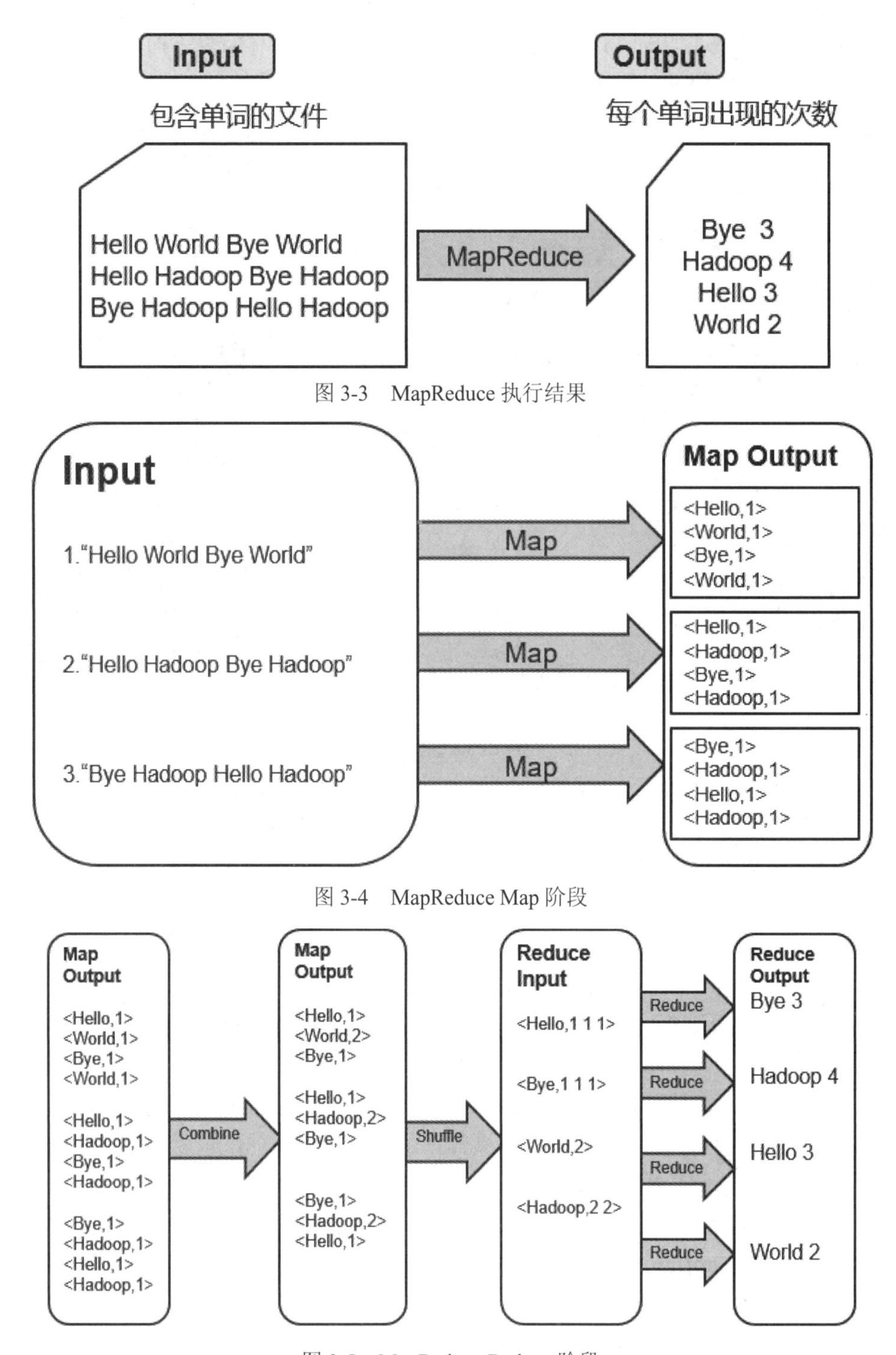

图 3-3 MapReduce 执行结果

图 3-4 MapReduce Map 阶段

图 3-5 MapReduce Reduce 阶段

3.2.2 Shuffle 过程

所谓 Shuffle 过程，是指将 Map 阶段的统计结果进行分区、排序、合并等，然后把结果输出到 Reduce 的过程。Shuffle 过程是 MapReduce 整个工作流程的核心环节。理解 Shuffle 过程的基本原理，对于理解 MapReduce 的流程至关重要。除此之外，Shuffle 过程也是对 MapReduce 任务进行优化的关键点。Shuffle 过程主要分为 Map 端的操作和 Reduce 端的操作，如图 3-6 所示。

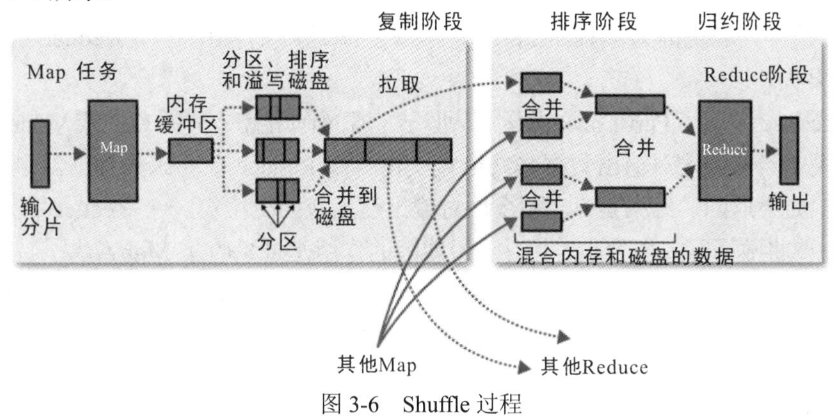

图 3-6　Shuffle 过程

1. Map 端的 Shuffle 过程

Map 端的输出结果首先会被写入缓存，当缓存达到阈值时，会启动溢写(Spill)操作。在此期间，会对结果进行分区(Partition)、排序(Sort)。执行完这一系列操作之后，会将缓存中的数据写入到磁盘，此时缓存会被清空。每次溢写都会在磁盘上生成一个新的溢写文件，随着 Map 任务的执行，磁盘中就会生成多个溢写文件。在 Map 任务全部结束之前，这些溢写文件会被合并成一个大的磁盘文件，然后通知相应的 Reduce 任务来获取自己要处理的数据。

Map 端的 Shuffle 过程分为四步，每一步都可能包含着多个步骤，如图 3-7 所示。

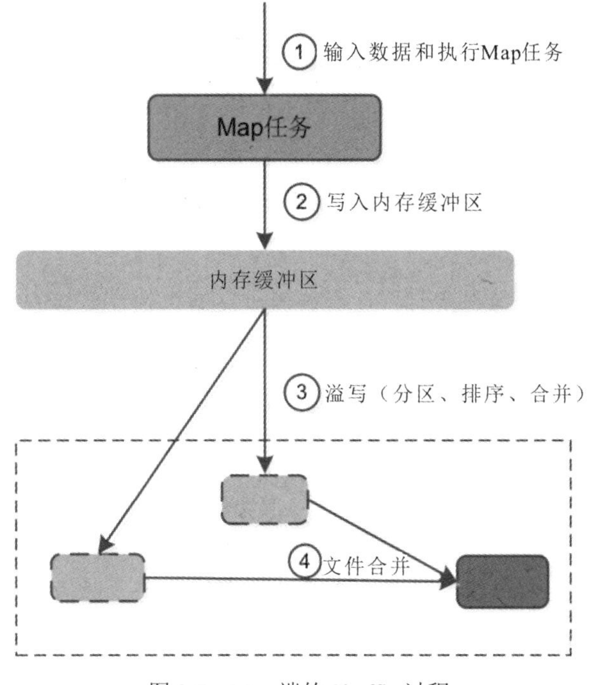

图 3-7　Map 端的 Shuffle 过程

下面对 Map 端的 Shuffle 过程细节进行展开说明：

(1) 在 Map 任务执行时，Map 任务读取输入分片。

(2) 在 WordCount 例子里，假设 Map 的输入数据都是像“aaa”这样的字符串，则经过 Map 端的运行后， Map 的输出结果是<Key,Value>键值对，其中 Key 是“aaa”，Value 是数值 1。这是因为当前 Map 端只做映射 1 这样的操作，在 Reduce 任务里才会去合并结果集。

MapReduce 提供了 Partitioner 分区器，此分区器的作用就是根据 Key 或 Value 及 Reduce 的数量来决定当前的这对输出数据最终应该交由哪个 Reduce 任务来处理。经过 Partitioner 分区器后，如果返回的结果是 0，那么这对输出数据应当交由第一个 Reduce 程序来处理。接下来，需要将数据写入内存缓冲区中，缓冲区的作用是批量收集 Map 结果，减少磁盘 I/O 的影响。<Key,Value>键值对以及 Partitioner 分区器输出的结果都会被写入缓冲区。而在写入之前，Key 与 Value 值都会被序列化成字节数组。其实，整个内存缓冲区就是一个字节数组。

(3) 内存缓冲区是环形的，而且有大小限制，默认是 100MB。当 Map 任务的输出结果很多时，就可能会使内存溢出，所以需要在一定条件下将缓冲区中的数据临时写入磁盘，然后重新利用这块缓冲区。这个从内存往磁盘写数据的过程也就是前面所提到的溢写过程。这个溢写过程是由单独的线程来完成的，不影响往缓冲区写 Map 结果的线程。溢写线程启动时不应阻止 Map 结果的输出。整个缓冲区有个溢写的比例(spill percent)，此比例默认是 0.8，即缓冲区的数据已经达到阈值(100 MB × 0.8 = 80 MB)时，溢写线程就会启动，并且会锁定这 80MB 的内存，执行溢写过程。Map 任务的输出结果还可以往剩下的 20MB 内存中写，互不影响。当溢写线程启动后，需要对这 80MB 空间内的 Key 做排序操作。

在这里可以想想，因为 Map 任务的输出是需要发送到不同的 Reduce 端去的，而内存缓冲区没有对将发送到相同 Reduce 端的数据做合并，那么这种合并应该是体现在磁盘文件中的。从图 3-6 也可以看出写到磁盘中的溢写文件是对不同的 Reduce 端的数值做过合并的。所以溢写过程的一个很重要的细节在于，如果有很多个<Key,Value>键值对需要发送到某个 Reduce 端去，那么需要将这些<Key,Value>键值对拼接到一块，以减少与分区相关的索引记录。

在针对每个 Reduce 端合并数据时，有些数据可能像<aaa,1>这样。在 WordCount 例子中，其实就是简单地统计单词出现的次数，比如统计 aaa 这个词出现的次数，如果在同一个 Map 任务的结果中有很多个像“aaa”这样出现很多次的 Key，那么用户可以设置一个继承于 Reducer 类的 Combiner，将它们的值合并到一块。其实 Combiner 相当于 Map 端的一个迷你版 Reduce 任务，可以对每一个 Map 任务的输出进行局部汇总。但在 MapReduce 的术语中，Reduce 只指 Reduce 端执行从多个 Map 任务取数据做计算的过程。

当设置了 Combiner 后，可以将有相同 Key 的<Key,Value>键值对的 Value 加起来，比如“aaa”经过合并后，得到<aaa,5>再进行传输，这样就不需要传输 5 个<aaa,1>，从而可以减少溢写到磁盘的数据量。Combiner 会优化 MapReduce 的中间结果，所以它在整个模型中会多次使用。

然而 Combiner 只适合用于 Reduce 的输入<Key,Value>键值对与输出<Key,Value>键

值对类型完全一致且不影响最终结果的场景。比如求和、求最大值适合使用 Combiner，而求平均值则不可以使用 Combiner，因为会影响到最终结果。由此可见，对于 Combiner 的使用需要尤其谨慎，如果用得好，则它对作业执行效率有很大帮助，否则会影响到最终结果。

(4) 每次溢写都会在磁盘上生成一个溢写文件，如果 Map 的输出结果真的很大，则会有多次这样的溢写发生，磁盘上相应地就会有多个溢写文件存在。当 Map 任务真正完成时，内存缓冲区中的数据也全部溢写到磁盘中形成一个溢写文件，最终磁盘中会至少有一个这样的溢写文件存在(如果 Map 的输出结果很少，当 Map 任务执行完成时，只会产生一个溢写文件)。因为最终的文件只有一个，所以需要将这些溢写文件归并到一起，这个过程就叫作合并(Merge)。Merge 是怎样的过程呢？比如前面的例子，“aaa”从某个 Map 任务读取过来时值是 5，从另外一个 Map 任务读取过来时值是 8，因为它们有相同的 Key，所以需要进行 Merge，合并成像<“aaa”,[5,8,2,…]>这样的结果。数组中的值就是从不同溢写文件中读取出来的，然后再把这些值加起来。请注意：因为 Merge 是将多个溢写文件合并为一个文件，所以可能也有相同的 Key 存在，如果在这个过程中 Client 设置过 Combiner，就会使用 Combiner 来合并相同的 Key。

数据从缓冲区溢写到文件的过程中会根据用户自定义的 Partition 函数进行分区，如果用户没有自定义该函数，则程序会用默认的 Partitioner 来分区。默认的分区是通过哈希函数来实现的，也称为哈希分区(HashPartitioner)。哈希分区的好处是比较弹性，跟数据类型无关，默认就是此分区方式，编程上实现简单。分区的目的是将整个大数据块分成多个数据块，通过多个 Reduce 任务处理后，输出多个文件。

通常在输出数据需要有所区分的情况下使用自定义分区。例如在进行流量统计时，如果需要最后的输出数据再根据手机号码的省份分成几个文件来存储，则需要自定义 Partition 函数，并在程序里设置 Reduce 的任务数等于分区数和指明自己定义的 Partition 类。在需要获取统一的输出结果的情况下，不需要自定义 Partition，也不需要单独设置 Reduce 的任务数(默认为 1 个)。

自定义的分区函数有时会导致数据倾斜的问题，即有的分区数据量极大，各个分区数据量不均匀，这会导致整个作业时间取决于处理时间最长的那个 Reduce 任务的执行时间。在平时的使用过程中，应尽量避免这种情况发生。

在整个 MapReduce 过程中涉及多处对数据的排序，如环形缓冲区溢出的文件，溢出的小文件合并成大文件，大文件和 Reduce 端多个分区数据合并成一个大的分区数据等都需要排序，而这些排序是根据 Key 的比较(compareTo)方法来实现的。Map 端输出数据的顺序不一定是 Reduce 端输入数据的顺序，因为在这两者之间数据经过了排序，但 Reduce 端输出数据到文件上显示的顺序就是 Reduce 函数的输出数据顺序。在没有 Reduce 函数的情况下，可以将 Reduce 的数量设置为 0(表示没有 Reduce 阶段，也就是没有 Shuffle 阶段，因此也不会对数据进行各种排序分组)。

至此，Map 端的所有工作都已结束，最终生成的这个文件也存放在 Map 任务节点的某个本地目录内。每个 Reduce 任务不断地通过远程过程调用的方式获取 Map 任务是否完成的信息。如果 Reduce 任务得到通知，获知某个 Map 任务执行完成，那么 Shuffle 的后半段过程便开始启动。

2. Reduce 端的 Shuffle 过程

Reduce 任务从 Map 端的不同 Map 机器获取到自己需要处理的那部分数据，对数据进行归并后交给 Reduce 处理。Reduce 端真正运行之前，需要先拉取数据，通过 Merge 进行文件合并，且不断重复地进行。Reduce 端的 Shuffle 过程如图 3-8 所示。

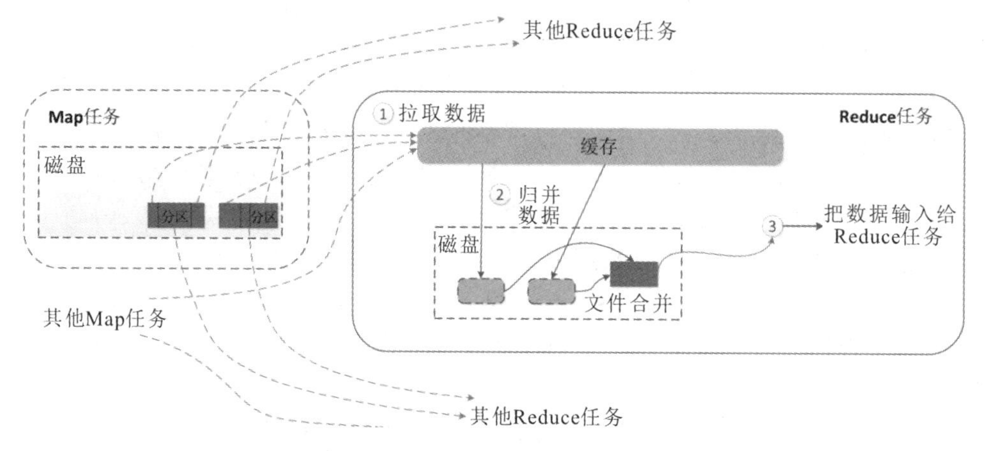

图 3-8 Reduce 端的 Shuffle 过程

下面分阶段地描述 Reduce 端的 Shuffle 过程细节：

(1) Copy 过程。从 Map 任务节点拉取数据，Reduce 进程启动相应的线程，通过 HTTP 方式请求 Map 任务所在的节点获取 Map 任务的输出文件。

(2) Merge 阶段。这里的 Merge 跟 Map 端的 Merge 动作类似，只是数组中存放的是从不同的 Map 端 Copy 过来的数据。Copy 过来的数据会先放入内存缓冲区中，这里的缓冲区大小要比 Map 端的更为灵活，它基于 JVM 的堆栈大小设置。Merge 有三种形式：内存到内存、内存到磁盘、磁盘到磁盘。默认情况下，第一种形式不启用，当内存中的数据量达到阈值时，就会启动内存到磁盘的 Merge。如果设置有 Combiner，也是会进行 Combiner 的，然后在磁盘中生成众多的溢写文件，直到没有 Map 端的数据时才结束，之后启动磁盘到磁盘的 Merge 方式生成最终的那个文件。

(3) Reduce 任务的输入文件不断地进行 Merge，最后生成一个“最终文件”。此文件可能存放于磁盘中，也可能存放于内存中。默认情况下，此文件会存放于磁盘中。当 Reduce 任务的输入文件确定以后，整个 Shuffle 过程就结束了，然后就是 Reduce 任务的执行，把结果放到 HDFS 上。

3.2.3 YARN 的组件架构

Apache Hadoop YARN 是 Hadoop 三大核心组件之一，基于 YARN 的 Hadoop 2.x 版本的架构提供了一个更加通用的计算平台，在 YARN 平台上可以运行更多的软件框架，集成更多的服务。

作为 Hadoop 2.x 版本的一部分，YARN 掌管了资源管理的任务，这使得 MapReduce 可以更加专注于数据处理。YARN 在 Hadoop 中的地位如图 3-9 所示。

图 3-9　YRAN 在 Hadoop 中的地位

当企业数据存储在 HDFS 上时，能够使用多种方式去处理企业数据是非常重要的。YARN 的出现，使得企业可以在 Hadoop 上运行流处理、交互式处理和很多其他基于 Hadoop 的应用，所有的应用可以共享一个资源管理器。

从整体上来看，YARN 依然是 master/slave 结构。在 YARN 中，ResourceManager 是 master，NodeManager 是 slave。ResourceManager 负责对各个 NodeManager 上的资源进行统一管理和调度。当用户提交一个应用程序时，需要提供一个用以跟踪和管理这个程序的 ApplicationMaster，它负责向 ResourceManager 申请资源，并要求 NodeManager 启动可以占用一定资源的任务。ResourceManager 的调度性能跟 NodeManager 的个数有很大的关系，随着集群规模的扩大，ResourceManager 的响应能力会受到严重制约。与 HDFS 的 Federation 机制相类似，YARN 也有 Federation 机制。由于篇幅有限，在此不对 YARN 的 Federation 机制进行展开讲解。

接下来对 YARN 的基本组成结构进行展开讲解。YARN 主要由 ResourceManager、NodeManager、ApplicationMaster 和 Container 等组件构成。YARN 的组件架构如图 3-10 所示。

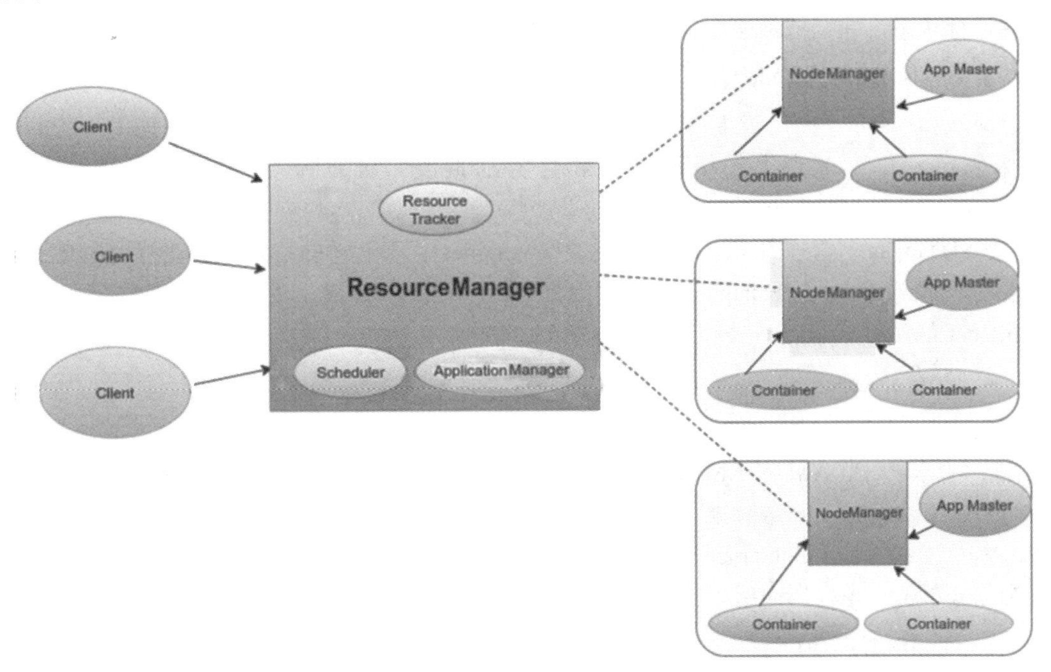

图 3-10　YARN 的组件架构

1. ResourceManager(RM)

RM 是一个全局的资源管理器，如果是 HA 集群则会存在两个 RM(但有且只有一个处于 Active 状态)，而非 HA 模式下每个集群只有一个 RM。RM 负责整个系统的资源管理，包括处理客户端请求、启动/监控 ApplicationMaster、监控 NodeManager，并且负责资源的分配与调度。RM 主要由两个组件构成：调度器(Scheduler)和应用程序管理器(Applications Manager，ASM)。

调度器根据容量、队列等限制条件，将系统中的资源分配给各个正在运行的应用程序。需要注意的是，该调度器只是一个单纯的调度器，它不从事任何与具体应用程序相关的工作，不负责监控或者跟踪应用程序的执行状态，也不负责重新启动因应用程序执行失败或者硬件故障而产生的失败任务等，这些均交由与应用程序相关的 ApplicationMaster 完成。调度器仅根据各个应用程序的资源需求进行资源分配，而资源分配的单位则是用一个抽象概念“资源容器”(Resource Container，简称 Container)来表示。Container 是一个动态资源分配单位，它将内存、CPU、磁盘、网络等资源封装在一起，从而限定每个任务使用的资源量。此外，该调度器还是一个可插拔的组件，用户可根据自己的需要设计新的调度器。当然，YARN 也提供了多种直接可用的调度器。

应用程序管理器负责管理整个系统中所有的应用程序，包括应用程序的提交、与调度器协商资源以启动 ApplicationMaster、监控 ApplicationMaster 的运行状态、在失败时重新启动应用等。

2. ApplicationMaster(AM)

AM 用于管理 YARN 内运行的应用程序的每个实例，用户提交的每个应用程序均包含一个 AM。AM 的主要功能包括：向 RM 调度器申请获取资源；将得到的任务进一步分配给内部的任务(资源的二次分配)；与 NodeManager 通信以启动或者停止任务；监控所有任务的运行状态，并在任务运行失败时重新为任务申请资源以重启任务。

3. NodeManager(NM)

NodeManager 在整个集群中会有很多个，负责每个节点上的资源管理和使用。其主要功能包括：单个节点上的资源管理和任务的调度，处理来自 ResourceManager 和 ApplicationMaster 的命令。

NodeManager 管理着 Container，这些 Container 代表着一些特定程序在特定节点上的资源分配情况，NodeManager 会定时地向 RM 汇报本节点上的资源使用情况和各个 Container 的运行状态。

4. Container

Container 是 YARN 中的资源抽象，它封装了某个节点上的多维度资源，如内存、CPU、磁盘、网络等。当 AM 向 RM 申请资源后，RM 为 AM 返回的资源便是用 Container 表示的。YARN 会为每个任务分配一个 Container，且该任务只能使用该 Container 中描述的资源。需要注意的是，Container 不同于 MRv1 中的 slot(槽，一种资源单位)，它是一个动态资源划分单位，是根据应用程序的需求动态生成的。

5. Client(客户端)

Client 面向用户提交 Driver 代码，作为用户编程的接口，与 ResourceManager 交互，

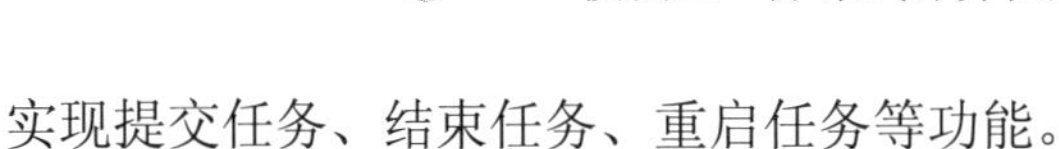

实现提交任务、结束任务、重启任务等功能。

3.2.4　MapReduce on YARN 任务调度流程

MapReduce on YARN 任务调度流程如图 3-11 所示。

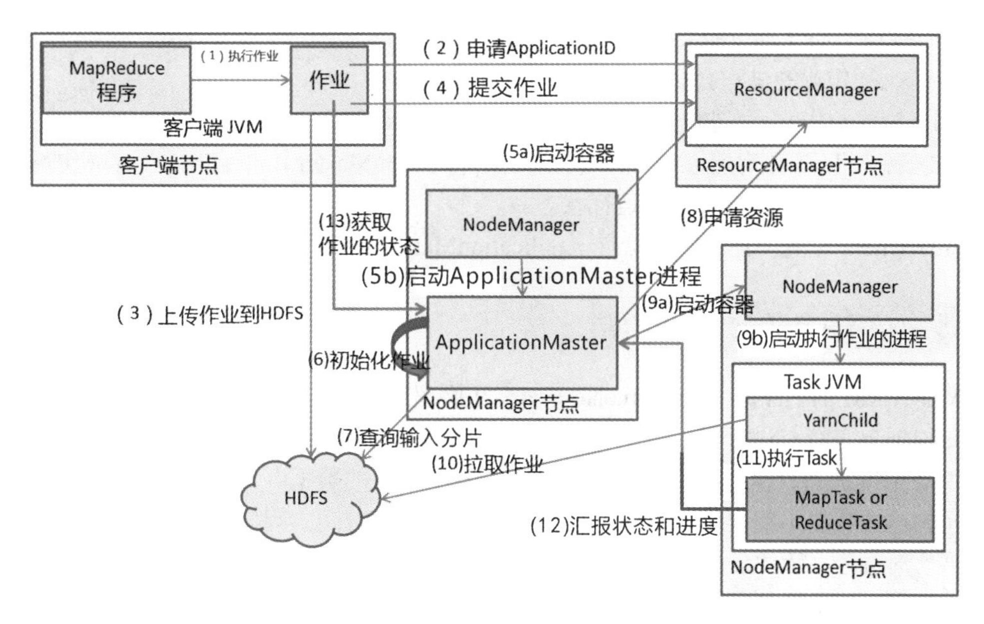

图 3-11　MapReduce on YARN 任务调度流程

当用户向 YARN 中提交一个应用程序后，YARN 通过以下流程完成资源的分配和任务的调度。

(1) Client(客户端)发起一个作业请求，即执行代码。在哪台机器执行，哪台机器就是客户端。

(2) Client 向 ResourceManager 申请一个 ApplicationID，作为作业的唯一标识。

(3) 标识成功后，客户端会将作业上传到 HDFS，因为 slave 在跑作业的时候，会直接从集群里面拿这个计算程序，这也是分布式计算原则的体现，尽可能移动计算而不是移动数据。在上传之前，ResourceManager 还会进行一些判断，作业的输出路径存在或者输入路径不存在，都会先报错。

(4) 客户端上传作业到 HDFS 后，Client 真正提交作业给 ResourceManager。此时，ResourceManager 会得到此作业的很多信息，包括需要多少内存、多少个 CPU 等。

(5) Client 提交作业后，ResourceManager 会根据集群资源情况，寻找一个合适的从节点机器启动一个 Container，在此 Container 里面启动一个 ApplicationMaster 进程，此进程相当于进行计算时的 master。

(6) ApplicationMaster 进程会进行一些初始化操作。

(7) ApplicationMaster 需要查询 HDFS 上的作业里面有多少输入分片，一个输入分片会对应一个 MapTask，需要知道真正执行多少个 MapTask、多少个 ReduceTask、这些需要计算的块分布在哪里等信息。这样，ApplicationMaster 就知道了 MapTask 与块分布的情况，才能进一步合理安排集群的资源。

(8) ApplicationMaster 根据(7)衡量作业需要多少资源及应该怎么分配资源后，去向 ResourceManager 申请资源。

(9) ApplicationMaster 申请到资源后，会与有资源的 NodeManager 通信，让其启动相应的 Container，在此 Container 里面会启动一个执行作业的进程，此进程里面会跑 MapTask 与 ReduceTask，即 MapReduce 的两个阶段。

(10) 执行作业的进程会去 HDFS 上拉取相应的作业。

(11) 拉取到作业后，执行相应的 MapTask、ReduceTask。

(12) 各个 Task 会定期通过 RPC 协议向 ApplicationMaster 汇报自己的状态和进度，以让 ApplicationMaster 随时掌握其运行状态。

(13) Client 每隔一定的时间会向 ApplicationMaster 获取作业的状态信息。

3.2.5　YARN RM 的 HA 方案

YARN RM 的 HA 方案与 NameNode HA 在原理上大体是一致的，YARN RM 的 HA 可以说是根据自身特点进行了改良。前面已经提到，RM 主要负责管理集群资源及调度应用。由于 RM 中维护的数据都是实时变化的，而且各个时段的数据并没有太多交集，更重要的是，重构这些数据不需要像 NameNode 那样花费太多的时间，因此，各个 RM 之间的数据不需要实时同步，而 Standby RM 平时会停止一些服务，只有在状态转换时才启动相关的服务。YARN RM 的 HA 架构图如图 3-12 所示。

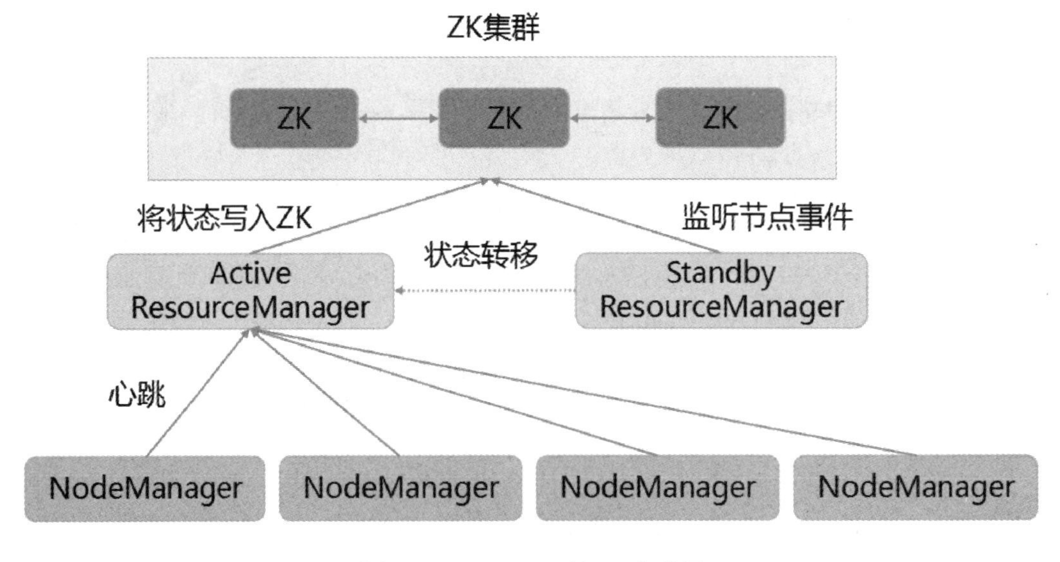

图 3-12　YARN RM 的 HA 架构图

在 RM 初始化时，会创建一个 EmbeddedElector 服务。默认情况下，在启动 RM 时，集群内部会通过竞争来确定哪个是 Active RM，哪个是 Standby RM，接着会监听 ZK 上的临时节点，如果临时节点消失，则重新竞争。竞争成功的 RM 会创建临时节点，并且将状态切换成 Active 状态。

3.3 YARN 的资源管理和任务调度

3.3.1 资源管理及分配模型

YARN 采用资源池的设计思想对资源进行管理，每个资源池对应一个队列，而调度器则负责维护队列的信息。用户可以向一个或者多个队列提交任务，当任务提交上来时，可以声明提交到哪个队列上，如果没有声明，则任务运行在默认队列中。队列是封装了集群资源容量的资源集合。资源队列分为父队列和子队列，父队列可以有多个子队列，但任务最终是运行在子队列上的。

调度器可以选择队列上的应用，然后根据一些算法给应用分配资源。当 NM 接收到指定通知后，调度器根据一定的规则选择一个队列，再在此队列上选择一个应用，并尝试在这个应用上分配资源。调度器会优先匹配本地资源的申请请求，其次是同机架的，最后是任意机器的。

YARN 支持可扩展的资源模型。默认情况下，YARN 会跟踪所有节点的应用程序及队列的 CPU 和内存，但其实资源的定义可以扩展为包含任意可数资源。可数资源是在容器运行时消耗但之后会释放的资源，CPU 和内存都是可数资源。当前，YARN 支持 CPU 和内存两种资源类型的管理和分配。

每个 NodeManager 可分配的内存和 CPU 的数量可以通过配置选项进行设置，比如：

(1) yarn.nodemanager.resource.memory-mb，表示用于当前 NodeManager 上正运行的容器的物理内存大小，单位为 MB，其必须小于 NodeManager 服务器上的实际内存大小。

(2) yarn.nodemanager.vmem-pmem-ratio，表示虚拟内存与物理内存的比例，默认是 2.1。当物理内存较小而导致执行作业报错时，可适当调高比例。

(3) yarn.nodemanager.resource.cpu-vcore，表示可分配给 Container 的 CPU 核数，建议配置为 CPU 核数的 1.5～2 倍。

3.3.2 调度器的介绍

理想情况下，应用对 YARN 发起的资源请求应该立刻得到满足。但是由于实际的资源有限，导致一个应用对资源的请求可能要等待一段时间才能得到相应的响应。YARN 采用了双层资源调度模型，包括主调度器(YARN Scheduler)和二级调度器(ApplicationMaster)。YARN Scheduler 有多种类型，如 FIFO Scheduler(先进先出调度器)、Capacity Scheduler(容量调度器)、Fair Scheduler(公平调度器)等，它们都是可插拔的。资源调度器是 YARN 中最核心的组成部分之一，用户可以根据需求自定义 Scheduler，实现自己所需的调度逻辑。

在介绍调度器之前，需要先介绍一下 YARN 中的队列(Queue)机制。在 YARN 中，队列被组织成一个树结构，包括根队列和叶子队列，根队列也叫作 root 队列。所有的应用都运行在叶子队列中(即树结构中的非叶子节点只是逻辑概念，本身并不能运行应用)。对于任何一个应用，都可以显式地指定它属于哪个队列，也可以不指定而使用 username 或者默认(default)队列。一个 Queue 的结构如图 3-13 所示。

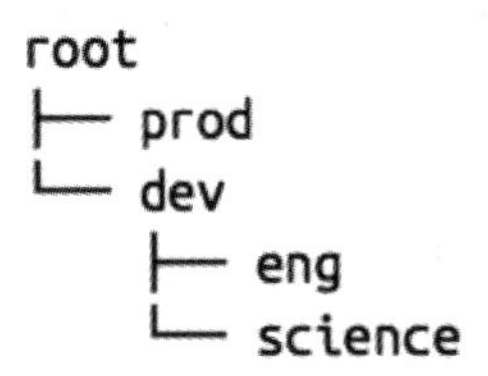

图 3-13　一个 Queue 的结构

1. FIFO 调度器概述

FIFO 调度器也就是平时所说的先进先出(First In First Out)调度器。FIFO 调度器是 Hadoop 最早应用的一种调度器，可以简单地将其理解为一个 Java 队列，它的含义在于集群中只能有一个作业在运行。FIFO 调度器示意图如图 3-14 所示。

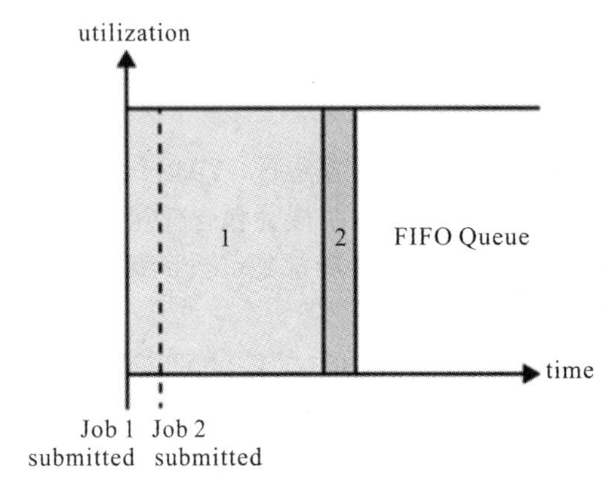

图 3-14　FIFO 调度器示意图

FIFO 调度器是将所有的 Application 按照提交顺序来执行，只有当上一个 Job 执行完成之后，后面的 Job 才会按照队列的顺序依次被执行。FIFO 调度器以集群资源独占的方式来运行作业，这样的好处是一个作业可以充分利用所有的集群资源，但是运行时间短、重要性高或者交互式查询类的 MR 作业就要等待排在序列前的作业完成后才能被执行，如果有一个非常大的 Job 在运行，那么后面的作业将会被阻塞。因此，虽然单一的 FIFO 调度实现简单，但是对于很多实际的场景而言并不能满足要求。这也就催生了 Capacity 调度器和 Fair 调度器。

2. Capacity 调度器概述

Capacity 调度器也就是容量调度器，这是一种多用户、多队列的资源调度器。每个队列可以配置资源量，可限制每个用户、每个队列的并发运行作业量，也可限制每个作业使用的内存量。Capacity 调度器支持多队列，但默认情况下只有 root.default 这一个队列。Capacity 调度器允许多个组织共享整个集群，每个组织可以获得集群的一部分计算能力。通过为每个组织分配专门的队列，再为每个队列分配一定的集群资源，整个集群就可以给多个组织提供服务了。因此可以将 Capacity 调度器理解成一个个的资源队列，而资源队列是用户自己去分配的。除此之外，队列内部又可以垂直划分，这样一个组织内部的多个成员就可以共享这个队列资源了。需要注意的是，在一个队列内部，资源的调度还是采用先进先出(FIFO)策略的。

Capacity 调度器示意图如图 3-15 所示。通过图 3-15 可以知道，一个 Job 可能使用不了整个队列的资源。当这个队列中运行多个 Job 时，如果这个队列的资源够用，就分配给这些 Job。如果这个队列的资源不够用了呢？其实 Capacity 调度器仍可能分配额外的资源给这个队列，这就是“弹性队列”(Queue Elasticity)的概念。

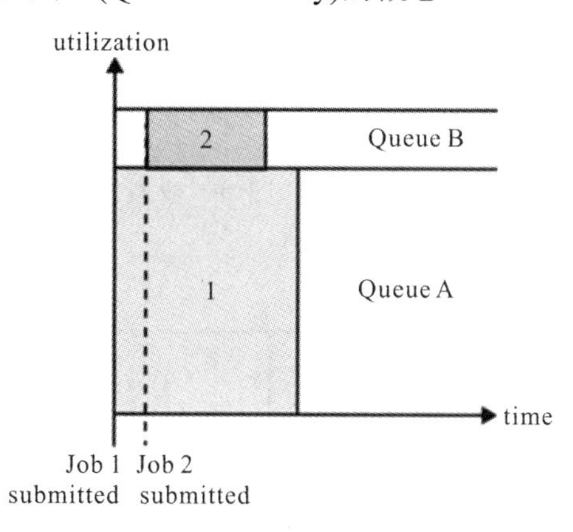

图 3-15　Capacity 调度器示意图

在正常的操作中，Capacity 调度器不会强制释放 Container，当一个队列资源不够用时，这个队列只能获得其他队列释放后的 Container 资源。当然，我们可以为队列设置一个最大资源使用量，以免这个队列过多地占用空闲资源，导致其他队列无法使用这些空闲资源，这就是“弹性队列”需要权衡的地方。

Capacity 调度器使得 Hadoop 应用能够共享地、多用户地、操作简便地运行在集群上，同时使集群的吞吐量和利用率达到最大化。

3. Fair 调度器概述

Fair 调度器也就是公平调度器，其支持多用户、多分组进行管理。在整个时间线上，所有的 Job 可以平均地获取资源。默认情况下，Fair 调度器只是对内存资源做公平的调度和分配。当集群中只有一个任务在运行时，此任务会占用整个集群的资源。当其他的任务提交后，那些释放的资源将会被分配给新的 Job，所以每个任务最终都能获取几乎一样多的资源。

Fair 调度器的设计目标是为所有的应用分配公平的资源(对公平的定义可以通过参数来设置)。一个队列中两个应用可以获得公平调度。当然，公平调度也可以在多个队列间工作。举个例子，假设有两个用户 A 和 B，他们分别拥有一个队列。当 A 启动一个 Job 而 B 没有任务时，A 会获得全部集群资源；当 B 启动一个 Job 后，A 的 Job 会继续运行，不过一会儿后两个任务会各自获得一半的集群资源。如果此时 B 再启动第二个 Job 并且其他 Job 还在运行，则它将会和 B 的第一个 Job 共享 B 这个队列的资源，也就是 B 的两个 Job 会各用四分之一的集群资源，而 A 的 Job 仍然用集群一半的资源，结果就是资源最终在两个用户之间平等地共享。Fair 调度器用于单个队列的示意图如图 3-16 所示，Fair 调度器用于多个队列的示意图如图 3-17 所示。

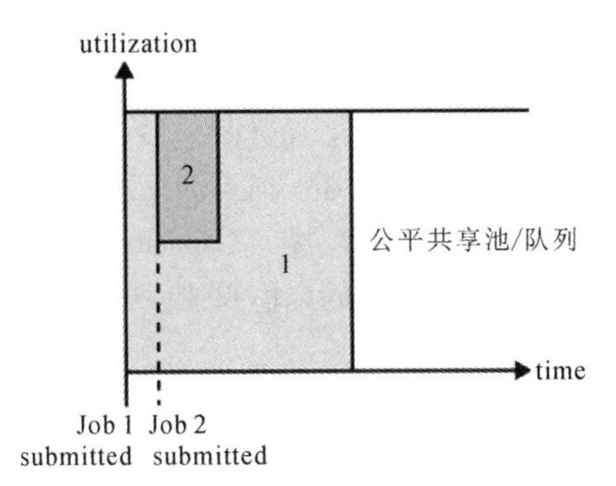

图 3-16　Fair 调度器用于单个队列的示意图

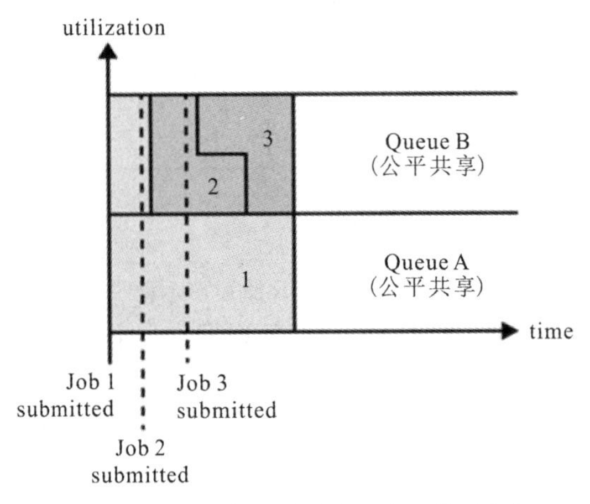

图 3-17　Fair 调度器用于多个队列的示意图

因为 FIFO 调度器是 Hadoop 1.x 版本默认的调度器，现在已经用得比较少了，所以 3.3.3 节和 3.3.4 节会针对 Capacity 调度器和 Fair 调度器的特点与管理等方面展开讲解。

3.3.3　Capacity 调度器的特点与管理

Capacity 调度器是以队列为单位划分资源的，每个队列可设定一定比例的资源最低保证。同时，每个用户也可设定一定的资源使用上限，以达到防止资源滥用的目的。而当一个队列的资源有剩余时，可暂时将剩余资源共享给其他队列。

1. Capacity 调度器的特点

(1) 分层队列。Capacity 调度器支持队列层次结构，以确保在允许其他队列使用空闲资源之前，在组织的子队列之间共享资源。

(2) 容量保证。管理员可为每个队列设置资源最低保障和资源使用上限，所有提交到该队列的应用程序共享这些资源。提交到队列的所有应用程序都可以访问分配给队列的容量，管理员可以为分配给每个队列的容量配置软限制和可选硬限制。

(3) 安全性。每个队列都有严格的访问控制列表(Access Control List，ACL)来规定它的访问用户，每个用户可指定允许哪些用户查看自己应用程序的运行状态或者控制应用程序。此外，管理员也可指定队列管理员和集群系统管理员。

(4) 弹性。Capacity 调度器可以将超出其容量的任何队列分配给空闲资源。如果一个队列已经使用了它的所有资源，但是它仍然有未完成的任务，那么这些任务可以被分配给其他队列的空闲资源。

(5) 多重租赁。Capacity 调度器支持多用户共享集群和多应用程序同时运行。为防止单个应用程序、用户或者队列独占集群资源，管理员可为之增加多重约束。

(6) 基于资源的调度。Capacity 调度器支持资源密集型应用程序，其中应用程序可以选择指定比默认值更高的资源要求，从而适应具有不同资源要求的应用程序。

(7) 基于用户或组的队列映射。Capacity 调度器可根据用户或组将作业映射到特定队列。

(8) 优先级调度。Capacity 调度器允许以不同的优先级提交和调度应用程序。较高的整数值表示应用程序的优先级较高。目前仅支持 FIFO 排序策略的应用程序优先级。

(9) 绝对资源配置。管理员可以为队列指定绝对资源，而不是提供基于百分比的值。这为管理员提供了更好的控制权限，以便为队列配置所需的资源量。

(10) 动态自动创建和管理叶子队列。队列是根据层次结构组织的，每个队列都有一个父队列。对于叶子队列(即最底层队列)，如果该队列当前没有任务，它将被自动删除；如果该队列下面有任务，但当前没有可用资源，将动态自动创建一个新的叶子队列来容纳这些任务。这种动态自动创建和管理叶子队列的方式可以更好地利用集群资源，同时提高执行任务的效率。

2. Capacity 调度器的队列资源管理

在开始讲解 Capacity 调度器的队列资源管理之前，我们先来了解一下 Capacity 调度器的任务选择。应用程序被提交到 ResourceManager 之后，ResourceManager 会向 Capacity 调度器发送一个 SchedulerEventType.APP_ADDED 事件，Capacity 调度器收到该事件后，将为应用程序创建一个 FiCaSchedulerApp 对象以跟踪和维护该应用程序运行时的信息，同时将应用程序提交到对应的叶子队列中，叶子队列会对应用程序进行一系列合法性检查。只有通过这些合法性检查，应用程序才算提交成功。当 ResourceManager 收到来自 NodeManager 发送的心跳信息后，会向 Capacity 调度器发送一个 SchedulerEventType.NODE_UPDATE 事件，Capacity 调度器收到该事件后，会依次进行以下操作：

(1) 按以下策略选择一个合适队列：资源利用量最低的队列优先，比如同级的两个队列 Q1 和 Q2，它们的容量均为 30，而 Q1 已使用 10，Q2 已使用 12，则会优先将资源分配给 Q1；最小队列层级优先，如 QueueA 与 QueueB 下面的子队列 childQueueB，则 QueueA 优先。

(2) 按以下策略选择该队列中一个任务：任务优先级和提交时间顺序，同时考虑用户资源量限制和内存限制。

了解完 Capacity 调度器的任务选择策略后，我们来学习 Capacity 调度器的队列资源管理。假设有如下层次的队列：

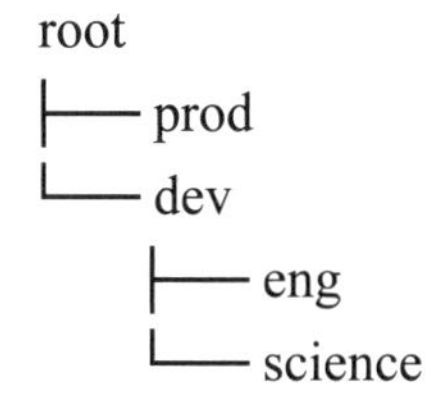

下面为 Capacity 调度器配置文件，文件名为 capacity-scheduler.xml。在此配置中，在 root 队列下面定义了两个子队列，即 prod 队列和 dev 队列，它们分别占 40%和 60%的容量。Capacity 调度器的配置文件如图 3-18 所示。

```
<?xml version="1.0"?>
<configuration>
    <property>
        <name>yarn.scheduler.capacity.root.queues</name>
        <valLue>prod,dev</value>
    </property>
    <property>
        <name>yarn.scheduler.capacity.root.dev.queues</name>
        <value>eng,science</value>
    </property>
    <property>
        <name>yarn.scheduler.capacity.root.prod.capacity</name>
        <value>40</value>
    </property>
    <property>
        <name>yarn.scheduler.capacity.root.dev.capacity</name>
        <value>60</value>
    </property>
    <property>
        <name>yarn.scheduler.capacity.root.dev.maximum-capacity</name>
        <value>75</value>
    </property>
    <property>
        <name>yarn.scheduler.capacity.root.dev.eng.capacity</name>
        <value>50</value>
    </property>
    <property>
        <name>yarn.scheduler.capacity.root.dev.science.capacity</name>
        <value>50</value>
    </property>
</configuration>
```

图 3-18　Capacity 调度器的配置文件

我们可以看到，dev 队列又被分成了 eng 和 science 两个相同容量的子队列。dev 队列的 maximum-capacity 属性被设置成了 75%，所以即使 prod 队列完全空闲，dev 队列也不会占用全部集群资源，也就是说，prod 队列仍有 25%的可用资源来应急。我们注意到：eng 和 science 两个队列没有设置 maximum-capacity 属性，也就是说 eng 和 science 队列中的 Job 可能会用到整个 dev 队列的所有资源(最多为集群的 75%)。而类似地，prod 队列由于没有设置 maximum-capacity 属性，它有可能会占用集群全部资源。需要注意的是，一个队列的配置是通过属性 yarn.sheduler.capacity.<queue-path>.<sub-property>指定的，其中<queue-path>代表的是队列的继承树，如 root.prod 队列；<sub-property>一般指 capacity 和 maximum-capacity。

Capacity 调度器支持使用表 3-1 中的参数来管理该队列。

表 3-1　Capacity 调度器参数

参　　数	说　　明
yarn.scheduler.capacity <队列路径> .state	队列的状态，可以是 RUNNING 或 STOPPED 之一。如果一个队列处于 STOPPED 状态，则无法将新应用程序提交给自身或其任何子队列。如果根队列处于 STOPPED 状态，则不能将任何应用程序提交给整个集群
yarn.scheduler.capacity.root <队列路径> .acl_submit_application	控制谁可以将应用程序提交到给定队列的 ACL。如果给定用户/组在给定队列上具有必要的 ACL，或者在层次结构中具有一个父队列，则他们可以提交应用程序。如果没有指定，则 ACL 的该属性是从父队列继承的
yarn.scheduler.capacity.root <队列路径> .acl_administer_queue	用于控制谁可以管理给定队列上的应用程序的 ACL。如果给定用户/组在给定队列上具有必要的 ACL，或者在层次结构中具有一个父队列，则它们可以管理应用程序。如果没有指定，则 ACL 的该属性是从父队列继承的

3. Capacity 调度器的用户和任务管理

1) 每个用户最低资源保障(百分比)

在任何时刻，一个队列中每个用户可使用的资源量均有一定的限制。当一个队列中同时运行多个用户的任务时，每个用户的可使用资源量在一个最小值与最大值之间浮动。其中，最大值取决于正在运行的任务数据，而最小值则由 minimum-user-limit-percent 决定。例如，设置 QueueA 的这个值为 25，即

yarn.scheduler.capacity.root.QueueA.minimum-user-limit -percent= 25

那么随着任务的用户增加，队列资源分配如表 3-2 所示。

表 3-2　队列资源分配

用 户 操 作	QueueA 资源分配
第 1 个用户提交任务到 QueueA	获得 QueueA 的 100%资源
第 2 个用户提交任务到 QueueA	每个用户最多会获得 50%的资源
第 3 个用户提交任务到 QueueA	每个用户最多会获得 33.33%的资源
第 4 个用户提交任务到 QueueA	每个用户最多会获得 25%的资源
第 5 个用户提交任务到 QueueA	为了保障每个用户最低能获得 25%的资源，第 5 个用户将无法再获取到 QueueA 的资源，必须等待资源的释放

2) 每个用户最多可使用的资源量(所在队列容量的倍数)

队列容量的倍数，用来设置一个用户可以获取的资源。其默认配置值为 1，即 yarn.scheduler.capacity.root.QueueD.user-limit-factor=1，表示一个用户获取的资源容量不能超过队列配置的容量，无论集群有多少空闲资源，最多不超过 maximum-capacity。

3) 任务限制

(1) 最大活跃任务数：整个集群中允许的最大活跃任务数，包括运行或挂起状态的

所有任务数，默认值为 10 000。当提交的任务申请数据达到限制以后，新提交的任务将会被拒绝。

(2) 每个队列最大任务数：对于每个队列而言，可以提交的最大任务数。以 QueueA 为例，可以在队列配置页面配置，默认值是 1000，即此队列允许最多 1000 个活跃任务。

(3) 每个用户可以提交的最大任务数：这个数值依赖于每个队列最大任务数。假设根据上面的结果，QueueA 最多可以提交 1000 个任务，那么对于每个用户而言，可以向 QueueA 提交的最大任务数为 1000 × 用户最低资源保障率 × 用户可使用队列资源的倍数。

3.3.4 Fair 调度器的特点与管理

Fair 调度器可以为每个分组配置资源量，也可限制每个用户和每个分组中并发运行的作业数量。每个用户的作业有优先级，优先级越高，分配的资源就越多。Fair 调度器的主要目标是使 YARN 上运行的任务能公平地分配到资源。

Fair 调度器有以下特点：

(1) Fair 调度器将集群的资源以队列为单位划分为一个一个的队列池。

(2) 每个用户都拥有自己的队列池。若一个队列池中只有一个任务在执行，则此任务会使用该队列池中所有的资源。

(3) 每个用户提交的作业都是提交到自己的队列池中。所以，即使某个用户提交的作业数很多，也不会因此而获得更多的集群资源。

(4) 支持抢占机制。如果一个队列池在特定的时间内未能公平地共享资源，则会终止队列池中占用过多资源的任务，将空出来的任务槽让给运行资源不足的队列池。

(5) 提供负载均衡机制。该机制会尽可能地将任务均匀地分配到集群中所有的节点上。

3.3.5 Capacity 调度器与 Fair 调度器的对比与选型

1. 相同点

现在用得比较多的调度器主要是 Capacity 调度器和 Fair 调度器。它们实现的功能基本是一样的，比如它们都适用于多用户共享集群的应用环境，都支持多用户、多队列。同时，它们在单个队列内都支持优先级和 FIFO 调度方式，还支持资源的共享。当某个队列中的资源有剩余时，可将自己队列内的资源共享给其他缺资源的队列。

2. 不同点

1) 核心调度策略不同

Capacity 调度器与 Fair 调度器的核心调度策略不同。前者是先选择资源利用率低的队列，然后在队列中同时考虑 FIFO 和内存因素；而后者仅仅考虑公平，公平是通过任务缺额来体现的，调度器每次选择缺额最大的任务，队列的资源量、任务的优先级等仅用于计算任务缺额。

2) 对特殊任务的处理不同

Capacity 调度器与 Fair 调度器对特殊任务的处理不同。前者在调度任务时会考虑作业的内存限制，为了满足某些特殊任务的特殊内存需求，可能会为这种任务分配多个 slot；

而后者对特殊任务就不能做到这样，只能杀死这种任务。

3. 选型

在实际的场景中，选用哪种调度器，需要根据应用的具体需求而定。一般场景下，节点在 100 个以内的小型 YARN 集群可考虑使用 Fair 调度器，而节点超过 100 个的大型 YARN 集群可考虑采用 Capacity 调度器。

技 能 实 训

实训 3.1　YARN 集群的部署

1. 实训目的

通过本实训，熟悉如何构建 YARN 分布式集群，并能够使用 YARN 集群提交一些简单的任务，理解 YARN 在 Hadoop 生态系统中的作用与意义。

2. 实训内容

构建 YARN 集群，并使用 YARN 集群提交简单的任务，观察任务提交之后 YARN 的执行过程。

3. 实训要求

以小组为单元进行实训，每小组 5 人，小组自行协商选出一位组长。由组长安排和分配实训任务，具体内容请参考实训步骤。

4. 准备知识

需要有计算机基础及 Linux 基础能力。

5. 实训步骤

1) 在 master 机器上进行 YARN 配置

(1) 编辑 YARN 的配置文件，修改文件为“/opt/software/hadoop-3.3.4/etc/hadoop/yarn-site.xml”，在 master 节点执行如下命令：

```
cd /opt/software/hadoop-3.3.4/etc/hadoop

vim yarn-site.xml
```

将如下内容添加到最后两行的<configuration></configuration>标签之间：

```
<property>
        <name>yarn.resourcemanager.hostname</name>
        <value>master</value>
        <description>表示 ResourceManager 服务器</description>
</property>
<property>
        <name>yarn.resourcemanager.address</name>
```

```
        <value>master:8032</value>
        <description>表示 ResourceManager 监听的端口</description>
</property>
<property>
        <name>yarn.nodemanager.local-dirs</name>
        <value>/opt/software/hadoop-3.3.4/yarn/local-dir1,/opt/software/hadoop-3.3.4/yarn/local-
dir2</value>
        <description>表示 NodeManager 中间数据存放的地方</description>
</property>
<property>
        <name>yarn.nodemanager.resource.memory-mb</name>
        <value>1024</value>
        <description>表示这个 NodeManager 管理的内存大小</description>
</property>
<property>
        <name>yarn.nodemanager.resource.cpu-vcores</name>
        <value>2</value>
        <description>表示这个 NodeManager 管理的 CPU 个数</description>
</property>
<property>
        <name>yarn.nodemanager.aux-services</name>
        <value>mapreduce_shuffle</value>
        <description>为 MapReduce 应用打开 Shuffle 服务</description>
</property>
<property>
        <name>yarn.nodemanager.vmem-pmem-ratio</name>
        <value>4</value>
        <description>配置虚拟内存与物理内存比例(默认值是 2.1)</description>
</property>
```

注意：yarn-site.xml 是 YARN 守护进程的配置文件，将虚拟内存与物理内存的比例调整成 4，以避免执行任务时报错。

(2) 拷贝配置文件到 slave1、slave2，命令如下：

```
~/shell/scp_call.sh yarn-site.xml
```

2) *启动 HDFS 和 YARN*

在 master 节点执行(如已启动则无须启动)如下命令：

```
start-dfs.sh

start-yarn.sh
```

操作效果如图 3-19 所示。

```
[root@master hadoop]# start-dfs.sh
Starting namenodes on [master]
Last login: Fri Oct 28 15:21:38 CST 2022 from 192.168.128.1 on pts/0
Starting datanodes
Last login: Fri Oct 28 15:28:43 CST 2022 on pts/0
Starting secondary namenodes [master]
Last login: Fri Oct 28 15:28:45 CST 2022 on pts/0
[root@master hadoop]#
[root@master hadoop]#
[root@master hadoop]#
[root@master hadoop]# start-yarn.sh
Starting resourcemanager
Last login: Fri Oct 28 15:28:52 CST 2022 on pts/0
Starting nodemanagers
Last login: Fri Oct 28 15:29:59 CST 2022 on pts/0
```

图 3-19　启动 HDFS 和 YARN 的操作效果

3) 验证 YARN 是否启动成功

查看各节点的进程情况，操作效果如图 3-20 所示。

```
[root@master hadoop]# ~/shell/jps_all.sh
============= master jps =============
1409 NameNode
2706 ResourceManager
3048 Jps
1674 SecondaryNameNode
============= slave1 jps =============
1682 NodeManager
1270 DataNode
1836 Jps
============= slave2 jps =============
1669 NodeManager
1270 DataNode
1823 Jps
```

图 3-20　查看各节点的进程操作效果

4) 查看 YARN 的 Web UI 界面

在浏览器中打开 192.168.128.131:8088 访问路径，其格式为 master 的 ip:8088，查看 YARN 的 Web UI 界面，如图 3-21 所示。

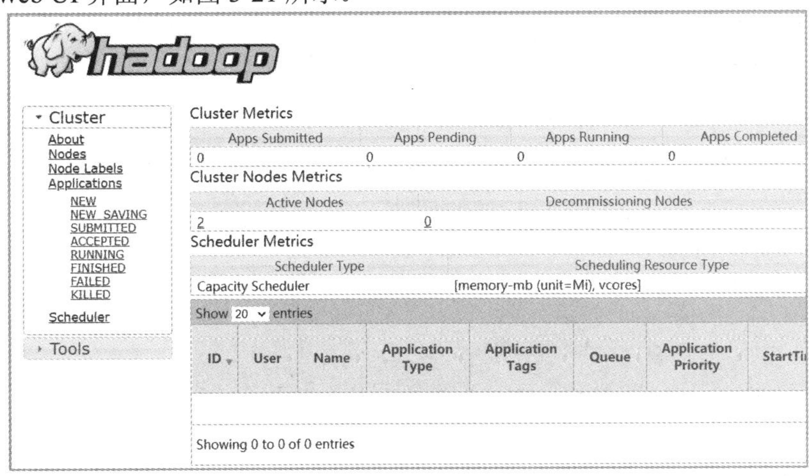

图 3-21　查看 YARN 的 Web UI 界面

5) 提交 MapReduce 任务

(1) 编辑 MapReduce 的配置文件，修改文件为“/opt/software/hadoop-3.3.4/etc/hadoop/mapred-site.xml”，在 master 节点执行如下命令：

```
vim mapred-site.xml
```

编辑此文件，在此文件的 configuration 标签中加入以下内容：

```
<property>
        <name>mapreduce.framework.name</name>
        <value>yarn</value>
</property>
<property>
        <name>mapreduce.jobhistory.address</name>
        <value>master:10020</value>
</property>
<property>
        <name>mapreduce.jobhistory.webapp.address</name>
        <value>master:19888</value>
</property>
<property>
        <name>yarn.app.mapreduce.am.resource.mb</name>
        <value>1024</value>
</property>
<property>
        <name>yarn.app.mapreduce.am.resource.cpu-vcores</name>
        <value>1</value>
</property>
<property>
        <name>yarn.app.mapreduce.am.env</name>
        <value>HADOOP_MAPRED_HOME=${HADOOP_HOME}</value>
</property>
<property>
        <name>mapreduce.map.env</name>
        <value>HADOOP_MAPRED_HOME=${HADOOP_HOME}</value>
</property>
<property>
        <name>mapreduce.reduce.env</name>
        <value>HADOOP_MAPRED_HOME=${HADOOP_HOME}</value>
</property>
```

注意：此配置指定了 MapReduce 作业运行在 YARN 上，同时对 Jobhistoryserver(作业历史服务)进行配置，以方便查看相关日志；此外，指定了 MapReduce 作业需要的内存和虚拟 CPU 数，并且配置了 MapReduce 作业相关的环境变量。

(2) 拷贝配置文件到 slave1、slave2，命令如下：

```
~/shell/scp_call.sh mapred-site.xml
```

(3) 提交 MapReduce 任务到 YARN 集群，看能否正确执行完成任务。如果能成功执行，则说明 YARN 集群部署正确。在 master 节点执行如下命令：

```
hadoop jar $HADOOP_HOME/share/hadoop/mapreduce/hadoop-mapreduce-examples-3.3.4.jar pi 5 10
```

其中最后两个参数的含义：第一个参数“5”是指要运行 Map 的次数为 5；第二个参数“10”是指每个 Map 任务取样的个数为 10 两数相乘即总的取样数。

提交 PI 任务过程如图 3-22 所示。

```
[root@master hadoop]# hadoop jar $HADOOP_HOME/share/hadoop/mapreduce/hadoop-mapr
educe-examples-3.3.4.jar pi 5 10
Number of Maps  = 5
Samples per Map = 10
Wrote input for Map #0
Wrote input for Map #1
Wrote input for Map #2
Wrote input for Map #3
Wrote input for Map #4
Starting Job
2022-10-28 17:10:29,529 INFO client.DefaultNoHARMFailoverProxyProvider: Connecti
ng to ResourceManager at master/192.168.128.131:8032
2022-10-28 17:10:30,065 INFO mapreduce.JobResourceUploader: Disabling Erasure Co
ding for path: /tmp/hadoop-yarn/staging/root/.staging/job_1666948053357_0001
2022-10-28 17:10:30,271 INFO input.FileInputFormat: Total input files to process
 : 5
2022-10-28 17:10:30,774 INFO mapreduce.JobSubmitter: number of splits:5
2022-10-28 17:10:30,996 INFO mapreduce.JobSubmitter: Submitting tokens for job:
job_1666948053357_0001
2022-10-28 17:10:30,996 INFO mapreduce.JobSubmitter: Executing with tokens: []
2022-10-28 17:10:31,143 INFO conf.Configuration: resource-types.xml not found
2022-10-28 17:10:31,143 INFO resource.ResourceUtils: Unable to find 'resource-ty
pes.xml'.
2022-10-28 17:10:31,593 INFO impl.YarnClientImpl: Submitted application applicat
ion_1666948053357_0001
2022-10-28 17:10:31,627 INFO mapreduce.Job: The url to track the job: http://mas
ter:8088/proxy/application_1666948053357_0001/
2022-10-28 17:10:31,627 INFO mapreduce.Job: Running job: job_1666948053357_0001
2022-10-28 17:10:42,124 INFO mapreduce.Job: Job job_1666948053357_0001 running i
n uber mode : false
2022-10-28 17:10:42,124 INFO mapreduce.Job:  map 0% reduce 0%
```

图 3-22　提交 PI 任务过程

6) 获取实训结果

提交 PI 任务之后 Web UI 界面上显示的信息如图 3-23 所示，计算结果如图 3-24 所示。

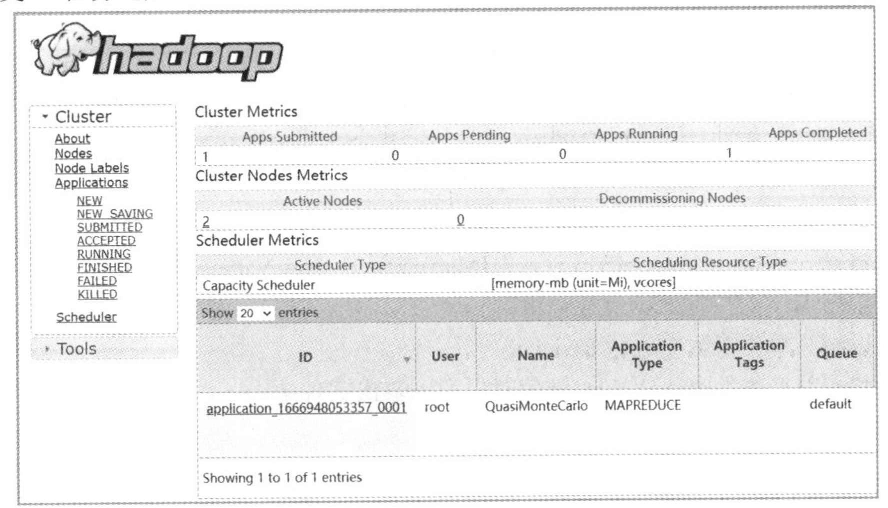

图 3-23　提交 PI 任务之后 Web UI 界面上显示的信息

```
                WRONG_MAP=0
                WRONG_REDUCE=0
        File Input Format Counters
                Bytes Read=590
        File Output Format Counters
                Bytes Written=97
Job Finished in 45.401 seconds
Estimated value of Pi is 3.28000000000000000000
[root@master hadoop]#
```

图3-24　计算结果

6. 实训总结

本实训构建了YARN集群，使用YARN集群提交任务，观察结果，可以使学生了解YARN的框架以及YARN的运行流程，理解YARN作为Hadoop生态系统中的资源管理器的意义。

大家在实训结束后，应自行查阅资料了解YARN的相关配置含义，并且熟悉WebUI界面的组成与作用。

实训3.2　单词计数(WordCount)程序的编写

1. 实训目的

基于MapReduce编程思想，编写WordCount程序。

2. 实训内容

理解MapReduce编程思想，掌握编写MapReduce版本的WordCount程序的基本方法，了解该程序的执行流程，结合执行过程与结果，理解MapReduce的原理。

3. 实训要求

以小组为单元进行实训，每小组5人，小组自行协商选出一位组长。由组长安排和分配实训任务，具体内容请参考实训步骤。小组成员需要具备HDFS分布式存储基础相关知识，同时确保具备前面的实训环境。

4. 准备知识

1) MapReduce编程

编写在Hadoop中依赖YARN框架执行的MapReduce程序，大部分情况下只需要编写相应的Map处理和Reduce处理过程的业务程序即可，因为Hadoop已经帮我们写好了大部分的代码。所以，编写一个MapReduce程序并不复杂，其关键在于掌握分布式的编程思想和方法，一般可以将计算过程分为以下5个步骤：

(1) 遍历输入数据，并将其解析成<Key,Value>键值对。

(2) 将输入的<Key,Value>键值对映射(Map)成新的<Key,Value>键值对。

(3) 依据Key对中间数据进行分组。

(4) 以组为单位对数据进行Reduce。

(5) 将最终产生的<Key,Value>键值对保存到输出文件中。

2) Java API解析

(1) InputFormat：用于描述输入数据的格式，常用的格式为TextInputFormat，其提供如下2个功能。

① 数据切分：按照某种策略将输入数据切分成若干个数据块，以便确定 MapTask 个数以及对应的数据分片。

② 为 Map 任务提供数据：给定某个数据分片，能将其解析成一个个的<Key,Value>键值对。

(2) OutputFormat：用于描述输出数据的格式，它能够将用户提供的<Key,Value>键值对写入特定格式的文件中。

(3) Mapper 类与 Reducer 类：封装了应用程序的数据处理逻辑。

(4) Writable：Hadoop 自定义的序列化接口。Writable 接口是一个简单、高效的基于基本 I/O 的序列化接口对象。通过实现该接口，可以定义键值对中的值类型。

(5) WritableComparable：在 Writable 基础上继承了 Comparable 的接口。通过实现该接口，可以定义键值对中的键类型，因为键包含了比较和排序的操作。

5. 实训步骤

本实训主要包括以下步骤：准备运行环境、准备统计数据、导入相关的 JAR 包、编写 MapReduce 程序、打包并运行代码。

1) 准备运行环境

启动 3 台节点，然后在 master 中启动 HDFS 和 YARN，命令如下：

```
start-dfs.sh

start-yarn.sh
```

2) 准备统计数据

新建待统计文件 word.txt，并上传数据到 HDFS 上，命令如下：

```
vim /root/datas/word.txt
```

内容如下：

```
hello hdfs hadoop hive
hello mapreduce
hello spark spark
ai bigdata
```

将 word.txt 文件上传到 HDFS 集群，命令如下：

```
hdfs dfs -put /root/datas/word.txt /
```

如图 3-25 所示为上传成功效果。

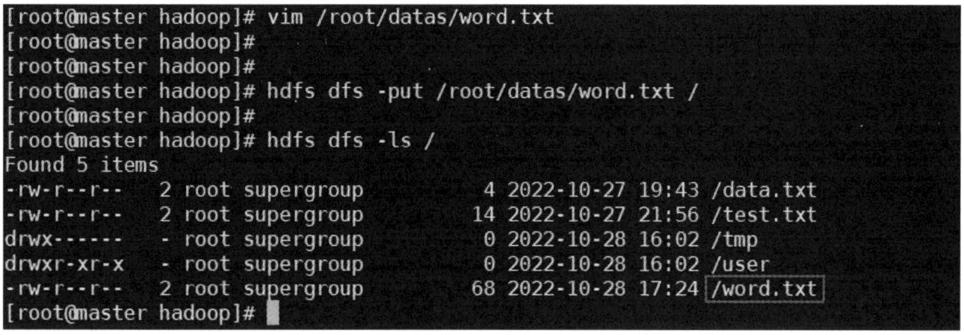

```
[root@master hadoop]# vim /root/datas/word.txt
[root@master hadoop]#
[root@master hadoop]#
[root@master hadoop]# hdfs dfs -put /root/datas/word.txt /
[root@master hadoop]#
[root@master hadoop]# hdfs dfs -ls /
Found 5 items
-rw-r--r--   2 root supergroup          4 2022-10-27 19:43 /data.txt
-rw-r--r--   2 root supergroup         14 2022-10-27 21:56 /test.txt
drwx------   - root supergroup          0 2022-10-28 16:02 /tmp
drwxr-xr-x   - root supergroup          0 2022-10-28 16:02 /user
-rw-r--r--   2 root supergroup         68 2022-10-28 17:24 /word.txt
[root@master hadoop]#
```

图 3-25　上传成功效果

3) 导入相关的 JAR 包

本实训继续使用实训 2.3 的环境，但编写 MapReduce 程序需要导入相关的 JAR 包，因此继续导入 hadoop-mapreduce-client-core-3.3.4.jar 包，如图 3-26 所示。

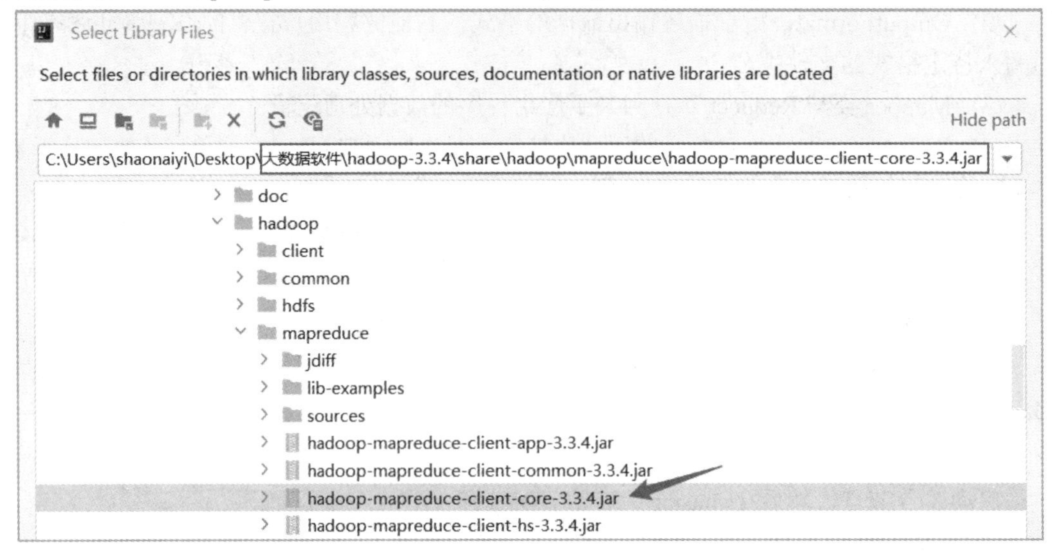

图 3-26 导入相关的 JAR 包

4) 编写 MapReduce 程序

编写 MapReduce 程序主要包括编写 Map 类和 Reduce 类，其中 Map 过程需要继承 org.apache.hadoop.mapreduce 包中的 Mapper 类，并重写其 map 方法；Reduce 过程需要继承 org.apache.hadoop.mapreduce 包中的 Reducer 类，并重写其 reduce 方法。

在 com.bigdata 包(没有则新建)下新建 WordCount 类，添加以下代码：

```
package com.bigdata;
import org.apache.hadoop.conf.Configuration;
import org.apache.hadoop.fs.Path;
import org.apache.hadoop.io.IntWritable;
import org.apache.hadoop.io.Text;
import org.apache.hadoop.mapreduce.Job;
import org.apache.hadoop.mapreduce.Mapper;
import org.apache.hadoop.mapreduce.Reducer;
import org.apache.hadoop.mapreduce.lib.input.TextInputFormat;
import org.apache.hadoop.mapreduce.lib.output.TextOutputFormat;
import org.apache.hadoop.mapreduce.lib.partition.HashPartitioner;
import java.io.IOException;
import java.util.StringTokenizer;
public class WordCount {
public static class TokenizerMapper extends Mapper<Object, Text, Text, IntWritable> {
        private final static IntWritable one = new IntWritable(1);
        private Text word = new Text();
```

```
        //map 方法，划分一行文本，读一个单词，写出一个<单词,1>
        public void map(Object key, Text value, Context context)throws IOException,
InterruptedException {
            StringTokenizer itr = new StringTokenizer(value.toString());
            while (itr.hasMoreTokens()) {
                word.set(itr.nextToken());
                context.write(word, one);//写出<单词,1>
            }}}
    //定义 Reducer 类，对相同的单词，把它们<Key,Value>中的 Value 值全部相加
    public static class IntSumReducer extends Reducer<Text, IntWritable, Text, IntWritable> {
        private IntWritable result = new IntWritable();
        public void reduce(Text key, Iterable<IntWritable> values,Context context)
                throws IOException, InterruptedException {
            int sum = 0;
            for (IntWritable val : values) {
                sum += val.get();//相当于<Hello,1><Hello,1>，将两个 1 相加
            }
            result.set(sum);
            context.write(key, result);//写出这个单词和这个单词出现次数<单词，单词出现次数>
        }}
  public static void main(String[] args) throws Exception {  //主方法，函数入口
    // TODO Auto-generated method stub
    Configuration conf = new Configuration();                 //实例化配置文件类
        Job job = Job.getInstance(conf, "WordCount");          //实例化 Job 类
        job.setInputFormatClass(TextInputFormat.class);        //指定使用默认输入格式类
        TextInputFormat.setInputPaths(job, args[0]);           //设置待处理文件的位置
        job.setJarByClass(WordCount.class);                    //设置主类名
        job.setMapperClass(TokenizerMapper.class);             //指定使用上述自定义 Map 类
        job.setCombinerClass(IntSumReducer.class);             //指定开启 Combiner 函数
        job.setMapOutputKeyClass(Text.class);                  //指定 Map 类输出的<K,V>，K 类型
        job.setMapOutputValueClass(IntWritable.class);         //指定 Map 类输出的<K,V>，V 类型
        job.setPartitionerClass(HashPartitioner.class);        //指定使用默认的 HashPartitioner 类
        job.setReducerClass(IntSumReducer.class);              //指定使用上述自定义 Reduce 类
        job.setNumReduceTasks(Integer.parseInt(args[2]));      //指定 Reduce 个数
        job.setOutputKeyClass(Text.class);                 //指定 Reduce 类输出的<K,V>,K 类型
        job.setOutputValueClass(Text.class);               //指定 Reduce 类输出的<K,V>,V 类型
        job.setOutputFormatClass(TextOutputFormat.class);  //指定使用默认输出格式类
        TextOutputFormat.setOutputPath(job, new Path(args[1]));    //设置输出结果文件位置
        System.exit(job.waitForCompletion(true) ? 0 : 1);          //提交任务并监控任务状态
    }
  }
```

5) 打包并运行代码

打包后的文件名为 hadoop-project.jar，上传到 master 节点的/root/jars 目录。主类 WordCount 位于包 com.bigdata 下，可使用如下命令向 YARN 集群提交本应用：

```
yarn jar hadoop-project.jar com.bigdata.WordCount /word.txt /wc_output 1
```

其中，“yarn”为命令；“jar”为命令参数，后面紧跟打包后的代码地址；“com.bigdata”为包名；“WordCount”为主类名；第一个参数“/word.txt”为输入文件在 HDFS 中的位置；第二个参数“/wc_output”为输出文件在 HDFS 中的位置；第三个参数“1”表示需要统计成 Reduce 文件的个数。

注意：“/word.txt”“/wc_output”“1”之间都有一个空格，同时需要启动 HDFS 和 YARN。

6) 获取实训结果

程序运行成功后，控制台上的显示内容如图 3-27 所示，程序运行结果如图 3-28 所示。

```
[root@master jars]# yarn jar hadoop-project.jar com.bigdata.WordCount /word.txt
/wc_output 1
2022-10-28 17:52:23,804 INFO client.DefaultNoHARMFailoverProxyProvider: Connecti
ng to ResourceManager at master/192.168.128.131:8032
2022-10-28 17:52:24,513 WARN mapreduce.JobResourceUploader: Hadoop command-line
option parsing not performed. Implement the Tool interface and execute your appl
ication with ToolRunner to remedy this.
2022-10-28 17:52:24,563 INFO mapreduce.JobResourceUploader: Disabling Erasure Co
ding for path: /tmp/hadoop-yarn/staging/root/.staging/job_1666948053357_0002
2022-10-28 17:52:25,026 INFO input.FileInputFormat: Total input files to process
 : 1
2022-10-28 17:52:25,207 INFO mapreduce.JobSubmitter: number of splits:1
2022-10-28 17:52:25,489 INFO mapreduce.JobSubmitter: Submitting tokens for job:
job_1666948053357_0002
2022-10-28 17:52:25,489 INFO mapreduce.JobSubmitter: Executing with tokens: []
2022-10-28 17:52:25,719 INFO conf.Configuration: resource-types.xml not found
2022-10-28 17:52:25,719 INFO resource.ResourceUtils: Unable to find 'resource-ty
pes.xml'.
2022-10-28 17:52:25,872 INFO impl.YarnClientImpl: Submitted application applicat
ion_1666948053357_0002
2022-10-28 17:52:25,937 INFO mapreduce.Job: The url to track the job: http://mas
ter:8088/proxy/application_1666948053357_0002/
2022-10-28 17:52:25,937 INFO mapreduce.Job: Running job: job_1666948053357_0002
```

图 3-27 控制台上的显示内容

```
                Peak Map Virtual memory (bytes)=2734673920
                Peak Reduce Physical memory (bytes)=111468544
                Peak Reduce Virtual memory (bytes)=2743681024
        Shuffle Errors
                BAD_ID=0
                CONNECTION=0
                IO_ERROR=0
                WRONG_LENGTH=0
                WRONG_MAP=0
                WRONG_REDUCE=0
        File Input Format Counters
                Bytes Read=68
        File Output Format Counters
                Bytes Written=66
[root@master jars]#
```

图 3-28 程序运行结果

查看/wc_output 目录下的目录和文件，命令如下：

```
hdfs dfs -ls /wc_output
```

结果如图 3-29 所示。

```
[root@master jars]# hdfs dfs -ls /wc_output
Found 2 items
-rw-r--r--   2 root supergroup          0 2022-10-28 17:52 /wc_output/_SUCCESS
-rw-r--r--   2 root supergroup         66 2022-10-28 17:52 /wc_output/part-r-00000
[root@master jars]#
```

图 3-29　查看/wc_output 目录下的目录和文件

查看 HDFS 上显示结果，命令如下：

```
hdfs dfs -cat /wc_output/part-r-00000
```

结果如图 3-30 所示。

```
[root@master jars]# hdfs dfs -cat /wc_output/part-r-00000
ai	1
bigdata	1
hadoop	1
hdfs	1
hello	3
hive	1
mapreduce	1
spark	2
[root@master jars]#
```

图 3-30　查看 HDFS 上显示结果

6. 实训总结

本实训基于 MapReduce 编程思想，编写了 MR Java 版本的 WordCount 程序，并且在集群上执行。通过分析执行过程，应对 MapReduce 编程思想、Java API 调用有所认知。

本实训需要注意的地方有以下三点：

(1) 本实训是进行分布式计算，统计的是 HDFS 集群上的数据，所以应该先安装好 HDFS 集群，再将数据放到 HDFS 上。

(2) 本实训使用的计算引擎为 MapReduce，资源调度框架为 YARN，均需要配置好。如有遗忘，请翻阅上次实训任务。

(3) 执行作业的时候，请注意查看源码，确定需要传入的是多少个参数，不要漏参数。此外，自己可以尝试一下故意少写一个参数，然后查看报错信息和日志，尝试分析错误，然后改正错误。

知 识 巩 固

1. 请简述 MapReduce 的工作原理。
2. 相比于 MapReduce，YARN 有哪些特点？
3. 请简述 YARN 的工作原理。

模块四 分布式 NoSQL 数据库 HBase

HBase 作为一种分布式、面向列的 NoSQL 数据库，能够弥补 HDFS 的缺陷。它具有快速随机读写能力，能够支持 PB 级别的数据存储。HBase 在大数据领域得到了广泛应用，许多企业用它存储海量数据。它能够有效地解决传统关系型数据库处理大规模数据时遇到的性能瓶颈问题，为企业的业务提供有力支撑。

本模块首先介绍 HBase 的理论基础知识，包括 HBase 简介、HBase 与 RDB 的对比、HBase 的应用场景等，接着深入分析 HBase 的架构、HBase 的关键流程，最后结合 HBase 的安装与配置、Shell 操作、API 操作等技能实训来完成实践操作。

通过本模块的学习，可以培养学生乐观向上、积极进取的人生态度。

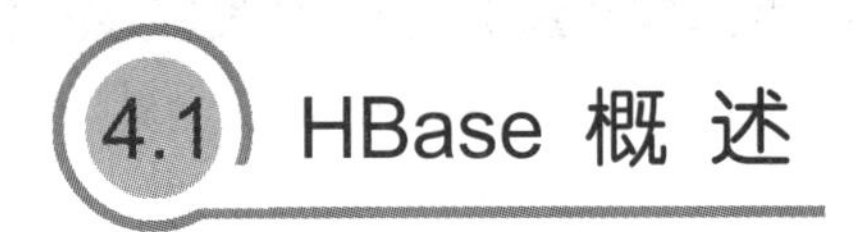

4.1 HBase 概述

4.1.1 HBase 简介

HBase 最早在 Fay Chang 所撰写的论文“Bigtable：一个结构化数据的分布式存储系统”中被提出。Bigtable 利用 Google 文件系统(Google File System)所提供的分布式数据存储，HBase 则利用 Hadoop 提供类似于 Bigtable 的能力。

HBase 是 Hadoop 项目的子项目，不同于一般的关系型数据库，它是一个适用于非结构化数据存储的数据库。另外，HBase 的数据存储是基于列的，与关系型数据库基于行的存储方式也是不同的。HBase 构建在 HDFS 之上，与 Hadoop 一样，主要依靠横向扩展的方式，即通过不断增加廉价的商用服务器来增加计算和存储能力。HBase 的 Logo 是一条鲸鱼，如图 4-1 所示。

图 4-1 HBase 的 Logo

官网上对 HBase 的介绍是：“HBase(Hadoop Database)：Apache HBase is the Hadoop database, a distributed, scalable, big data store.”

从官网的介绍来看，HBase 主要有以下特点：

(1) 基于 Hadoop 的数据库(the Hadoop database)。HBase 与 Hadoop 有很强的依赖关系。实际上，HBase 底层是依赖于 HDFS 的，即 HBase 上的数据其实是存放在 HDFS 中的。这个我们在后面会学习到。

(2) 分布式的(distributed)。类似于 HDFS 的主从结构，HBase 的结构也是主从结构，主从结构有利于对表和数据进行处理。

(3) 可扩展的(scalable)。HBase 的数据存储在 HDFS 上，HDFS 可以部署在廉价的机器上，而且理论上可以无限扩展。

(4) 大数据量的存储(big data store)。HBase 可以存储很大的数据量，甚至一张表中可以达到数百万列、数十亿行，而在传统数据库中一张表如果达到上百万行就要考虑进行读写分离、分库分表等操作了。

4.1.2　HBase 与 RDB 的对比

下面简单列举几点 HBase 与 RDB (Relational Database，关系型数据库)的不同。

(1) HBase 是一个分布式存储、面向列的数据库。分布式存储指的是 HBase 依赖于 Hadoop 底层存储架构，而 Hadoop 本身就是分布式架构。RDB 面向行存储，而 HBase 是面向列的，可以简单理解成数据是一列一列地存储的，后面会有详细的讲解。

(2) HBase 的列不需要预先定义，需要添加一列的时候再进行扩展即可，因此非常灵活。而 RDB 本身的列是相对于行存储而言的，具有强依赖性。

(3) HBase 底层依赖于 Hadoop，Hadoop 拥有的一些特性，HBase 也拥有，如 HBase 可以使用廉价的硬件，具有高可靠性，扩容成本低，而 RDB 的扩容成本则要高得多。

4.1.3　HBase 的应用场景

HBase 常见的应用场景如下：

(1) 需要海量的数据存储(TB、PB 级别)。如果数据量非常小，则没有必要用到这么庞大的架构。当有需要时，再对架构进行升级，以达到节约资源、节省开支成本的目的。

(2) 不需要完全拥有传统关系型数据库的 ACID(Atomic Consistency Isolation Durability)特性。所谓 ACID 特性，指的是下面的四个特性(也即事务的 ACID 特性，至于事务，可以简单理解成传统关系型数据库中的一条 SQL 语句或者多条 SQL 语句所完成的一个事件)：

原子性(Atomic)：指一个事务要么全部执行，要么不执行。也就是说，一个事务不可能只执行一半就停止了。

一致性(Consistency)：指数据库事务不能破坏关系数据的完整性以及业务逻辑上的一致性，即在事务操作过程中，不能改变数据库中数据的一致性。

隔离性(Isolation)：也称为独立性，指的是在并发环境中，当不同的事务同时操纵相同的数据时，每个事务都应该有各自完整的数据空间。

持久性(Durability)：只要事务成功结束，它对数据库所做的更新就必须永久保存下来。即使发生系统崩溃，重新启动数据库系统后，数据库还能恢复到事务成功结束时的状态。

(3) 需要高效地随机读取海量数据。Region 切分、主键索引、缓存等机制使得 HBase 在海量数据下具备良好的随机读取性能，对 RowKey 的查询可以达到毫秒级别(后面会有说明)。

(4) 能够同时处理结构化和非结构化的数据。传统关系型数据库只能处理结构化数据。

(5) 需要良好的性能伸缩能力。HBase 基于列存储的工作方式，能够保证良好的拓展性。

(6) 需要高吞吐量处理。

4.1.4 行存储与列存储

1. 行存储与列存储的概念

行存储和列存储是数据库领域中两种不同的数据存储方式。行存储是将相同数据类型的数据存储在一起，形成一行；而列存储是将相同数据类型的数据存储在一起，形成一列。行存储更适合事务性的工作负载，而列存储更适合分析性的工作负载。

在行存储中，每一行都包含了该行的所有数据，因此当需要访问完整的数据时，行存储非常高效。然而，当只需要访问行的一部分数据时，行存储的效率就会下降。这是因为即使只需要其中一部分数据，也需要读取整个行。

列存储允许在不读取整个行的情况下，只访问需要的列。这对于需要访问大量数据的分析型工作负载非常有用。然而，当需要访问整个行时，列存储的效率则较低。

2. 行存储与列存储的数据示例

采用行存储与列存储两种方式来存储数据是不一样的。例如表 4-1 中的数据，如果是用行存储，则数据在底层应该如表 4-2 所示，即每一行存储在一块；而如果是用列存储，则数据在底层应该如表 4-3 所示，即每一列存储在一块。

表 4-1 学生成绩数据

id	name	age	score
1	张三	18	95
2	李四	19	88
3	邵六	18	87

表 4-2 行存储数据

1	张三	18	95	2	李四	19	88	3	邵六	18	87

表 4-3 列存储数据

1	2	3	张三	李四	邵六	18	19	18	95	88	87

3. 行存储与列存储的优缺点

(1) 使用行存储有利于一整行数据的增删改查。例如，对于一些传统网站的用户个人

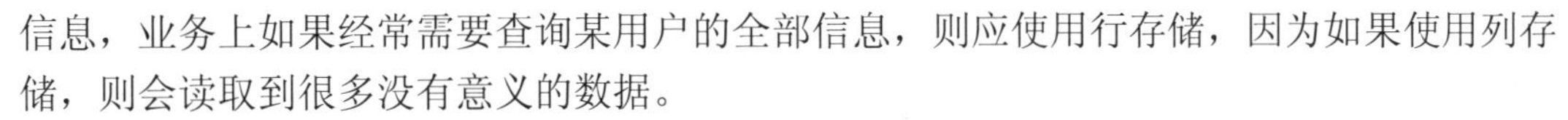

信息，业务上如果经常需要查询某用户的全部信息，则应使用行存储，因为如果使用列存储，则会读取到很多没有意义的数据。

(2) 当需要单列查询的时候，行存储会读取到很多没有意义的数据，而列存储则可以很轻松地拿到相应的数据。列存储常常应用于一些分析情景的数据，如统计某个班同学成绩的平均分，只需要读取分数这一列，然后求出平均分即可。

4.1.5 Key-Value 存储模型

HBase 的底层数据是以 Key-Value 的形式存在的，Key 部分用来快速检索一条数据记录，Value 部分则用来存储实际的用户数据信息。

Key-Value 其实是一个简单的字节数组，此数组可分为三部分：第一部分记录的是 Key 值的长度和 Value 值的长度；第二部分是 Key 的值，包括行键的长度、行键、列族长度、列族、列限定符、时间戳、Key 类型；第三部分是实际的 Value 值。Key 值里面的行键、列键(由列族与列限定符组成)以及时间戳是我们实现数据查询的三个重要字段，称之为三维有序存储。

三维有序存储的三维分别是：

(1) RowKey(行键)：行的主键。HBase 只能有一个 RowKey，RowKey 的范围可以通过 Scan 来查看。RowKey 的设计是至关重要的，关系到应用层的查询效率。RowKey 是以字典顺序排序的。

(2) ColumnKey(列键)：如果数据 RowKey 相同，则根据 ColumnKey 来排序，Column key 也是按字典顺序排序的。在设计 table 的时候要学会利用好这一点。

(3) TimeStamp(时间戳)：是按降序排序的，即最新的数据排在最前面。

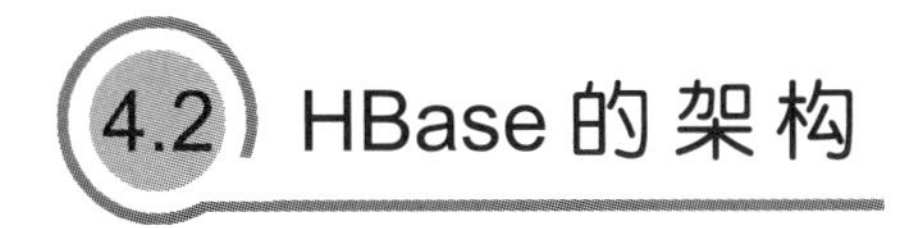

4.2 HBase 的架构

4.2.1 HBase 架构介绍

HBase 的整体架构如图 4-2 所示，可以看出 HBase 的架构其实也属于主从结构，底层依赖的是 HDFS，即 HBase 的数据是存放在 HDFS 中的。在架构图中，我们还可以看到 ZooKeeper，ZooKeeper 也是 Hadoop 生态系统中非常重要的一员，它是一个分布式协调服务，是 HBase 集群的协调者，用于维护集群中各个节点的状态。在 HBase 的架构中，Region 是 HBase 中数据的基本单元。每个 Region 由一个或多个 HFile 组成，HFile 是 HBase 的底层存储格式。RegionServer 是 HBase 集群中存储 Region 的服务器。Region 按列族垂直划分为 Store，一个 Store 对应一个列族。DFS Client 是 Hadoop 分布式文件系统的客户端，用于将数据写入和读取到 HDFS。Client 是 HBase 的客户端，用于向 HBase 发送读写请求。Master 是 HBase 集群的管理节点，负责 Region 的分配和调度、负载均衡等任务。

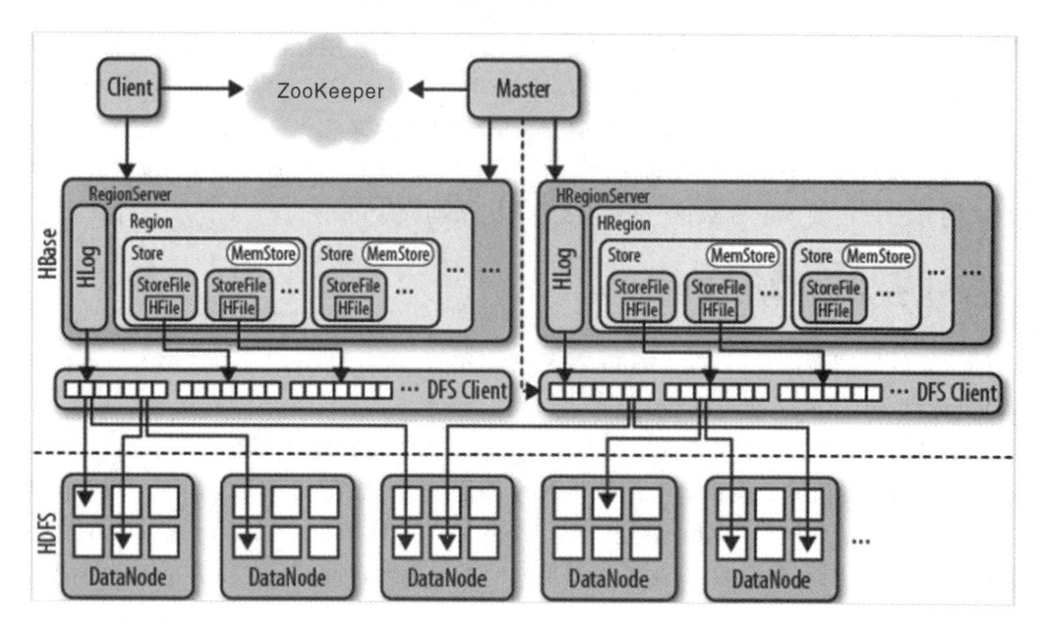

图 4-2　HBase 的整体架构

下面具体介绍 HBase 的架构。

1. Master

在 HA 模式下，HBase 集群包含主用 Master 和备用 Master(注意：图 4-2 中没有画出备用 Master)。

(1) 主用 Master：负责 HBase 中 RegionServer 的管理，包括表的增删改查、RegionServer 的负载均衡、Region 分布调整、Region 分裂及分裂后的 Region 分配、RegionServer 失效后的 Region 迁移等。

(2) 备用 Master：当主用 Master 发生故障时，备用 Master 将切换成主用 Master 以对外提供服务。故障恢复后，原主用 Master 降为备用。

与以往的逐层进行管理的模型不同的是，HMaster 作为最高层的管理进程，除了负责 RegionServer 的管理，还对底层的 Region 进行管理。由于 HBase 认为 RegionServer 并不安全，所以也对 Region 进行了管理及维护。

2. RegionServer

RegionServer 是 HBase 的数据处理和计算单元，提供表数据的读写等服务。通常，RegionServer 与 HDFS 集群的 DataNode 部署在一起，以实现数据的存储功能。RegionServer 负责对 Region 进行读写操作，其只有使用权限，没有管理权限。当接收到用户的读写请求时，RegionServer 负责解析、转化、执行，并将执行结果返回给用户查看。

3. ZooKeeper

ZooKeeper 为 HBase 集群中的各进程提供分布式协同服务。ZooKeeper 不仅可以保证整体进程的运行安全，而且负责决定 HBase 进程启动时由哪个进程来提供服务以及 HBase 的 MetaRegion 进程的同步工作。HBase 选择将元数据存放在 ZooKeeper 上是基于 ZooKeeper 本身的特性，即它能够提供数据安全保证和高效且并发的查询环境。

4. HDFS

HDFS 为 HBase 提供高可靠的文件存储服务，HBase 的数据全部存储在 HDFS 中。实际上，我们可以发现在 HBase 中，很多关于保护的相关操作都是由外部组件来实现的，HBase 可以良好地与其他组件进行协同交互，保证相同的功能不会在组件之间产生冗余。

4.2.2 Master

Master 主要负责管理所有的 RegionServer，并且负责所有 Region 的转移操作。

(1) Master 进程负责管理所有的 RegionServer，主要包括以下几个方面：① 新 RegionServer 的注册；② RegionServer 的故障处理；③ 创建表、修改表、删除表以及一些集群操作。

如前面所言，底层进程的安全性是由上层进程保证的，所以 Master 的首要作用就是需要保证底层进程的安全。需要注意的是，合法性也属于安全性的范畴。Master 主要是通过创建和注册 RegionServer 的信息来保证 RegionServer 的合法性的。同时，Master 还需要监控 RegionServer 的健康状况，一旦 Master 检测到 RegionServer 发生了故障，就需要进行故障的迁移。由于 RegionServer 只涉及对 Region 的操作，不对实际的数据进行维护等操作，所以在 RegionServer 进程出现故障后，Master 在做故障切换时无须对数据进行迁移，只需要对 ZooKeeper 中的元数据路由信息做一个更改，将对应的路由指针改向迁移后的目标 RegionServer 即可，这样就可以实现快速可靠的故障迁移操作了。

(2) Master 进程负责所有 Region 的转移操作，主要包括以下几个方面：① 新表创建时的 Region 分配；② 运行期间的负载均衡保障；③ RegionServer 出现故障后的 Region 接管。

Master 进程有主、备角色。集群可以配置两个 Master 角色，当集群启动时，这两个 Master 角色通过竞争获得主 Master 角色。主 Master 只能有一个，备 Master 进程在集群运行期间处于休眠状态，不干涉任何集群事务。主、备 Master 的裁决交由 ZooKeeper 负责。

除了上面两点，对 Region 的数据操作和维护也是由 Master 来完成的。整体而言，Region 的元数据是由 ZooKeeper 来维护和管理的，Region 的数据和操作是由 Master 来管理的，而 RegionServer 只负责读写等动作的执行。就像之前所说的，Master 负责 RegionServer 在故障情况下的 Region 迁移操作，那么 Master 首先就需要拥有对 Region 的管理权，这里 Master 做的主要工作就是对 Region 的创建、分配。此外，在维护 Region 时，为了确保不出现某些节点压力过大的情况，Master 还负责运行期间的负载均衡操作，以保证整体集群的压力基本均衡，此时就需要对 Region 进行工作分配，将 RegionServer 维护的 Region 的压力和开销均衡到每一个节点。

4.2.3 RegionServer

当 RegionServer 负责关于 Region 的读写操作时，RegionServer 并不需要具体维护和管理 Region 的状态，即自身拥有对资源的所有权，但是管理权却不在自身，需要交由 YARN 中的 RM 来进行统一集中的管理。RegionServer 作为对数据进行操作的核心驱动器，只负责执行和监控任务的操作。RegionServer 一般都是与具体的 Region 部署在同一节点上的，所以从逻辑上来讲，RegionServer 对 Region 是有管理权的，但是实际上在进行相关操作时其管理权却被 Master 回收了。这样设计的主要原因是 RegionServer 没有具体的安全保护机制，属于单进程，所以一旦 RegionServer 出现问题，就会导致整体数据的元数据丢失。RegionServer 将对 Region 的元数据管理权交给 ZooKeeper 之后，不仅保证了元数据的整体安全，而且在 RegionServer 出现故障之后，可以直接将元数据中的路由信息改变为其他的节点，相当于将数据的读写执行权交给了其他的节点，这样就可以实现快速的故障迁移和高可靠性的安全保证。

RegionServer 的主要功能特点如下：

(1) RegionServer 是 HBase 的数据服务进程，负责处理用户数据的读写请求。

(2) Region 由 RegionServer 管理，所有用户数据的读写请求，都是与 RegionServer 上的 Region 进行交互。

(3) Region 可以在 RegionServer 之间迁移。

RegionServer 的结构如图 4-3 所示。

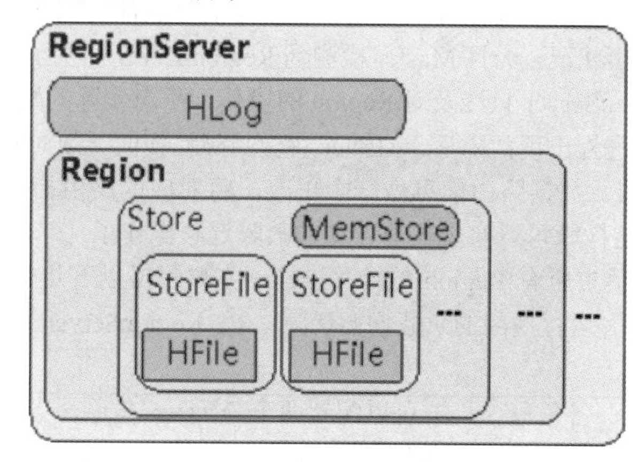

图 4-3　RegionServer 的结构

(1) Store：由图 4-3 可知，一个 RegionServer 中可以有很多个 Region，一个 Region 由一个或多个 Store 组成，一个 Store 对应一个 ColumnFamily。

(2) MemStore：一个 Store 包含着一个 MemStore，MemStore 用于缓存客户端向 Region 插入的数据。当 RegionServer 中 MemStore 的大小达到配置的容量上限时，RegionServer 会将 MemStore 中的数据 Flush(刷新)到 HDFS 中。

(3) StoreFile：MemStore 的数据 Flush 到 HDFS 后成为 StoreFile。随着数据的插入，一个 Store 会产生多个 StoreFile，当 StoreFile 的个数达到配置的最大值时，RegionServer 会进行合并操作，将多个 StoreFile 合并为一个大的 StoreFile。

(4) HFile：HFile 是 StoreFile 在文件系统中的存储格式，也是当前 HBase 系统中 StoreFile 的具体实现，HFile 可以理解为具体的储存文件。

(5) HLog：HLog 日志主要起到保障作用。如果没有 HLog，当 RegionServer 发生故障时，用户写入的数据会丢失。RegionServer 的多个 Region 共享着一个相同的 HLog。

4.2.4　Region

为处理海量数据，HBase 将表分割为多个分区进行维护。若整表维护，则数据量太大，难以快速查找；若逐条维护，则会增加维护数据的开销。因此，HBase 按行划分为多个区域进行分区，每个区域称为一个 Region。通过 Region 的划分，可以更好地维护数据。

那么，HBase 的 Region 是怎么划分的呢？其实，HBase 是将一个数据表按 RowKey 值范围连续划分为多个子表，这些子表在 HBase 中被称作“Region”。所以，可以通过 RowKey 的范围来确定 Region。在 RowKey 中定义了两个特殊标识：StartKey(Region 的开始 RowKey) 和 EndKey(Region 的结束 RowKey)。

Region 是 HBase 分布式存储的最基本单元，通过图 4-4 可以看出 Region 与 RowKey 的关系。

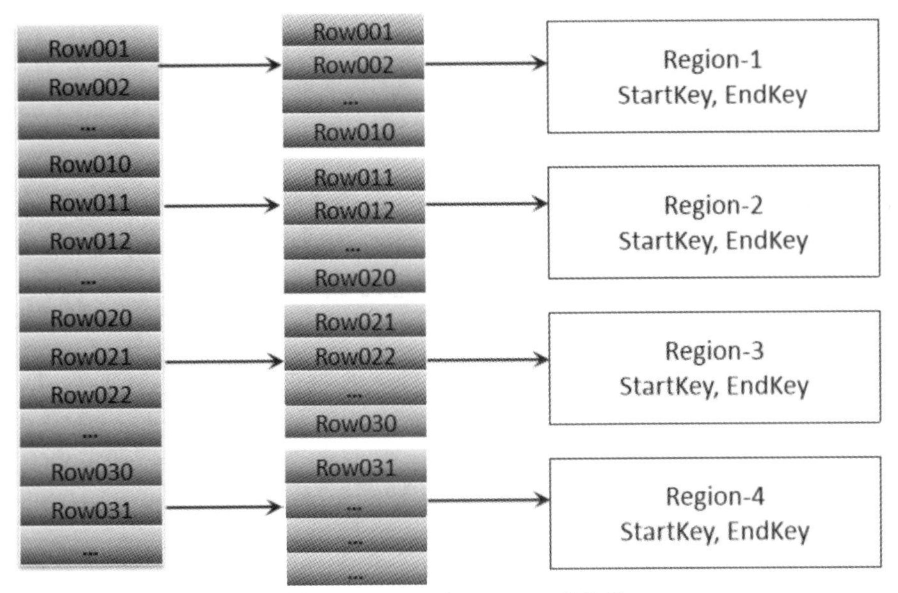

图 4-4　Region 与 RowKey 的关系

Region 的类型有两种：元数据 Region(Meta Region)、用户 Region(User Region)。

Meta Region 记录了每一个 User Region 的路由信息。Meta Region 与 Region 的关系如图 4-5 所示。

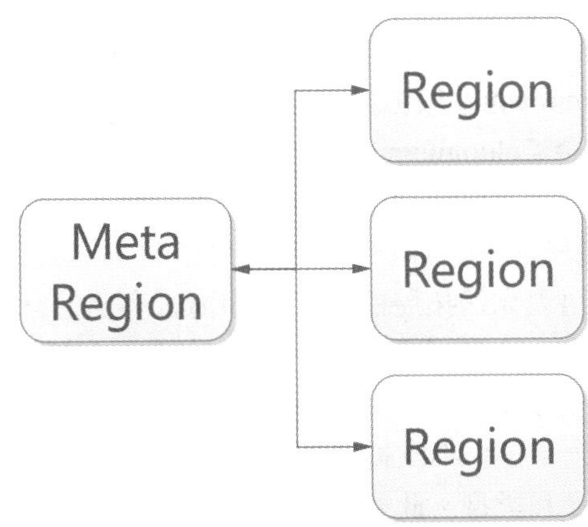

图 4-5　Meta Region 与 Region 的关系

读写 Region 数据的过程包括：① 找寻 Meta Region 地址；② 由 Meta Region 找寻 User Region 地址。

前面已经了解到，在查找 Region 数据时，HBase 需要借助 ZooKeeper。实际上， Meta Region 的地址存储在 ZooKeeper 的-ROOT-表中，而 User Region 的地址存储在 HBase 的.META. 表中。此处非常容易混淆，需要特别注意的是，Meta Region 与 User Region 都是 Region，而且数据都存储在 HBase 中；它们都有元数据，User Region 的元数据由一个特别的 Region 来存储，这个特别的 Region 就是 Meta Region，而 Meta Region 的元数据其实是存储在 ZooKeeper 中的，所以 ZooKeeper 其实存储的是用户表的元数据的元数据。存储对应关系总结如下：

User Region 的数据→HBase(HDFS)

User Region 的元数据→Meta Region

Meta Region 的数据→HBase(HDFS)

Meta Region 的元数据→ZooKeeper

4.2.5　ColumnFamily

ColumnFamily 即列族，简称 CF，是 Region 的一个物理存储单元。ColumnFamily 还具有列(Column)的概念，也就是说多个列组成一个列族。因为 ColumnFamily 是一个物理存储单元，所以会对应着一个具体的路径，其路径示意图如图 4-6 所示。

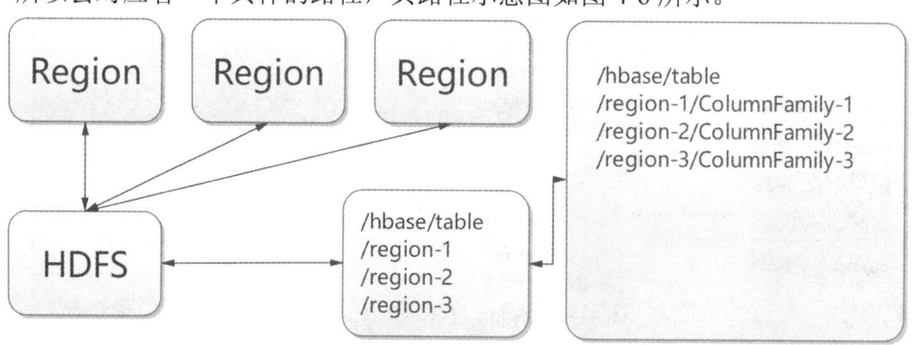

图 4-6　ColumnFamily 的路径示意图

ColumnFamily 信息是表级别的配置，也就是说，同一个表的多个 Region 都拥有相同的 ColumnFamily 信息。比如有两个 ColumnFamily，分别为 ColumnFamily1、ColumnFamily2，因为 Region 是表的一部分，而且是按照 RowKey 进行划分的，多个行分为一个区，所以 Region 里也应该具有完整的 ColumnFamily 信息，即也应该具有 ColumnFamily1、ColumnFamily2。而同一个 Region 下面的多个 ColumnFamily，其实是位于不同的路径下面的。

与传统的行存储相比，列存储更适用于数据分析，而且在大数据的环境下，我们可能需要随时对列进行相应的操作，比如拓展和缩减。此时，如果按照传统的行存储形式来进行相关的结构设计，就会出现无法拓展的情况，因为行存储的一大典型特点就是需要在创建表前预先定义好列的结构，定义好后，并不愿意看到修改表结构这样的情况出现。

对于大数据量或大型的数据库，列维度可以有很多，主要处理的维度也是列维度。HBase 的列族在创建时必须指定，不支持动态扩展。但是 HBase 的列可以在写入数据时任意添加，无需预先定义数量和类型。此外，如果 HBase 针对每一个列都进行维护，那么行维护也会产生很大的开销。因此，我们可以将行存储和列存储进行分层对应，即将行与列对应，将 Region 与列族对应。

HBase 通过列族(CF)的模块化设计，实现了对列的相应操作，保证了整体数据的可拓展性和属性维度的灵活调动性。

此外，HBase 中表的列是稀疏存储的，不同行的列的个数和类型都可以不同。如果列里没有数据，则不占用空间，这是与传统数据库很明显的一个区别。HBase 稀疏存储示意图如图 4-7 所示。

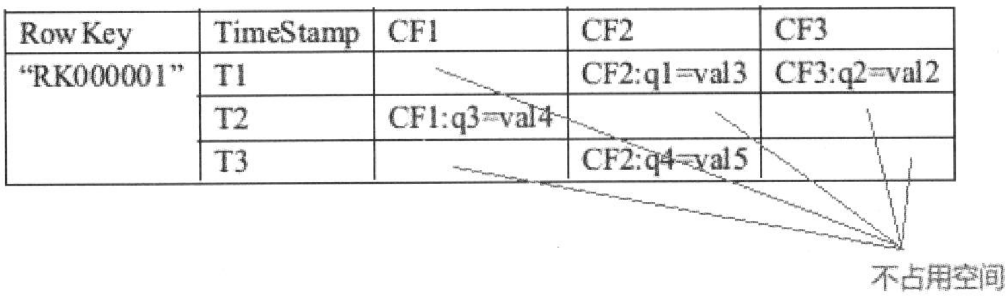

Row Key	TimeStamp	CF1	CF2	CF3
"RK000001"	T1		CF2:q1=val3	CF3:q2=val2
	T2	CF1:q3=val4		
	T3		CF2:q4=val5	

不占用空间

图 4-7 HBase 稀疏存储示意图

4.2.6 各个组件之间的逻辑关系

对 HBase 而言，一个表按照横向进行划分，按照 Column 进行存储，任意个 Column 之间构成了 ColumnFamily。由于 ColumnFamily 的基本单位是表， 所以基于表横向创建的多个 Region 就会拥有相同的 ColumnFamily 信息。在底层存储中，数据都是按照 Key-Value 进行组织和维护的，用户可以通过 Key 值进行快捷的访问和查找。Region、CloumnFamily 和 Key-Value 的关系如表 4-4 所示。

表 4-4 Region、CloumnFamily 和 Key-Value 的关系

	ColumnFamily			ColumnFamily		
	Column	Column	Column	Column	Column	Column
Region1-Startkey	Key-Value	Key-Value	Key-Value	Key-Value	Key-Value	Key-Value
	Key-Value	Key-Value	Key-Value	Key-Value	Key-Value	Key-Value
	Key-Value	Key-Value	Key-Value	Key-Value	Key-Value	Key-Value
	Key-Value	Key-Value	Key-Value	Key-Value	Key-Value	Key-Value
	Key-Value	Key-Value	Key-Value	Key-Value	Key-Value	Key-Value
	Key-Value	Key-Value	Key-Value	Key-Value	Key-Value	Key-Value
	Key-Value	Key-Value	Key-Value	Key-Value	Key-Value	Key-Value
Region2-Startkey	Key-Value	Key-Value	Key-Value	Key-Value	Key-Value	Key-Value
	Key-Value	Key-Value	Key-Value	Key-Value	Key-Value	Key-Value
	Key-Value	Key-Value	Key-Value	Key-Value	Key-Value	Key-Value
	Key-Value	Key-Value	Key-Value	Key-Value	Key-Value	Key-Value
	Key-Value	Key-Value	Key-Value	Key-Value	Key-Value	Key-Value
	Key-Value	Key-Value	Key-Value	Key-Value	Key-Value	Key-Value
	Key-Value	Key-Value	Key-Value	Key-Value	Key-Value	Key-Value

4.3 HBase 的关键流程

4.3.1 写流程

前面已经提到，ZooKeeper 存储的是用户表元数据的元数据，在进行写操作的时候，首先应该知道写入数据到哪里。所以，当客户端发起请求时，会先通过 ZooKeeper 找到 Meta 表所在的 RegionServer，Meta 表中记载着各个 User Region 信息(如 RowKey 范围、所在的 RegionServer)，然后根据 RowKey 范围找到所要写入的 Regioninfo 信息，此时可以知道需要写入哪个 Region 以及此 Region 在哪个 RegionServer 上。确定目标后，再发送数据到该 RegionServer，具体处理数据写入。

1. Region 写流程

(1) RegionServer 请求需要写入数据的 Region 的读写锁。

(2) 获取到读写锁之后，RegionServer 会继续请求需要修改的行的行锁。

(3) 行锁获取成功之后，RegionServer 将把数据写入内存中，并且在写完成之后释放对应的行锁。

(4) 行锁释放后，数据操作将会写入预写日志(Write Ahead Log，WAL)中。

(5) 全部修改完成之后，RegionServer 就会释放对应的 Region 的读写锁。

在具体的读写请求中，首先需要做的是查找元数据，通过元数据可以知道数据具体的存储节点和存储位置。所以，当 Client 受理客户的请求时，会将读写请求转发给 ZooKeeper，然后进行相关的操作。在写操作中，又分为新写和读改写两种操作。如果是新写，则需要向 ZooKeeper 申请写空间，创建一个元数据；如果是读改写，即进行查询和改写操作，则不需要新申请写空间。通过 ZooKeeper 查询到元数据之后，再向 RegionServer 发送请求。RegionServer 会在转发请求之前首先获取对应位置的权限，权限主要为读写锁。在进行写操作的时候，HBase 要获取到对应的读锁和写锁，读锁是为了保证其他进程数据的更新，写锁是为了保障数据的 ACID 特性不被破坏。在获取到读写锁之后，针对当前写操作需要做的更改，进程还需要获取写操作对应操作的行锁，获取到行锁之后，数据就会被先行写入内存中进行缓存。写完成之后先释放行锁，之后写操作日志，最终释放 Region 锁(也就是对应的读写锁)。先写内存的原因是：HBase 提供了一个 MVCC(多版本并发控制)机制，来保障写数据阶段的数据可见性。先写 MemStore 再写 WAL，是为了在一些特殊场景下，内存中的数据能够更及时地可见。如果写 WAL 失败，则 MemStore 中的数据会被回滚。写内存可以避免多 Region 情形带来的过多的分散 I/O 操作。

在之前的流程中，我们发现 HBase 写数据时，首先将数据写入内存(即 MemStore)中。数据从内存持久化到磁盘的这个操作称为 Flush 操作。

以下多个场景会触发 MemStore 的 Flush 操作。

(1) 当 Region 中 MemStore 的总大小达到了预设的 Flush Size 阈值时，会触发 Flush 操作。阈值大小可通过配置参数 hbase.hregion.memstore.flush.size 来设置。

(2) 当 MemStore 占用的内存总量与 RegionServer 总内存的比值达到预设的阈值大小时，也会触发 Flush 操作。此比值可以通过参数 hbase.regionserver.global.memstore.upperLimit 进行设置。Flush 的顺序是基于 MemStore 内存用量大小倒序，直到 MemStore 用量小于 hbase.regionserver.globle.memstore.lowerLimit 为止。

(3) 当 WAL 中的日志数量超过参数 hbase.regionserver.max.logs 的值时，也会触发 Flush 操作，以降低 WAL 中的日志数量。日志数量可通过配置参数 hbase.hregion.memstore.flush.size 来设置。最老的 MemStore 会第一个被 Flush，直到日志数量小于 hbase.regionserver.max.logs 为止。

(4) HBase 自身也会定期刷新 Memstore，默认周期为 1 小时，以确保 Memstore 可以及时得到持久化。为避免所有的 MemStore 在同一时间都进行 Flush 操作导致的问题，定期的 Flush 操作会有一点点的随机延时。

(5) 用户可以通过 Shell 命令分别对一个表或者一个 Region 进行 Flush 操作，命令为 flush 'tablename'或者 flush 'regionname'。

2. Compaction 操作介绍

随着时间的推移、业务的发展，数据不断写入 HBase 集群中，HFile 的数目也会随之增多，那么针对同样的查询，需要同时打开的文件也会越来越多，此时查询时延就会越来越大，所以有必要采取一些其他措施提高性能。Compaction 操作就是提高性能的措施之一。

(1) Compaction 的目的是减少同一个 Region 中同一个 ColumnFamily 下面的小文件(HFile)数目，从而提升读取的性能。

(2) Compaction 分为 Minor、Major 两类。

Minor 为小范围的 Compaction，有最少和最多文件数目限制。通常会选择一些连续时间范围的小文件进行合并。

Major 涉及该 Region 和该 ColumnFamily 下面的所有 HFile 文件。

Compaction 的操作流程如图 4-8 所示。

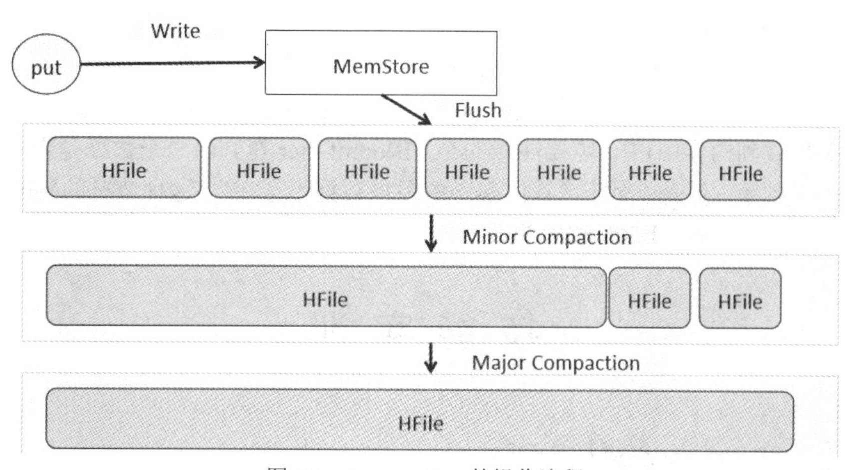

图 4-8 Compaction 的操作流程

3. Region Split 操作介绍

Region Split 是指在集群运行期间，当某一个 Region 的大小超出了预设的阈值时，将该 Region 自动分裂成两个子 Region。

分裂过程中，被分裂的 Region 会暂停读写服务。由于分裂过程中，父 Region 的数据文件并不会真正的分裂，而是通过在新 Region 中创建引用文件的方式来实现快速的分裂，因此 Region 暂停服务的时间会比较短暂。

客户端侧所缓存的父 Region 的路由信息需要被更新。

4.3.2 读流程

HBase 的读流程与写流程类似，需要确定读的是哪里的数据。当客户端发起请求时，会先通过 ZooKeeper 找到 Meta 表所在的 RegionServer，Meta 表中记载着各个 User Region 信息(如 RowKey 范围、所在的 RegionServer)，然后根据 RowKey 范围找到所要读取的 Region 以及是哪个 RegionServer。确定目标后，再发送读操作请求到该 RegionServer，读取数据并返回到客户端。

读流程的其他关键操作有：

(1) Get 操作与 Scan 操作。在客户端发起读数据请求时，有两种操作：Get 操作和 Scan 操作。Get 操作是在提供精确的 Key 值情形下的操作，读取单行用户数据。Scan 操作则是提供一个限定的 Key 值范围，批量返回用户数据。

(2) OpenScanner。在找到 RowKey 所对应的 RegionServer 和 Region 之后，需要打开一个查找器(Scanner)，由其执行具体的扫描数据操作。Region 中会包含内存数据 MemStore 和文件数据 HFile，所以在进行读取操作的时候需要分别读取这两块数据，打开相对应的不同的 Scanner 进行查询操作。进行 OpenScanner 的过程中，会创建两种不同的 Scanner 来读取 HFile、 MemStore 的数据。HFile 对应的 Scanner 为 StoreFileScanner，MemStore 对应的 Scanner 为 MemStoreScanner。

(3) Filter。在 Scan 过程中，可以通过 Filter 设置一定的过滤条件，以做到符合条件的用户数据才返回。当前一些典型的 Filter 有 RowFilter、SingleColumnValueFilter、KeyOnlyFilter、FilterList。

(4) BloomFilter。BloomFilter 可用来优化一些随机读取的场景，即 Get 场景。通过它可快速地判断具体的一条用户数据是否存在于一个大的数据集合(该数据集合的大部分数据都没法被加载到内存中)中。需要注意的是，BloomFilter 在判断一个数据是否存在时，会存在一定的误判率。但是，对于“具体哪一条用户数据不存在” 这种情况的判断结果是准确的。HBase 中与 BloomFilter 相关的数据被保存在 HFile 中。

技 能 实 训

实训 4.1 HBase 的安装与配置

1. 实训目的

通过本实训，理解 ZooKeeper 的概念，掌握 ZooKeeper 完全分布式环境搭建，认识 HBase

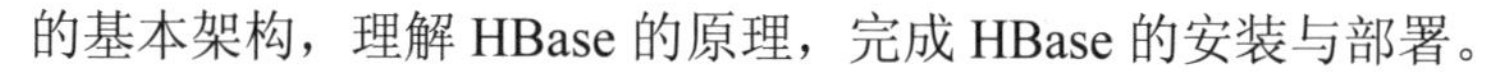

的基本架构，理解 HBase 的原理，完成 HBase 的安装与部署。

2. 实训内容

安装和配置 ZooKeeper，学会分布式 ZooKeeper 的安装；安装 HBase，配置部署 HBase，通过 WebUI 查看 HBase。

3. 实训要求

以小组为单元进行实训，每小组 5 人，小组自行协商选出一位组长。由组长安排和分配实训任务，具体内容请参考实训步骤。

4. 准备知识

1) ZooKeeper 的使用场景

(1) 配置文件同步。分布式系统中会有很多台服务器，服务器的配置文件要一致，如果其中某个配置发生了变化，那么服务器也会发生相应变化，这样操作起来十分烦琐。此时可以用 ZooKeeper 来进行同步配置。这样，如果文件发生了变化，则执行另外的同步配置的代码即可。

(2) 分布式锁。使用 ZooKeeper 可以解决分布式环境下多个程序对一个共享资源的竞争的关系，可以防止同一资源在同一时刻被多个程序更改，实现过程可以使用与 HA 相类似的操作。

2) HBase

HBase 的数据模型如表 4-5 所示。

表 4-5　HBase 的数据模型

RowKey	TimeStamp	CF1	CF2	CF3
"RK000001"	T1		CF2:q1=val3	CF3:q2=val2
	T2	CF1:q3=val4		
	T3		CF2:q4=val5	

3) RowKey

与其他 NoSQL 数据库一样，RowKey 是用来检索记录的主键。访问 HBase table 中的行，只有 3 种方式，具体如下：

(1) 通过单个 RowKey 访问。

(2) 通过 RowKey 的 range 访问。

(3) 全表扫描。

RowKey 可以是任意字符串(最大长度是 64KB，实际应用中长度一般为 10～100bytes)，在 HBase 内部，RowKey 保存为字节数组。

存储时，数据按照 RowKey 的字典序(byte order)排序存储。设计 RowKey(行键)时，要充分注意排序存储这个特性，将经常一起读取的行存储到一起。

注意：字典序对 int 排序的结果是“1,10,100,11,12,13,14,15,16,17,18,19,2,20,21,…,9,91,92,93,94,95,96,97,98,99”。要保持整形的自然序，RowKey 必须用 0 进行左填充。

4) 列族

HBase 表中的每个列都归属于某个列族。列族是表的 schema(模式)的一部分(而列不是)，必须在使用表之前定义。列名都以列族作为前缀。例如，“courses:history”“courses:math”都属于“courses”这个列族。

访问控制、磁盘和内存的使用统计都是以列族为基础进行的。实际应用中，列族上的控制权限能帮助我们管理不同类型的应用，例如允许一些应用可以添加新的基本数据，一些应用可以读取基本数据并创建继承的列族，一些应用则只浏览数据(甚至可能因为隐私的原因不能浏览所有数据)。

5) cell

由{RowKey, column(=<family> + <label>), version}唯一确定的单元称为 cell。cell 中的数据是没有类型的，全部是字节码形式存储。

6) 时间戳

每个 cell 都保存着同一份数据的多个版本，不同版本通过时间戳来索引。时间戳的类型是 64 位整型。时间戳可以由 HBase(在数据写入时自动)赋值，此时时间戳是精确到毫秒的当前系统时间；也可以由客户显式赋值。如果应用程序要避免数据版本冲突，就必须自己生成具有唯一性的时间戳。每个 cell 中，不同版本的数据按照时间倒序排序，即最新的数据排在最前面。

为了避免数据存在过多版本造成的管理(包括存储和索引)负担，HBase 提供了两种数据版本回收方式，一是保存数据的最后 *n* 个版本，二是保存最近一段时间内的版本(如最近七天)。用户可以针对每个列族进行设置。

5. 实训步骤

1) 安装和配置 ZooKeeper

(1) 准备安装包。

① 将 apache-zookeeper-3.5.10-bin.tar 压缩包上传至 master 节点的/root/package 目录下。

② 解压 apache-zookeeper-3.5.10-bin.tar 至/opt/software 目录下，命令如下：

```
cd /root/package

tar -zxvf apache-zookeeper-3.5.10-bin.tar.gz -C /opt/software/
```

(2) 配置 master 的 ZooKeeper。

① 配置环境变量，命令如下：

```
vim /etc/profile
```

添加以下内容：

```
export ZK_HOME=/opt/software/apache-zookeeper-3.5.10-bin
export PATH=$PATH:$ZK_HOME/bin
```

使配置生效，命令如下：

```
source /etc/profile
```

② 修改 ZooKeeper 的配置文件($ZK_HOME/conf)，命令如下：

```
cd /opt/software/apache-zookeeper-3.5.10-bin/conf

cp zoo_sample.cfg zoo.cfg
```

```
vim zoo.cfg
```

修改 dataDir，加上 dataLogDir，内容如下：

```
dataDir=/opt/software/apache-zookeeper-3.5.10-bin/datadir
dataLogDir=/opt/software/apache-zookeeper-3.5.10-bin/logs
```

添加节点的关系(修改成自己对应的节点名)，内容如下：

```
server.0=master:2888:3888
server.1=slave1:2888:3888
server.2=slave2:2888:3888
```

操作结果如图 4-9 所示。

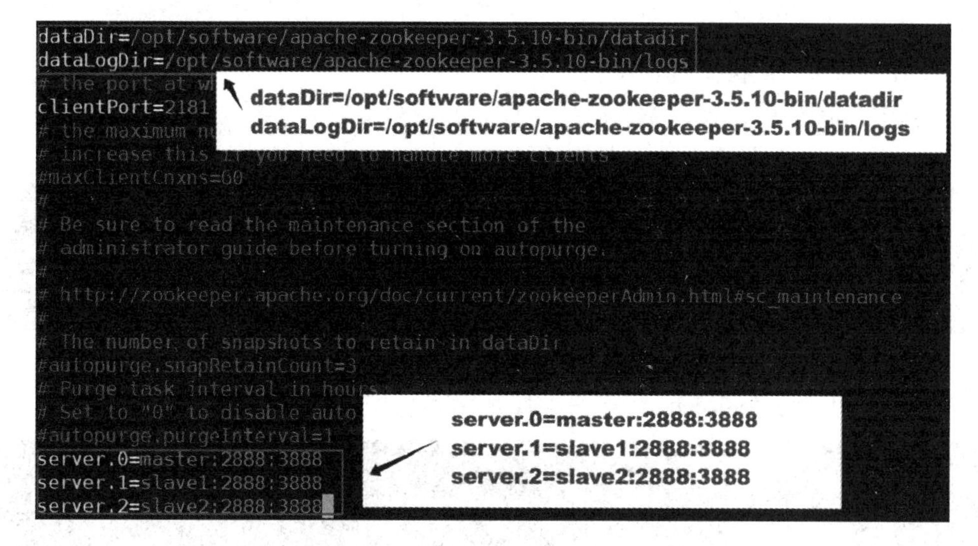

图 4-9　修改 ZooKeeper 的配置文件操作结果

③ 创建 ZooKeeper 对应的路径，命令如下：

```
mkdir /opt/software/apache-zookeeper-3.5.10-bin/datadir
```

④ 创建 ZooKeeper 节点标识并输入 0，命令如下：

```
vim /opt/software/apache-zookeeper-3.5.10-bin/datadir/myid

0
```

(3) 配置 slave1、slave2 的 ZooKeeper。

① 复制 master 的 ZooKeeper 到 slave1、slave2，命令如下：

```
~/shell/scp_call.sh /opt/software/apache-zookeeper-3.5.10-bin
```

② 配置 ZooKeeper 节点标识，修改 slave1 的 myid 为 1(slave2 的 myid 为 2)。

在 slave1 节点执行如下命令：

```
vim /opt/software/apache-zookeeper-3.5.10-bin/datadir/myid

1
```

在 slave2 节点执行如下命令：

```
vim /opt/software/apache-zookeeper-3.5.10-bin/datadir/myid

2
```

③ 配置 slave1、slave2 的环境变量。为了方便操作，可以拷贝 master 上的环境变量文件到 slave1、slave2 节点。

在 master 节点执行如下命令：

```
~/shell/scp_call.sh /etc/profile
```

拷贝完成后，需要在 slave1、slave2 节点上执行 source 操作，命令如下：

```
source /etc/profile
```

2) 校验 ZooKeeper

(1) 启动 master、slave1、slave2 上的 ZooKeeper。

分别在三台节点上执行如下命令：

```
zkServer.sh start
```

在 master 上启动 ZooKeeper，如图 4-10 所示。

```
[root@master conf]# zkServer.sh start
ZooKeeper JMX enabled by default
Using config: /opt/software/apache-zookeeper-3.5.10-bin/bin/../conf/zoo.cfg
Starting zookeeper ... STARTED
[root@master conf]#
```

图 4-10　在 master 上启动 ZooKeeper

在 slave1 上启动 ZooKeeper，如图 4-11 所示。

```
[root@slave1 ~]# zkServer.sh start
ZooKeeper JMX enabled by default
Using config: /opt/software/apache-zookeeper-3.5.10-bin/bin/../conf/zoo.cfg
Starting zookeeper ... STARTED
[root@slave1 ~]#
```

图 4-11　在 slave1 上启动 ZooKeeper

在 slave2 上启动 ZooKeeper，如图 4-12 所示。

```
[root@slave2 ~]# zkServer.sh start
ZooKeeper JMX enabled by default
Using config: /opt/software/apache-zookeeper-3.5.10-bin/bin/../conf/zoo.cfg
Starting zookeeper ... STARTED
[root@slave2 ~]#
```

图 4-12　在 slave2 上启动 ZooKeeper

(2) 查看 master、slave1、slave2 上的 ZooKeeper 状态，命令如下：

```
zkServer.sh status
```

查看 master 节点上的 ZooKeeper 状态，如图 4-13 所示。

```
[root@master conf]# zkServer.sh status
ZooKeeper JMX enabled by default
Using config: /opt/software/apache-zookeeper-3.5.10-bin/bin/../conf/zoo.cfg
Client port found: 2181. Client address: localhost. Client SSL: false.
Mode: follower
[root@master conf]#
```

图 4-13　查看 master 节点上的 ZooKeeper 状态

查看 slave1 节点上的 ZooKeeper 状态，如图 4-14 所示。

```
[root@slave1 ~]# zkServer.sh status
ZooKeeper JMX enabled by default
Using config: /opt/software/apache-zookeeper-3.5.10-bin/bin/../conf/zoo.cfg
Client port found: 2181. Client address: localhost. Client SSL: false.
Mode: leader
[root@slave1 ~]#
```

图 4-14　查看 slave1 节点上的 ZooKeeper 状态

查看 slave2 节点上的 ZooKeeper 状态，如图 4-15 所示。

```
[root@slave2 ~]# zkServer.sh status
ZooKeeper JMX enabled by default
Using config: /opt/software/apache-zookeeper-3.5.10-bin/bin/../conf/zoo.cfg
Client port found: 2181. Client address: localhost. Client SSL: false.
Mode: follower
[root@slave2 ~]#
```

图 4-15　查看 slave2 节点上的 ZooKeeper 状态

说明：如果需要在三台节点上执行相同的操作，则可以使用附录提供的脚本，即 call_all.sh。使用时，执行 call_all.sh 脚本，加上需要操作的命令即可。比如，如果需要在三台节点上执行“jps”命令，则可以在 master 机上执行如下命令：

```
call_all.sh jps
```

如果需要在三台节点上执行“zkServer.sh status”，脚本在“~/shell”目录，则可以在 master 机上执行如下命令：

```
~/shell/call_all.sh "zkServer.sh status"
```

效果如图 4-16 所示。

```
[root@master package]# ~/shell/call_all.sh "zkServer.sh status"
============= master zkServer.sh status ==============
ZooKeeper JMX enabled by default
Using config: /opt/software/apache-zookeeper-3.5.10-bin/bin/../conf/zoo.cfg
Client port found: 2181. Client address: localhost. Client SSL: false.
Mode: follower
============= slave1 zkServer.sh status ==============
ZooKeeper JMX enabled by default
Using config: /opt/software/apache-zookeeper-3.5.10-bin/bin/../conf/zoo.cfg
Client port found: 2181. Client address: localhost. Client SSL: false.
Mode: leader
============= slave2 zkServer.sh status ==============
ZooKeeper JMX enabled by default
Using config: /opt/software/apache-zookeeper-3.5.10-bin/bin/../conf/zoo.cfg
Client port found: 2181. Client address: localhost. Client SSL: false.
Mode: follower
```

图 4-16　查看 ZooKeeper 节点的状态效果

由于执行的命令有空格，所以可以使用双引号。

3）安装和配置 HBase

将 hbase-2.5.0-bin.tar.gz 压缩包上传至 master 节点的/root/package 目录下，解压在/opt/software/目录下，命令如下：

```
cd /root/package

tar -zxvf hbase-2.5.0-bin.tar.gz -C /opt/software
```

4) 配置 HBase

(1) 配置环境变量，命令如下：

```
vim /etc/profile
```

添加以下内容：

```
export HBASE_HOME=/opt/software/hbase-2.5.0
export PATH=$PATH:$HBASE_HOME/bin
```

使配置生效，命令如下：

```
source /etc/profile
```

(2) 修改 HBase 的配置文件 hbase-env.sh($HBASE_HOME/conf)。

① 配置 JAVA_HOME，命令如下：

```
vim /opt/software/hbase-2.5.0/conf/hbase-env.sh
```

编辑之前输入/JAVA_HOME 再回车进行搜索，按字母 n 搜索下一个。这里只有一处 JAVA_HOME，去掉注释(将行首的“#”删掉)，修改为实际的 JAVA_HOME 路径，命令如下：

```
export JAVA_HOME=/opt/software/jdk1.8.0_161
```

② 设置 HBase 不使用内置 ZooKeeper 管理。同样在非编辑状态下输入/HBASE_MANA 进行搜索，将#export HBASE_MANAGES_ZK=true 中注释去掉，并将 true 改为 false，保存后退出，内容如下：

```
export HBASE_MANAGES_ZK=false
```

③ 设置启动的时候不包含 Hadoop 的库。同样在非编辑状态下输入/HBASE_DISA 进行搜索，将 export HBASE_DISABLE_HADOOP_CLASSPATH_LOOKUP="true" 这一句的注释去掉(或者新增一行设置为 true)。配置效果如图 4-17 所示。

```
# Tell HBase whether it should include Hadoop1s lib when start up,
# the default value is false,means that includes Hadoop's lib.
# export HBASE_DISABLE_HAD00P_CLASSPATH_LO0KUP="true"
export HBASE_DISABLE_HADOOP_CLASSPATH_LO0KUP="true"
# Override text processing tools for use by these launch scripts.
# export GREP="${GREP-grep}"
# export SED="${SED-sed}"
```

图 4-17　配置效果

此项默认是 false，会加载 Hadoop 的库，启动的时候会有警告。

(3) 修改 HBase 的配置文件 hbase-site.xml($HBASE_HOME/conf)，命令如下：

```
vim /opt/software/hbase-2.5.0/conf/hbase-site.xml
```

修改并添加相关配置，内容如下：

```
<property>
    <name>hbase.cluster.distributed</name>
    <value>true</value>
</property>
<property>
    <name>hbase.tmp.dir</name>
    <value>../tmp</value>
```

```
</property>
<property>
  <name>hbase.rootdir</name>
  <value>hdfs://master:8020/hbase</value>
</property>
<property>
  <name>hbase.zookeeper.quorum</name>
  <value>master,slave1,slave2</value>
</property>
<property>
  <name>hbase.wal.provider</name>
  <value>filesystem</value>
</property>
```

(4) 将 hadoop 中的 hdfs-site.xml 拷贝到 HBASE_HOME/conf 下，命令如下：

```
scp /opt/software/hadoop-3.3.4/etc/hadoop/hdfs-site.xml /opt/software/hbase-2.5.0/conf/
```

(5) 配置 regionservers，命令如下：

vim /opt/software/hbase-2.5.0/conf/regionservers

删除里面的 localhost，添加 slave1、slave2 的主机名，内容如下：

```
slave1
slave2
```

结果如图 4-18 所示。

```
[root@master hbase-2.5.0]# cat /opt/software/hbase-2.5.0/conf/regionservers
slave1
slave2
```

图 4-18　添加 slave1 和 slave2 主机名结果

5) 同步 slave1、slave2

(1) 拷贝安装目录到 slave1 与 slave2，命令如下：

```
~/shell/scp_call.sh /opt/software/hbase-2.5.0
```

(2) 配置 slave1、slave2 的环境变量。为了方便操作，可以拷贝 master 上的环境变量文件到 slave1、slave2 节点。

在 master 节点执行如下命令：

```
~/shell/scp_call.sh /etc/profile
```

拷贝完成后，需要在 slave1、slave2 节点上执行 source 操作，命令如下：

```
source /etc/profile
```

6) 检验 HBase

(1) 启动 HBase，在 master 节点执行如下命令：

```
start-hbase.sh
```

效果如图 4-19 所示。

```
[root@master conf]# start-hbase.sh
running master, logging to /opt/software/hbase-2.5.0/logs/hbase-root-master-mast
er.out
slave2: running regionserver, logging to /opt/software/hbase-2.5.0/bin/../logs/h
base-root-regionserver-slave2.out
slave1: running regionserver, logging to /opt/software/hbase-2.5.0/bin/../logs/h
base-root-regionserver-slave1.out
```

图 4-19　启动 HBase 效果

启动 HBase 之前，确保 Hadoop、ZooKeeper 已启动。如果没有启动，请使用下面的指令启动：

```
zkServer.sh start

start-dfs.sh
```

(2) 查看 master、slave1、slave2 的进程，命令如下：

```
~/shell/jps_all.sh
```

效果如图 4-20 所示。

```
[root@master conf]# ~/shell/jps_all.sh
============= master jps ==============
3143 SecondaryNameNode
2872 NameNode
1372 QuorumPeerMain
3596 Jps
3389 HMaster
============= slave1 jps ==============
2464 Jps
1303 QuorumPeerMain
2296 HRegionServer
2191 DataNode
============= slave2 jps ==============
1298 QuorumPeerMain
2147 HRegionServer
2045 DataNode
2319 Jps
```

图 4-20　查看 master、slave1、slave2 的进程效果

(3) 查看 Web UI 界面。在浏览器中打开 master 的 ip 地址，增加端口为 192.168.128.131:16010，并设置格式为 master 的 ip:16010，访问 HBase 的 Web UI 界面，如图 4-21 所示。

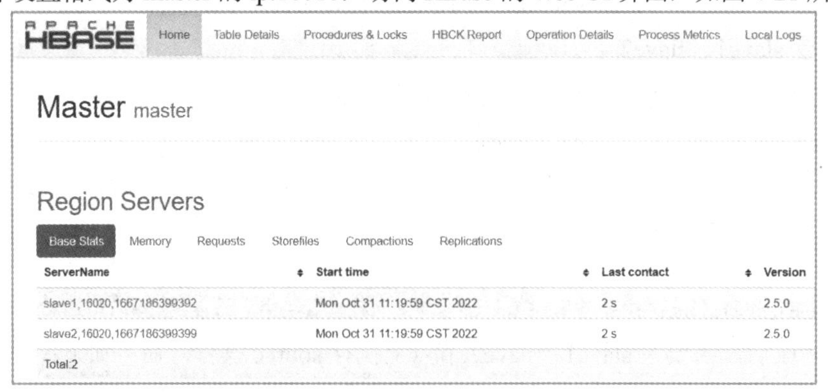

图 4-21　访问 HBase 的 WebUI 界面

7) 进行 HBase 的 HA 配置

(1) 停止 HBase 集群，命令如下：

```
stop-hbase.sh
```

效果如图 4-22 所示。

```
[root@master conf]# stop-hbase.sh
stopping hbase...........
[root@master conf]#
```

图 4-22　停止 HBase 集群效果

(2) 新建 backup-masters 文件，命令如下：

```
cd /opt/software/hbase-2.5.0/conf

vim backup-masters
```

(3) 在 backup-masters 文件里添加 slave1，表示将 slave1 作为备节点，添加内容如下：

```
slave1
```

(4) 同步文件到 slave1、slave2，命令如下：

```
~/shell/scp_call.sh backup-masters
```

(5) 启动 HBase 集群，命令如下：

```
start-hbase.sh
```

(6) 查看各节点进程，如图 4-23 所示，可以看到 slave1 节点也启动了一个 Master 进程。

```
[root@master conf]# ~/shell/jps_all.sh
============= master jps ==============
4753 Master
3143 SecondaryNameNode
5031 Jps
2872 NameNode
1372 QuorumPeerMain
============= slave1 jps ==============
2961 RegionServer
3347 Jps
1303 QuorumPeerMain
3064 Master
2191 DataNode
============= slave2 jps ==============
2801 RegionServer
1298 QuorumPeerMain
3028 Jps
2045 DataNode
```

图 4-23　查看各节点进程

此时使用浏览器访问路径：http://slave1:16010/，查看 slave1 的 Web UI 界面，如图 4-24 所示。可以看到提示，slave1 是一个备节点，同时也说明当前活跃的主节点是 master 节点。

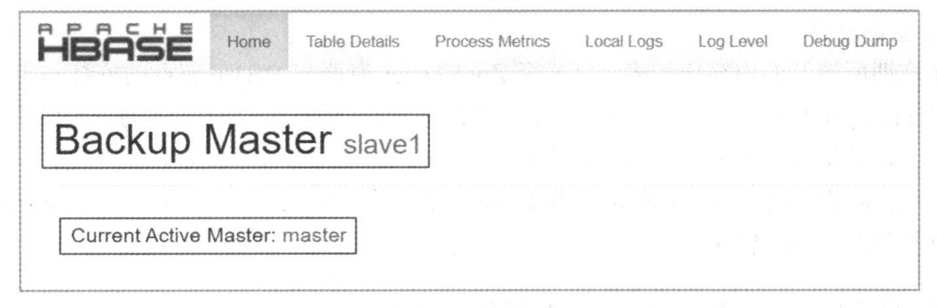

图 4-24　查看 slave1 的 Web UI 界面

(7) 手动结束 master 上的 Master 进程，命令如下：

```
kill -9 4753
```

说明：4753 是 master 节点上 Master 的进程号，可以通过图 4-23 获得。

此时再查看各节点的进程，命令如下：

```
~/shell/jps_all.sh
```

效果如图 4-25 所示。

```
[root@master conf]# kill -9 4753
[root@master conf]#
[root@master conf]# ~/shell/jps_all.sh
============= master jps ==============
5136 Jps
3143 SecondaryNameNode
2872 NameNode
1372 QuorumPeerMain
============= slave1 jps ==============
2961 RegionServer
1303 QuorumPeerMain
3064 Master
3485 Jps
2191 DataNode
============= slave2 jps ==============
2801 RegionServer
1298 QuorumPeerMain
2045 DataNode
3101 Jps
```

图 4-25　查看各节点进程效果

此时再访问 http://slave1:16010，查看 slave1 的 Web UI 界面，如图 4-26 所示。可以看到 slave1 节点已经担任了 master 角色，说明 HBase 的主备切换配置是成功的。

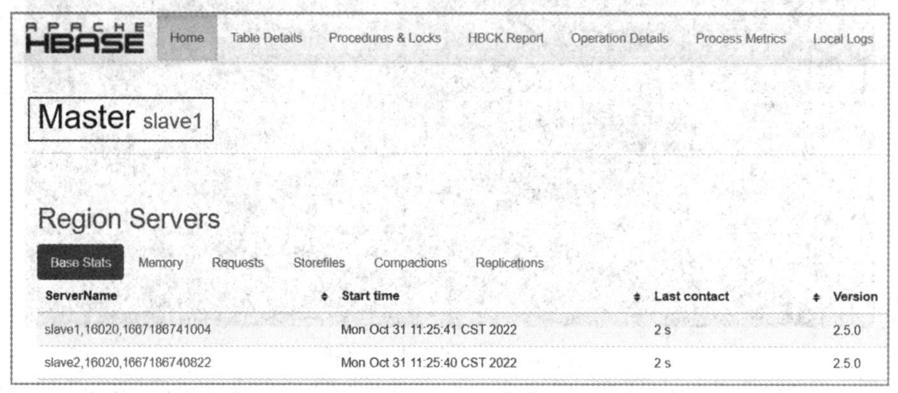

图 4-26　查看 slave1 的 Web UI 界面

说明：由于主备切换有延迟，可以稍等一会再刷新 Web UI 界面。

6. 实训总结

本实训所涉及的内容比较多，完成了 ZooKeeper 集群与 HBase 集群的安装与部署，了解了 ZooKeeper 和 HBase 的功能和基本工作原理，最后还实现了 HBase 的 HA 模式。同学们可以尝试模拟服务器的宕机操作，再观察 HBase 集群的服务进程是否有变化。

说明：如果出现安装版本不兼容等情况，需要更换 HBase 版本，记得先删除 ZooKeeper 里根路径下的 hbase 节点。

实训 4.2　HBase 命令行之 Shell 操作

1. 实训目的

(1) 理解 HBase 的系统架构。

(2) 熟悉 Shell 的基本操作。

2. 实训内容

通过本实训，了解 HBase 的系统架构，更加熟悉 HBase 命令行操作表，学会 Column Family、表的 Schema 与 RowKey 的设计等。

3. 实训要求

以小组为单元进行实训，每小组 5 人，小组自行协商选出一位组长。由组长安排和分配实训任务，具体参考实训步骤。需要确保 HBase 环境安装正确。

4. 准备知识

1) DDL 操作语法

DDL 操作语法如表 4-6 所示。

表 4-6　DDL 操作语法

操　作	命令表达式	注　意
创建表	creat 'Table','CF1','CF2',' CFN'	
添加记录	put 'Table','RowKey',' CF:Column','value'	
查看记录	get 'Table','RowKey'	查看单条记录，也是 HBase 最常用的
查看表中的记录总数	count 'Table'	这个命令并不快，但目前没有找到更快的方式统计行数
删除记录	delete 'Table','RowKey', 'CF:Column' deleteall 'Table','RowKey'	第一种方式删除一条记录单列的数据，第二种方式删除整条记录
删除一张表	disable 'Table' drop 'Table'	
查看所有记录	scan 'Table',{LIMIT=>10}	LIMIT=>10 只返回 10 条记录，否则将全部展示

(1) 列出所有表，命令如下：

```
list
```

结果如图 4-27 所示。

```
hbase(main):001:0> list
TABLE
0 row(s) in 0.2090 seconds

=> []
hbase(main):002:0>
```

图 4-27　列出所有表结果

(2) 创建表。

语法：create <Table>, {NAME => <CF>, VERSIONS => <VERSIONS>}

例如，创建表 t1，family name 分别为 f1、f2，且版本数均为 2，命令如下：

```
create 't1' ,{NAME=>'f1',VERSIONS =>2},{NAME=>'f2',VERSIONS=>2}
```

结果如图 4-28 所示。

```
hbase(main):002:0> create 't1',{NAME=>'f1',VERSIONS
=>2},{NAME=>'f2',VERSIONS=>2}
0 row(s) in 2.3290 seconds

=> Hbase::Table - t1
hbase(main):003:0>
```

图 4-28 创建表 t1 结果

创建表 user，列族为 info，命令如下：

```
create 'user','info'
```

结果如图 4-29 所示。

```
=> Hbase::Table - t1
hbase(main):003:0> create 'user','info'
0 row(s) in 2.2660 seconds

=> Hbase::Table - user
hbase(main):004:0>
```

图 4-29 创建表 user 结果

(3) 删除表。删除表分两步：disable 和 drop。例如，删除表 t1，命令如下：

```
disable 't1'
drop 't1'
```

操作结果如图 4-30 所示。

```
hbase(main):004:0> disable 't1'
0 row(s) in 2.2760 seconds

hbase(main):005:0> drop 't1'
0 row(s) in 1.2890 seconds

hbase(main):006:0>
```

图 4-30 删除表 t1 操作结果

(4) 查看表的结构。

语法：describe <Table>

例如，查看表 t1 的结构，命令如下：

```
describe 't1'
```

由于上一步删除了表，因此此处先创建表 t1，然后再查看，如图 4-31 所示。

```
hbase(main):012:0> create 't1',{NAME=>'f1',VERSIONS
=>2},{NAME=>'f2',VERSIONS=>2}
0 row(s) in 1.2630 seconds

=> Hbase:: Table - t1
hbase(main):013:0> describe 't1'
Table t1 is ENABLED
t1
COLUMN FAMILIES DESCRIPTION
{NAME => 'f1', BLOOMFILTER => 'ROW', VERSIONS => '2',
IN_MEMORY => 'false', KEEP_DELETED_CELLS =>'F
_BLOCK_ENCODING => 'NONE', TTL => 'FOREVER', COMPRESSION
=> 'NONE', MIN_VERSIONS => '0', BLOCKCACHE
BLOCKSIZE => '65536', REPLICATION_SCOPE => '0'}
{NAME => 'f2', BLOOMFILTER => 'ROW', VERSIONS => '2',
IN_MEMORY => 'false', KEEP_DELETED_CELLS =>'F
_BLOCK_ENCODING => 'NONE', TTL => 'FOREVER', COMPRESSION
=> 'NONE', MIN_VERSIONS => '0', BLOCKCACHE
BLOCKSIZE => '65536', REPLICATION_SCOPE => '0'}
2 row(s) in 0.0350 seconds
```

图 4-31 查看表 t1 结构

(5) 修改表的结构。修改表结构前必须先禁用表。

语法：alter 't1', {NAME => 'f1'}, {NAME => 'f2', METHOD => 'delete'}

例如，修改表 t1 的 body 列族和 meta 列族的最长数据存储时间为 180 天(180 天等于 15552000 秒)，设置后 body 列族和 meta 列族中的数据在 180 天后将被自动删除，命令如下：

```
disable 't1'
alter 't1' ,{NAME=>'body',TTL=>'15552000'},{NAME=>'meta',TTL=>'15552000'}
```

操作结果如图 4-32 所示。

```
hbase(main):015:0* disable 't1'
0 row(s) in 2.2530 seconds

hbase(main):016:0> alter
't1',{NAME=>'body',TTL=>'15552000'},{NAME=>'meta',TTL=>'15552000'}
Updating all regions with the new schema..
1/1 regions updated.
Done.
Updating all regions with the new schema...
1/1 regions updated.
Done.
0 row(s) in 4.8520 seconds
```

图 4-32 修改表 t1 结构操作结果

修改好表后需要启用表，命令如下：

```
enable 't1'
```

操作结果如图 4-33 所示。

```
hbase(main):002:0> is_disabled 't1'
true
0 row(s) in 0.0890 seconds

hbase(main):003:0> enable 't1'
0 row(s) in 1.3200 seconds

hbase(main):004:0> is_disabled 't1'
false
0 row(s) in 0.0210 seconds

hbase(main):005:0>
```

图 4-33 启用表 t1 操作结果

(6) 添加数据(用法比较单一)。

语法：put <Table>,<RowKey>,<CF:Column>,<Value>,<TimeStamp>

例如，给表 user 添加一行记录，其中 RowKey 是 001，CF 是 name，Value 是 lishi，命令如下：

```
put 'user','001','info:name','lishi'
```

操作结果如图 4-34 所示。

```
hbase(main):006:0> put 'user','001','info:name','lishi'
0 row(s) in 0.0890 seconds

hbase(main):007:0>
```

图 4-34 给表 user 添加一行记录操作结果

(7) 查询表。

① 查询表中的所有数据。

语法：scan <Table>, {COLUMNS => [<CF:Column>,....], LIMIT => num}

另外，还可以添加 STARTROW、TIMERANGE 和 FITLER 等高级功能。例如，查询表 user 的前 2 条数据，命令如下：

```
scan 'user',{LIMIT=>2}
```

结果如图 4-35 所示。

```
hbase(main):007:0> scan 'user',{LIMIT=>2}
ROW COLUMN+CELL
001 column=info:name, timestamp=1566293484308, value=lishi
1 row(s) in 0.0430 seconds

hbase(main):008:0>
```

图 4-35　查询表 user 数据结果

② 查询某条数据。

例如，查询表 user 的 001 行中的 info 下的所有列值，命令如下：

```
get 'user','001'
```

结果如图 4-36 所示。

```
hbase(main):008:0> get 'user','001'
COLUMN CELL
info:name timestamp=1566293484308, value=lishi
1 row(s) in 0.0250 seconds

hbase(main):009:0>
```

图 4-36　查询表 user001 行信息结果

③ 查询表中的数据行数。

语法：count <Table>, {INTERVAL => intervalNum, CACHE => cacheNum}

INTERVAL 设置多少行显示一次及对应的 RowKey，默认值为 1000；CACHE 表示每次取的缓存区大小，默认是 10，调整该参数可提高查询速度。

例如，查询表 user 中的数据行数，每 100 条显示一次，缓存区为 500，命令如下：

```
count 'user',{INTERVAL=>100,CACHE=>500}
```

结果如图 4-37 所示。

```
hbase(main):008:0> get 'user','001'
COLUMN CELL
info:name timestamp=1566293484308, value=lishi
1 row(s) in 0.0250 seconds

hbase(main):009:0> count 'user',{INTERVAL=>100,CACHE=>500}
1 row(s) in 0.0210 seconds

=>1
hbase(main):010:0>
```

图 4-37　查询表 user 中的数据行数结果

(8) 删除数据。

① 删除行中的某个列值。

语法：delete <Table>, <RowKey>, <CF:Column> , <TimeStamp>,必须指定列名

例如，删除表 user 中 001 行的 info:name 的数据，命令如下：

```
delete 'user','001','info:name'
```

结果如图 4-38 所示。

```
hbase(main):010:0> delete 'user','001','info:name'
0 row(s) in 0.0530 seconds

hbase(main):011:0> scan 'user'
ROW COLUMN+CELL
0 row(s) in 0.0240 seconds

hbase(main):012:0>
```

图 4-38　删除表 user 中 001 行的 info：name 的数据结果

② 删除表中的所有数据。

语法：　truncate <Table>

具体过程：disable Table -> drop Table -> create Table

例如，删除表 user 中的所有数据，命令如下：

```
truncate 'user'
```

结果如图 4-39 所示。

```
hbase(main):012:0> truncate 'user'
Truncating 'user' table (it may take a while):
- Disabling table....
- Truncating table...
0 row(s) in 3.9420 seconds
```

图 4-39　删除表 user 中所有数据结果

(9) 检查表是否存在，命令如下：

```
exists 'user'
```

结果如图 4-40 所示。

```
hbase(main):013:0> exists 'user'
Table user does exist
0 row(s) in 0.0170 seconds

hbase(main):014:0>
```

图 4-40　检查表 user 是否存在结果

2) 划分 ColumnFamily 的原则

推荐 ColumnFamily 的个数为 1～3，对于有以下特点的 ColumnFamily 可以考虑合并：

(1) 具有相似的数据格式。

(2) 具有相似的访问类型。

3) 表的 Schema 设计的四大原则

(1) 每一个 Region 的大小在 10～50 G。

(2) 每一张表控制在 50～100 个 Region。

(3) 每一张表控制在 1～3 个 ColumnFamily。

(4) 每一个 ColumnFamily 的命名尽可能短，因为 ColumnFamily 会存储在数据文件中。

4) RowKey 设计的四大原则

(1) RowKey 的长度一般在 10~100 个字节，不过建议尽量短。

(2) RowKey 是按照字典顺序进行存储的，所以将 Region 反转作为 RowKey 可使性能更好。

(3) 避免出现 Hotspotting(热点)的三种设计：Salting(散布、加盐)、加 Hashing、反转 RowKey。

(4) 在设计 RowKey 时可以这样做：采用 UserID + CreateTime + FileID 组成 RowKey，这样既能满足多条件查询，又能有很快的查询速度。

5. 实训步骤

(1) 启动 HBase Shell，命令如下：

```
cd /opt/software/hbase-2.5.0/bin

./hbase shell
```

结果如图 4-41 所示。

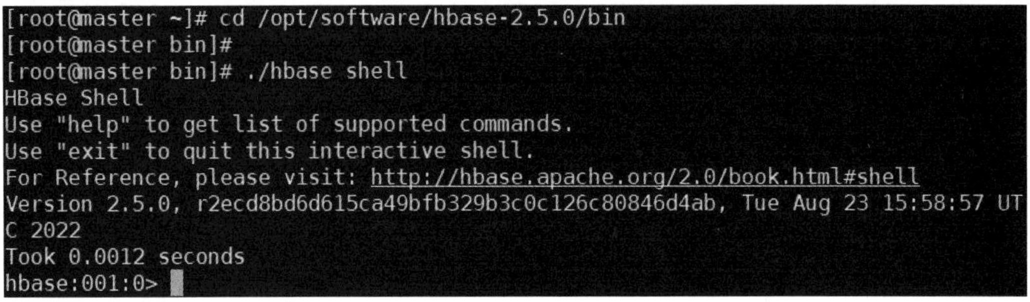

```
[root@master ~]# cd /opt/software/hbase-2.5.0/bin
[root@master bin]#
[root@master bin]# ./hbase shell
HBase Shell
Use "help" to get list of supported commands.
Use "exit" to quit this interactive shell.
For Reference, please visit: http://hbase.apache.org/2.0/book.html#shell
Version 2.5.0, r2ecd8bd6d615ca49bfb329b3c0c126c80846d4ab, Tue Aug 23 15:58:57 UT
C 2022
Took 0.0012 seconds
hbase:001:0>
```

图 4-41 启动 HBase Shell 结果

说明：需确保 HDFS、ZooKeeper 和 HBase 均已启动。

(2) 创建表，命令如下：

```
create 'bigdata','teacher'
```

结果如图 4-42 所示。

```
hbase:001:0> create 'bigdata','teacher'
Created table bigdata
Took 2.5854 seconds
=> Hbase::Table - bigdata
hbase:002:0>
```

图 4-42 创建 bigdata 表的结果

(3) 查看所有表，命令如下：

```
list
```

结果如图 4-43 所示。

```
hbase:002:0> list
TABLE
bigdata
1 row(s)
Took 0.0238 seconds
=> ["bigdata"]
hbase:003:0>
```

图 4-43 查看所有表结果

(4) 查看表结构信息，命令如下：

```
describe 'bigdata'
```

结果如图 4-44 所示。

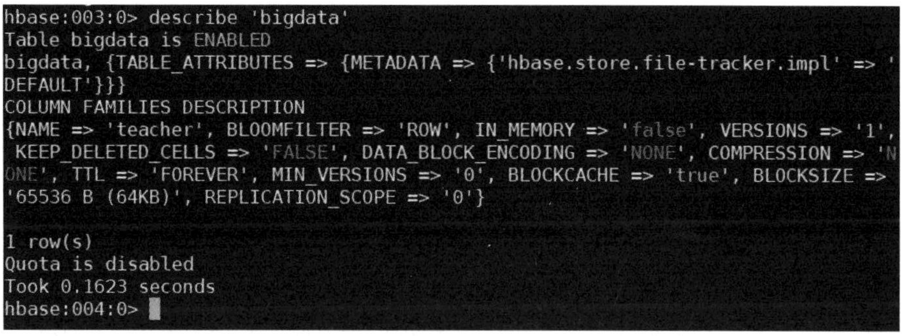

```
hbase:003:0> describe 'bigdata'
Table bigdata is ENABLED
bigdata, {TABLE_ATTRIBUTES => {METADATA => {'hbase.store.file-tracker.impl' => '
DEFAULT'}}}
COLUMN FAMILIES DESCRIPTION
{NAME => 'teacher', BLOOMFILTER => 'ROW', IN_MEMORY => 'false', VERSIONS => '1',
 KEEP_DELETED_CELLS => 'FALSE', DATA_BLOCK_ENCODING => 'NONE', COMPRESSION => 'N
ONE', TTL => 'FOREVER', MIN_VERSIONS => '0', BLOCKCACHE => 'true', BLOCKSIZE =>
'65536 B (64KB)', REPLICATION_SCOPE => '0'}

1 row(s)
Quota is disabled
Took 0.1623 seconds
hbase:004:0>
```

图 4-44　查看 bigdata 表结构信息结果

(5) 向表中插入数据，命令如下：

```
put 'bigdata','001','teacher:name','shao'
```

结果如图 4-45 所示。

```
hbase:004:0> put 'bigdata','001','teacher:name','shao'
Took 0.2033 seconds
hbase:005:0>
```

图 4-45　向 bigdata 表中插入数据结果

(6) 在 Shell 里查询表，命令如下：

```
scan 'bigdata'
```

结果如图 4-46 所示。

```
hbase:007:0> scan 'bigdata'
ROW                          COLUMN+CELL
 001                         column=teacher:name, timestamp=2022-11-02T10:15:28.326, value=shao
1 row(s)
Took 0.0124 seconds
hbase:008:0>
```

图 4-46　查询 bigdata 表结果

(7) 删除表(要先 disable，再 drop)，命令如下：

```
disable 'bigdata'

drop 'bigdata'
```

结果如图 4-47 所示。

```
hbase:008:0> disable 'bigdata'
Took 0.6723 seconds
hbase:009:0> drop 'bigdata'
Took 0.3882 seconds
```

图 4-47　删除 bigdata 表结果

(8) 再次查看所有表发现已删除，命令如下：

```
list
```

结果如图 4-48 所示。

```
hbase:010:0> list
TABLE
0 row(s)
Took 0.0158 seconds
=> []
```

图 4-48　再次查看所有表结果

6. 实训总结

本实训通过完成准备知识里提供了划分 Column Family 的原则，Table Schema 的设计原则，RowKey 的设计原则，这些理论知识是非常重要的，是后面提高的必备知识。进行本实训任务前，应该确保 HDFS、ZooKeeper、HBase 都安装和配置好，并且启动，否则在进行实训操作过程中会报错。

实训 4.3　HBase 的 API 操作

1. 实训目的

认识并且学会简单地使用 HBase Java API，通过 Java 编程实现连接 HBase 及操作 HBase 表，进行数据的增删改查。

2. 实训内容

(1) Java 编程实现连接 HBase。

(2) Java 编程实现对 HBase 表的基本操作。

3. 实训要求

以小组为单元进行实训，每小组 5 人，小组自行协商选出一位组长。由组长安排和分配实训任务，具体参考实训步骤。需要确保 HDFS、ZooKeeper 与 HBase 等环境安装正确。

4. 准备知识

1) HBase 的 API 说明

(1) HBase 采用 Java 实现，原生客户端也是 Java 实现，其他语言需要通过 thrift 接口服务间接访问 HBase 的数据。

(2) HBase 作为大数据存储数据库，写能力非常强，加上 HBase 本身就是基于 Hadoop 的数据库，所以与 Hadoop 的兼容性极好。

2) HBase Java API 介绍

以下介绍几个常见的 HBase Java API，如表 4-7 所示。

表 4-7　常见的 HBase Java API

名　称	类型	作用及所属包说明
Admin	类	建立客户端和 HBase 数据库的连接，属于 org.apache.hadoop.hbase.client 包
HBaseConfiguration	类	将 HBase 相关配置添加至配置文件中，属于 org.apache.hadoop.hbase 包
HBaseDescriptor	接口	描述表的信息，属于 org.apache.hadoop.hbase 包
HColumnDescriptor	类	描述列族的信息，属于 org.apache.hadoop.hbase 包
Table	接口	实现 HBase 表的通信，属于 org.apache.hadoop.hbase.client 包
Put	类	插入数据，属于 org.apache.hadoop.hbase.client 包
Get	类	查询单条记录，属于 org.apache.hadoop.hbase.client 包
Delete	类	删除数据，属于 org.apache.hadoop.hbase.client 包
Scan	类	查询所有记录，属于 org.apache.hadoop.hbase.client 包
Result	类	查询返回的单条记录结果，属于 org.apache.hadoop.hbase.client 包

5. 实训步骤

1) 准备工作

(1) 依次启动 HDFS、ZooKeeper、HBase，查看各节点进程，如图 4-49 所示。

```
[root@master jars]# ~/shell/jps_all.sh
============= master jps ==============
1808 QuorumPeerMain
2484 JarBootstrapMain
1381 NameNode
1655 SecondaryNameNode
3223 Jps
2223 HMaster
============= slave1 jps ==============
2274 Jps
1624 HMaster
1338 QuorumPeerMain
1244 DataNode
1516 HRegionServer
============= slave2 jps ==============
1335 QuorumPeerMain
2103 Jps
1241 DataNode
1499 HRegionServer
```

图 4-49　查看各节点进程

(2) 导入依赖。本次编程环境继续使用实训 2.3 的环境，但编写 HBase 程序需要导入相关的 JAR 包，所以需要先解压 HBase 的安装包到 Windows 本地，然后导入 hbase-shaded-client-2.5.0.jar 包，如图 4-50 所示。

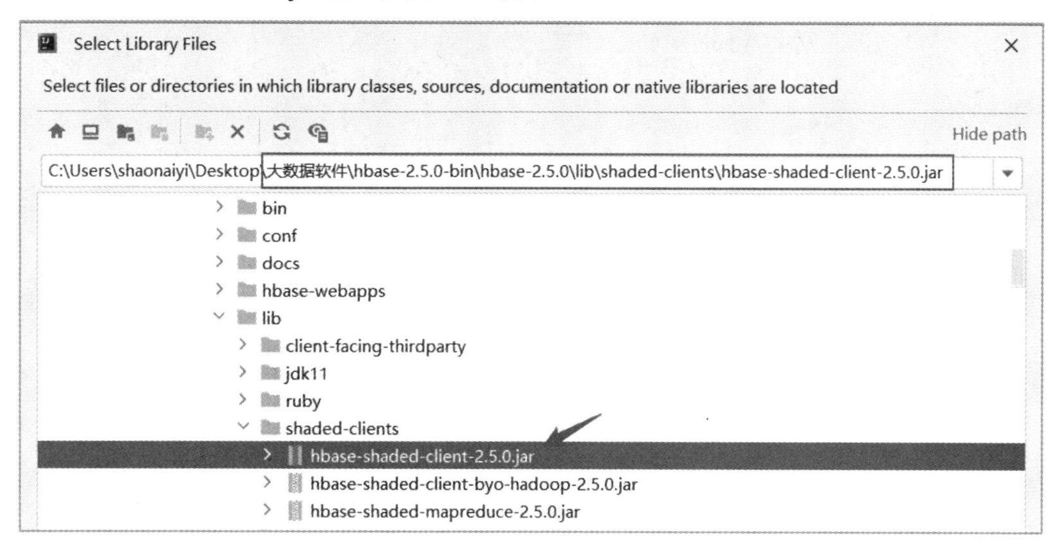

图 4-50　导入相关的 JAR 包

2) 编写代码

新建一个 HBaseDemo 类，完整代码如下：

```
package com.bigdata;
```

```
import org.apache.hadoop.conf.Configuration;
import org.apache.hadoop.hbase.*;
import org.apache.hadoop.hbase.client.*;
import org.apache.hadoop.hbase.filter.Filter;
import org.apache.hadoop.hbase.filter.FilterList;
import org.apache.hadoop.hbase.filter.SingleColumnValueFilter;
import org.apache.hadoop.hbase.util.Bytes;

import java.io.IOException;
import java.util.ArrayList;
import java.util.List;

public class HBaseDemo {

    public static void main(String[] args) {
        Configuration configuration = HBaseConfiguration.create();
        Connection connection = null;
        configuration.set("HBase.zookeeper.quorum", "master:2181,slave1:2181,slave2:2181");
        configuration.set("zookeeper.znode.parent", "/hbase");
        try {
            connection = ConnectionFactory.createConnection(configuration);
            //获得 Admin 对象
            Admin admin = connection.getAdmin();
            String tbl = "hbase";
            TableName tableName = TableName.valueOf(tbl);
            //一、表不存在时创建表
            if (!admin.tableExists(tableName)) {

                //创建表描述对象
                TableDescriptorBuilder tableDescriptor = TableDescriptorBuilder.newBuilder
(tableName);
                //列族 1
                ColumnFamilyDescriptor familyColumn1 = ColumnFamilyDescriptorBuilder.
newBuilder("c1".getBytes()).build();
                //列族 2
                ColumnFamilyDescriptor familyColumn2 = ColumnFamilyDescriptorBuilder.
newBuilder("c2".getBytes()).build();
                tableDescriptor.setColumnFamily(familyColumn1);
                tableDescriptor.setColumnFamily(familyColumn2);
```

```
        //用 Admin 对象创建表
        admin.createTable(tableDescriptor.build());
    }
    //关闭 Admin 对象
    admin.close();

    //二、向表 put 数据
    //获得 table 接口
    Table table = connection.getTable(tableName);
    //添加的数据对象集合
    List<Put> putList = new ArrayList<Put>();
    //添加 10 行数据
    for (int i = 0; i < 10; i++) {
        //put 对象(rowKey)
        String rowKey = "myKey" + i;
        Put put = new Put(rowKey.getBytes());
        //添加列族、列名、值
        put.addColumn("c1".getBytes(), "c1tofamily1".getBytes(), ("100" + i).getBytes());
        put.addColumn("c1".getBytes(), "c2tofamily1".getBytes(), ("200" + i).getBytes());
        put.addColumn("c2".getBytes(), "c1tofamily2".getBytes(), ("300" + i).getBytes());
        putList.add(put);
    }
    table.put(putList);
    table.close();

    //查看对象
    Scan scan = new Scan();
    //限定 rowKey 查询范围
    scan.withStartRow("myKey0".getBytes());
    scan.withStopRow("myKey9".getBytes());
    //只查询 c1：c1tofamily1 列
    scan.addColumn("c1".getBytes(), "c1tofamily1".getBytes());
    //过滤器集合
    FilterList filterList = new FilterList();
    //查询符合条件 c1：c1tofamily1==1007 的记录
    Filter filter1 = new SingleColumnValueFilter("c1".getBytes(), "c1tofamily1".getBytes(),
CompareOperator.EQUAL, "1007".getBytes());
    filterList.addFilter(filter1);
    scan.setFilter(filterList);
```

```
            ResultScanner results = table.getScanner(scan);
            for (Result result : results) {
                System.out.println("获得 rowKey:" + new String(result.getRow()));
                for (Cell cell : result.rawCells()) {
                    System.out.println("列族： " +
                            Bytes.toString(cell.getFamilyArray(), cell.getFamilyOffset(), cell.
getFamilyLength())
                            + "/n 列:" +
                            Bytes.toString(cell.getQualifierArray(), cell.getQualifierOffset(), cell
getQualifierLength())
                            + "/n 值:" +
                            Bytes.toString(cell.getValueArray(), cell.getValueOffset(), cell.
getValueLength()));
                }
            }
            results.close();
            table.close();

        } catch (IOException e) {
            e.printStackTrace();
        }
    }

}
```

3) 打包

打包操作可参考实训 2.3，如果沿用实训 2.3 的环境，则可以在最后的时候选择“Rebuild”，重新构建 JAR 包，如图 4-51 所示。

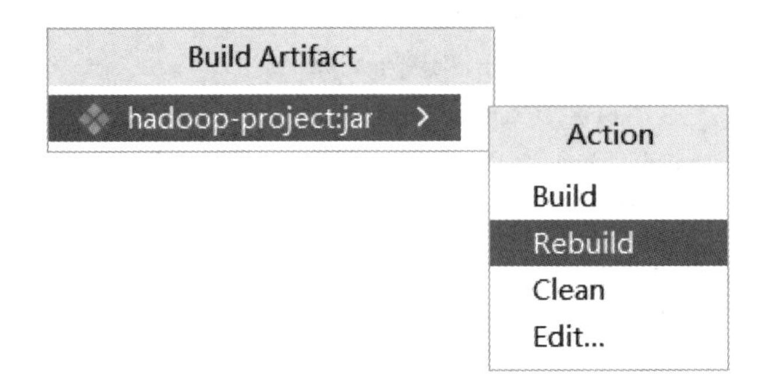

图 4-51　重新构建 JAR 包

4) 上传并执行

打包好后，需要上传 JAR 包到集群，此处上传到 master 节点。由于前面环境配置没有指定，因此使用如下命令执行：

```
hadoop jar hadoop-project.jar com.bigdata.HBaseDemo
```

执行后，可以看到控制台有内容输出，输出内容为代码中编写好的提示，如图 4-52 所示。

```
2022-11-02 11:42:20,533 INFO client.HBaseAdmin: Operation: CREATE, Table Name: d
efault:hbase, procId: 56 completed
获得rowKey:myKey7
列族：c1/n列:c1tofamily1/n值:1007
```

图 4-52　控制台输出内容

5) 查看 HBase 执行结果

(1) 可参考实训 4.2 的操作，进入 Shell 后，使用 list 命令查看结果，如图 4-53 所示。

```
hbase:024:0> list
TABLE
hbase
1 row(s)
Took 0.0332 seconds
=> ["hbase"]
```

图 4-53　查看 HBase 的所有表结果

输入查看 hbase 表数据命令 scan "hbase"，可以看到显示效果，如图 4-54 所示。

```
 myKey8                  column=c2:c1tofamily2, timestamp=2022-11-02T11:42:21.181,
                         value=3008
 myKey9                  column=c1:c1tofamily1, timestamp=2022-11-02T11:42:21.181,
                         value=1009
 myKey9                  column=c1:c2tofamily1, timestamp=2022-11-02T11:42:21.181,
                         value=2009
 myKey9                  column=c2:c1tofamily2, timestamp=2022-11-02T11:42:21.181,
                         value=3009
10 row(s)
Took 0.1075 seconds
hbase:026:0>
```

图 4-54　查询 hbase 表数据显示效果

6. 实训总结

本实训运用 Java 实现了对 HBase 的 API 操作，其难点在于 API 的接口非常多。不过如果前面的知识掌握得不错，应该还是非常容易实现的。

知 识 巩 固

1. 行存储与列存储有什么区别？
2. HBase 主要有哪些进程？
3. 请概述 HBase 的读写流程。

模块五 分布式数据仓库 Hive

前面章节介绍了 HBase 在存储非结构化数据时所发挥的特长，而在处理数据时的操作却非常烦琐，使用简单的 SQL 对数据进行处理成为人们的奢望。Hive 作为一种基于 Hadoop 的数据仓库工具应运而生，它不仅能够将结构化的数据文件映射为一张数据库表，还提供了类 SQL 的查询语言 HiveQL，让不懂编程的用户也能够快速地对海量数据进行分析，降低了使用门槛，可以让更多人轻松地利用数据资源，发现商业机会和价值。

本模块主要讲解 Hive 相关知识，包括 Hive 概念、Hive 的架构原理、Hive 的基本操作以及 Hive QL 的应用，还将讲解相关的实训内容，包括 Hive 的安装与部署、数据定义操作的具体实现、数据操纵操作的具体实现与查询操作的具体实现等。

通过本模块的学习，可以培养学生精雕细琢、追求卓越的工匠精神。

5.1 Hive 概述

5.1.1 数据仓库的概念及特点

在介绍 Hive 之前，我们先来认识一下数据仓库。

对于仓库一词，相信大家肯定不会陌生，比如弹药仓库、粮食仓库等。仓库可以理解为是存放物品的地方。本模块主要学习“数据仓库”，数据仓库也即存放数据的地方。

“数据仓库之父”William H.Inmon 在 1993 年所写的 *Building the Data Warehouse* 中对数据仓库是这样定义的：数据仓库是一个面向主题的(subject-oriented)、集成的(integrate)、相对稳定的(non-volatile)、反映历史变化的(time variant)数据集合，用于支持管理决策。从中，可以总结出数据仓库的 4 个特点。

(1) 面向主题。数据仓库的数据是分主题的，比如存放的是用户的数据还是商品的数据，或是商家的数据。

(2) 集成。数据仓库的数据是来源于多个异构的数据源的，比如来源于各种数据库、不同的文件系统等，集成于不同的介质、地域等。

(3) 相对稳定。存储在数据仓库的数据一般是不会进行修改或者删除的，对于数据的操作，主要是数据的初始化存放和数据的访问。

(4) 反映历史变化。数据仓库的数据会体现出时间信息，所以可以反映出历史的变化。

5.1.2 Hive 的概念与 HiveQL 简介

1. Hive 的概念

Hive 是基于 Hadoop 构建的数据仓库软件，它提供了丰富的 SQL 来查询和分析存储在 HDFS 上数据。Hive 可以将结构化的数据文件映射成一张数据库表，并提供完整的 SQL 查询功能，将 SQL 语句转换为 MapReduce 任务来运行，Hive 的这套专属 SQL 简称 HiveQL。因此，在某种程度上来说，可以将 Hive 理解为将 HiveQL 语句转换为 MapReduce 任务的翻译器或者工具。

Hive 可以查询和管理 PB 级别的分布式数据，并且可以提供灵活方便的 ETL(extract/transform/load)，可以提供多种文件格式的元数据服务，可以直接访问 HDFS 以及 HBase，并支持多种计算引擎(如 MapReduce、Tez、Spark 等)。

2. HiveQL 简介

SQL(发音为字母 S-Q-L 或 sequel)是 Structured Query Language(结构化查询语言)的缩写。SQL 是一种专门用来与数据库沟通的语言。与其他语言(如英语或 Java、C、PHP 等编程语言)不一样的是，SQL 中只有非常少的词，设计 SQL 的目的是可以更好地提供一种从数据库中读写数据的简单有效的方法。

SQL 主要有以下优点：

(1) SQL 不是某个特定数据库供应商专有的语言。几乎所有重要的 DBMS(Database Management System，数据库管理系统)都支持 SQL，所以学习 SQL 可以和很多数据库打交道。

(2) SQL 简单易学。SQL 的语句都是由描述性很强的英语单词组成的，而且这些单词的数目不多。

(3) SQL 虽然看上去很简单，但实际上是一种强有力的语言。灵活使用其语言元素，可以进行非常复杂和高级的数据库操作。

许多 DBMS 厂商通过增加语句或指令对 SQL 进行了扩展，其目的是提供执行特定操作的额外功能或者简化方法。标准 SQL 由美国国家标准学会(ANSI)管理，从而称为 ANSI SQL。所有主要的 DBMS，即使有自己的扩展，也都支持 ANSI SQL。各扩展有自己的名称，如 PL/SQL、Transact-SQL 等。

HiveQL 与这些扩展后的 SQL 类似，但需要注意的是，HiveQL 又不完全遵守任一种 ANSI SQL 标准的修订版。HiveQL 可能和 MySQL 的方言比较接近，但是两者有很多差异。比如 Hive 不支持行级插入操作、不支持事务等。HiveQL 主要是针对 Hive 的，虽然 HiveQL 也适应于 Impala 等组件，但使用 HiveQL 操作 HiveQL 和操作 Impala 等还是会有些区别的。

HiveQL 也支持 DDL(data definition language，数据定义语言)、DML(Data Manipulation Language，数据操纵语言)、DQL(Data Query Language，数据查询语言)，以及复杂查询等，后面会进一步讲解。

5.1.3 Hive 的应用场景

Hive 的应用主要有以下 4 种场景：

(1) Hive 依赖于 Hadoop，HDFS 作为 Hive 的底层存储，所以在作业提交和调度的时候往往需要大量的开销。

(2) Hive 无法在大规模数据集上实现低延迟的快速查询。例如，Hive 在几百 MB 的数据集上执行查询时，一般会有分钟级的时间延迟。所以，Hive 并不适合那些需要低延迟的应用。例如，联机事务处理(on-line transaction processing，OLTP)就不适用 Hive。

(3) 原生的 Hive 查询操作严格遵守 Hadoop MapReduce 的任务执行模型，Hive 将用户的类 SQL 语句(HiveQL 语句)通过解释器转换为 MapReduce 任务，然后提交到 Hadoop 集群上，Hadoop 监控任务的执行过程，然后返回任务执行结果给用户。

(4) Hive 在最开始并非为联机事务处理而设计，也不提供实时的查询和基于行级的数据更新操作。Hive 的使用场景往往是大数据集的批处理作业，如一年或者一个月的气候信息分析等。

5.1.4 Hive 与传统数据仓库比较

在 Hive 未出现之前，其实数据仓库早就已经存在，Hive 的独特之处在于其构建在 HDFS 之上。Hive 与传统数据仓库比较如表 5-1 所示。

表 5-1 Hive 与传统数据仓库比较

特点	Hive	传统数据仓库
存储位置	HDFS，理论上有无限拓展的可能	集群存储，存在容量上限，而且伴随容量的增长，计算速度急剧下降。只能适应于数据量比较小的商业应用，对于超大规模数据无能为力
执行引擎	可选择 MapReduce/Tez/Spark 多种计算引擎来充当	可以选择更加高效的算法来执行查询，也可以采取更多的优化措施来提高速度
使用方式	HiveQL	SQL
灵活性	元数据存储独立于数据存储之外，从而解耦合元数据和数据	灵活性低，数据用途单一
分析速度	计算依赖于集群规模，容易拓展，在大数据量情况下，其分析速度远远快于普通数据仓库的	在数据容量较小时非常快速，数据量较大时，急剧下降
索引	低效，目前还不完善	高效
易用性	需要自行开发应用模型，灵活度较高，但是易用性较低	集成一整套成熟的报表解决方案，可以较为方便地进行数据的分析
可靠性	数据存储在 HDFS 中，可靠性高，容错性高	可靠性较低，一次查询失败需要重新开始。数据容错依赖于硬件 Raid
依赖环境	依赖硬件较低，可适应一般的普通机器	依赖于高性能的商业服务器
开销成本	开源产品	商用比较昂贵

5.1.5 Hive 的优缺点

Hive 的优点有很多。比如，为降低对数据进行处理的成本，只需要学习简单的 HiveQL 就可以了。

1) Hive 的优点

Hive 主要有以下优点：

(1) 入门简单，上手快。只需要掌握 SQL 语言就能使用 Hive，降低了入门大数据的门槛，使不会编程的工作人员也能轻松进行大数据处理。使用类 SQL 语言具有成套的规范性，易于开发与维护。

(2) 提供统一的元数据管理。通过统一的元数据管理，Hive 可以实现描述信息的格式化，使数据可以供 Presto、Impala、SparkSQL 等 SQL 查询引擎使用。

(3) 可扩展。Hive 可以自定义存储格式与自定义函数(UDF/UDAF/UDTF)。在一些定制化场景中，内置的函数已经无法满足需求或者实现起来非常烦琐，此时就可以自己编写相应的存储格式和函数。

(4) 多接口。Hive 对外提供多接口，方便用户通过多种模式调用，比如 Beeline、JDBC、Thrift 、Python、ODBC 等。

2) Hive 的缺点

虽然 Hive 有许多优点，但是其存在以下缺点：

(1) 速度慢。由于 Hive 默认使用 MapReduce 作为计算引擎，而 MapReduce 的计算延迟较高(当然也有替换 MapReduce 的方案)，因此，Hive 只适合离线计算的场景。

(2) 不支持单条数据操作。此特性与底层使用 HDFS 存储相关。Hive 中的表数据使用 HDFS 来存储，用户不能任意修改 HDFS 中的数据，若要修改数据，则只能对整个文件进行替换。

5.2 Hive 的架构原理

5.2.1 Hive 的架构

Hive 的架构如图 5-1 所示。

(1) 元数据(MetaStore)：主要是表的名称、表的列、分区和属性、表的属性、表的数据所在目录等相关的信息，Hive 的元数据往往存储在关系型数据库中。

(2) 驱动(Driver)：负责管理 HiveQL 执行的生命周期，贯穿 Hive 任务的整个执行周期，其包含三个部分：

① 编译器(Compiler)：编译 HiveQL，将其转化为可执行的计划，此计划主要包含 MapReduce 需要执行的任务和步骤。

② 优化器(Optimizer)：包括逻辑优化器与物理优化器，分别负责对 HiveQL 生成的执行计划与 MapReduce 任务进行优化操作。

③ 执行器(Executor)：经过编译和优化，执行器对 MapReduce 任务进行跟踪和交互，并调度需要执行的任务。

(3) Thrift Server：作为 JDBC 和 ODBC 的服务端，提供 Thrift 接口，方便客户通过 C++、Java、Python 等语言连接 Hive。

(4) CLI(Command Line Interface)：是 Hive 命令行接口，为用户提供交互式的界面，方便用户对 Hive 进行建表、查询、分析等，也可使用户执行含有 Hive 语句的脚本。

(5) Web 接口(Web Interface)：是 Hive 为用户提供的一个可以进行远程访问的 Hive 服务，是 Hive 命令行接口的一个补充。(注意：Hive 2.2.0 版本之后，已经删除了此模块。)

(6) JDBC(Java Database Connectivity):J 是 Java 语言中用于与关系型数据库进行交互的标准 API。在 Hive 中，JDBC API 允许用户编写 Java 程序来执行 SQL 查询、更新数据等操作。

(7) ODBC(Open Database Connectivity):是一个开放的数据库连接标准，它提供了一个统一的接口，使得应用程序可以在不同的数据库管理系统之间进行数据传输。。在 Hive 中，ODBC 驱动程序允许用户使用其他编程语言(如 Python、R 等)编写程序来访问 Hive。

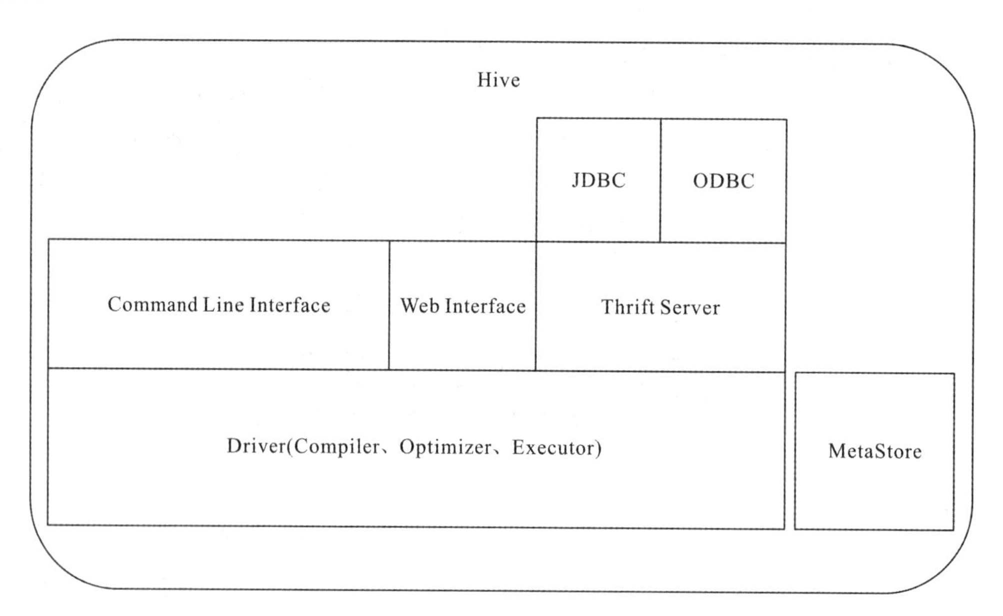

图 5-1　Hive 的架构

5.2.2　Hive 的存储模型与数据模型

1. 存储模型

众所周知，Hive 中的数据都存储在 HDFS 中。在使用 Hive 时，只需要指定列分隔符、行分隔符，Hive 就可以解析数据。Hive 的存储模型如图 5-3 所示。

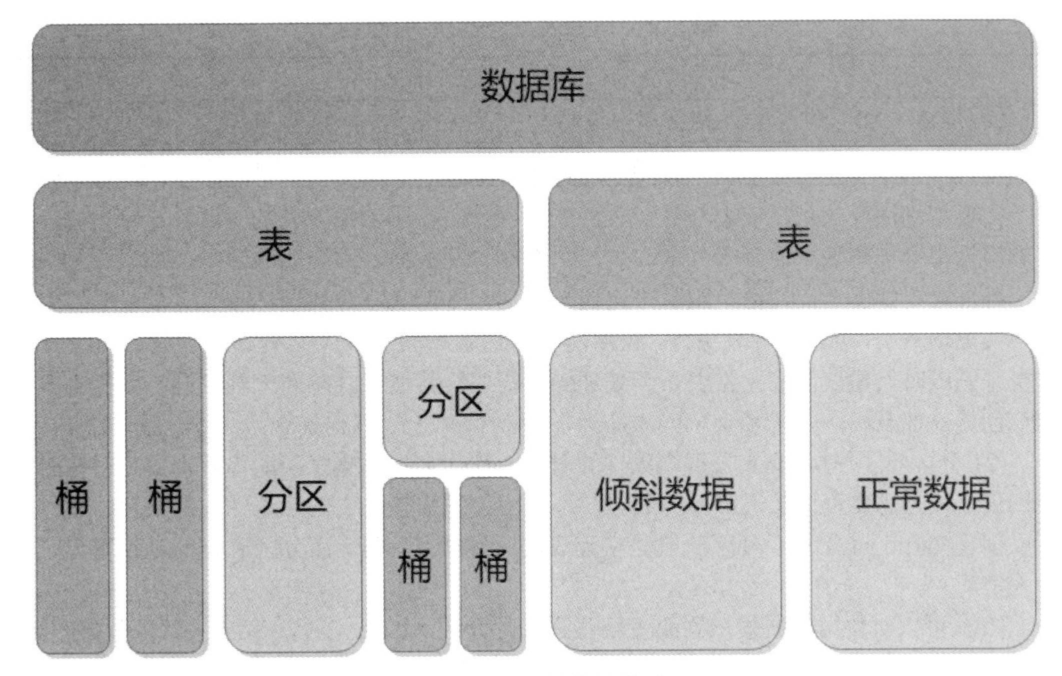

图 5-2　Hive 的存储模型

在图 5-2 所示的 Hive 存储模型中，相关概念的解释如下：

(1) 数据库。Hive 在创建表时，如果不指定数据库，那么默认使用 Hive 的默认数据库(default)。

(2) 表。表属于物理概念，对应于 HDFS 上存储 Hive 数据的文件夹。

(3) 分区。表可以根据某个字段的值划为不同的分区，每个分区对应着表所在目录下的一个子目录，合理使用分区可以提高查询效率。此外，分区数量不固定，分区下面还可再划分为分区或者桶。

(4) 桶(Bucket)。Hive 可以根据哈希值切分数据，将数据存放于不同的桶中，每一个桶对应一个文件，目的是便于进行并行处理。

(5) 倾斜数据。当数据集中在个别字段时，比如数据按照时间分区，90%的数据都在中午 12 点，而其他时间段数据很少，此时就出现了数据倾斜，这个集中时间段的数据可以理解为倾斜数据。

(6) 正常数据。正常数据是指不存在数据倾斜的数据。

2. 数据模型

数据模型主要包括托管表与外部表，分区表、桶表、视图。

(1) 托管表与外部表。Hive 可以创建托管表和外部表，默认创建托管表(有些书籍也称为内部表或者普通表)，创建此表时， Hive 会将数据移动到数据仓库指向的路径。如果创建的是外部表，则 Hive 仅记录数据所在的路径，不对数据的位置做任何改变，而到仓库目录以外的位置访问数据。创建托管表和外部表的区别在于，创建外部表时，需要多加一个“EXTERNAL”(或“external”)标识。

托管表与外部表的比较如表 5-2 所示。

表 5-2　托管表与外部表的比较

类　型	托 管 表	外 部 表
CREATE/LOAD	数据移到仓库目录	数据位置不移动
DROP	元数据和数据都会被删除	只删除元数据，不删除数据

需要特别注意的是托管表与外部表的删除操作。在删除托管表的时候，托管表的元数据和数据都会被删除；而删除外部表时，只会删除元数据，不会删除数据。所以，相对而言，外部表更加安全，数据组织起来也更加灵活，方便共享源数据。

实际场景中，创建哪种表更好，应该视情况而定。一般而言，当处理操作只需要由 Hive 自身来完成时，建议创建托管表。当处理操作需要与其他工具共同来处理同一数据集时，建议创建外部表。

(2) 分区表。使用 Hive 去查询数据的时候，往往会扫描整张表的内容，但是有些时候我们仅仅只是想要查询某一部分的数据，不想因为扫描整张表而带来性能的损耗，此时就可以创建 Partition(分区)。分区一般是在建表的时候就已建好，而分区表指的是指定分区的分区空间。

Hive 可以对数据根据某一列或者某些列进行分区。比如，有一张存放了气象数据的表，我们可以按照温度、湿度、雾霾指数等进行分区，当然，也可以按照某年、某月、某日进行分区。当我们需要查询数据的时候，不需要扫描整张表，仅仅扫描某个分区就可以了。比如，直接查询某个月的数据可以提高查询速度。

(3) 桶表。桶可以对应表或者分区所在路径下的一个文件，当它是分区所在路径下的一个文件时，如果用户想要更加细粒度的数据范围划分，则可以在分区建桶表。我们在创建表的时候，可以指定桶的个数，Hive 可根据某个字段的 Hash 值决定将数据放在哪个桶中。分桶也可以获得高效率的查询操作，桶概念对于数据抽样、多表关联操作的优化有很大的意义。

此处需要注意桶和分区的区别，分区可以理解为粗粒度的划分，而桶是更加细粒度的划分，分区在 HDFS 上的体现形式是文件夹，而桶是一个个文件。

(4) 视图。Hive 中的视图与传统关系型数据库中的是一样的。Hive 中的视图可以理解为一组数据的逻辑表示形式，本质上就是一条 SELECT 语句的结果集。在 Hive3.x 版本之前，视图都是没有关联存储的。在普通的查询中，我们可以引入视图，将视图的定义与查询结合起来使用。除此之外，我们可以用视图来限制特定的用户，使其只能访问被授权的表的子集。

5.2.3　Hive 的存储格式

通常情况下，因为 Hive 的数据存储在 HDFS 上，所以 Hive 的存储格式也是 Hadoop 通用的存储格式，主要有以下几种。

1) TextFile

当不指定存储格式时，Hive 默认使用的就是 TextFile 格式。使用这种存储格式时，是将数据直接以纯文本的方式存放到 HDFS 中，不会对数据进行压缩处理，所以磁盘开销和数据解析的开销都会比较大。

2) SequenceFile

SequenceFile 是 Hadoop API 提供的一种二进制存储格式，它将数据以<Key, Value>键值对的方式序列化到文件中。而 Hive 的 SequenceFile 继承自 Hadoop API 的 SequenceFile，两者的主要的区别是 Hive 的<Key, Value>键值对中的 Key 为空，这样主要是为了避免 MapReduce 在运行 Map 阶段进行排序。SequenceFile 支持三种压缩，即 NONE、RECORD、BLOCK。其中，RECORD 压缩率低，一般建议使用 BLOCK 压缩。

3) RCFile

RCFile(Record Columnar File)是 FaceBook 开源的一种 Hive 的存储格式，该存储格式集行存储和列存储的优点于一身。它遵循“先水平划分，再垂直划分”的设计理念，将表分为几个行组(Row Group)，对每个行组内的数据进行按列存储，每一列的数据都是分开存储的。RCFile 保证同一行的数据位于同一个机器节点，因此元组重构的开销很低。像列存储一样，RCFile 能够利用列维度的数据压缩，并且能跳过不必要的列进行读取，速度更快。

4) ORC

ORC(Optimized Row Columnar)是一种列式存储格式，其对 RCFile 做了一些优化。每个以 ORC 格式存储的文件首先会被横向切分成多个 Stripe，而每个 Stripe 内部以列存储，所有的列存储在一个文件中，每个 Stripe 默认的大小是 250MB，而 RCFile 默认的行组大小只有 4MB，所以 ORC 比 RCFile 更高效。ORC 可以降低 Hadoop 数据存储空间，还可以加快 Hive 查询速度。

5) Parquet

Parquet 格式最开始主要是用来存储嵌套式数据的，比如常见的 Protobuf、Thrift、JSON 等，将此类数据存储成列式格式，可以方便地进行高效的压缩和编码，而且可以用更少的 I/O 操作取出需要的数据。Parquet 格式可以与 Protobuf 和 Thrift 很好地结合，因此 Parquet 非常适用于 OLAP 的场景。

关于 Parquet 与 ORC 格式，人们可能有误区，这里将它们的不同点总结如下：

(1) 在支持嵌套式结构方面。Parquet 能够很完美地支持嵌套式结构，而 ORC 在支持嵌套式结构方面并不友好，使用起来不仅复杂，而且性能和空间都需要更大的开销。

(2) 在支持更新与 ACID(Atomicity(原子性)、Consistency(一致性)、Isolation(隔离性)、Durability(持久性))操作方面。ORC 格式支持更新与 ACID 操作，而 Parquet 并不支持。

(3) 在压缩空间与查询性能方面。在压缩空间与查询性能方面，Parquet 与 ORC 总体上相差不大，但 ORC 要稍好于 Parquet。

(4) 在支持查询引擎方面。Parquet 可能更有优势，支持 Hive、Impala、Presto 等各种查询引擎，而 ORC 与 Hive 接触得比较紧密，与 Impala 适配得并不好。之前我们说 Impala 不支持 ORC，直到 CDH 6.1.x 版本也就是 Impala3.x 才开始以 experimental feature 支持 ORC 格式。

在很多场景下，至于是选择 Parquet 还是选择 ORC，可以根据实际情况进行选择。但如果不是一定要使用 ORC，建议优先选择 Parquet。

6) Avro

Avro 是一种将数据进行序列化的存储格式，用于支持大批量数据交换的应用。它的主要特点是支持二进制序列化方式，可以便捷、快速地处理大量数据；动态语言友好，Avro 提供的机制使动态语言可以方便地处理以 Avro 格式存储的数据。

7) 自定义文件格式

用户可以通过实现 InputFormat 和 OutputFormat 来自定义输入和输出格式，实现特有的文件格式。

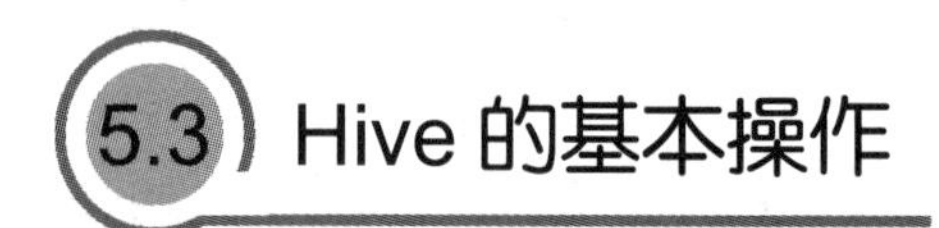

5.3 Hive 的基本操作

下面分别使用托管表与外部表形式创建表。数据格式示例：1,huawei,1000.0

(1) 创建托管表，代码如下：

```
CREATE TABLE IF NOT EXISTS example.employee(
Id INT COMMENT 'employeeid',
Company STRING COMMENT 'your company',
Money FLOAT   COMMENT 'work money',)
ROW FORMAT DELIMITED FIELDS TERMINATED BY ','
STORED AS TEXTFILE;
```

(2) 创建外部表，代码如下：

```
CREATE EXTERNAL TABLE IF NOT EXISTS example.employee(
Id INT COMMENT 'employeeid',
Company STRING COMMENT 'your company',
Money FLOAT   COMMENT 'work money',) ROW FORMAT DELIMITED FIELDS
TERMINATED BY ','
STORED AS TEXTFILE LOCATION '/localtest';
```

(3) 语法说明，具体如下：

① COMMENT ：注释。

② IF NOT EXISTS ：判断表是否存在，若表存在，则不创建；否则创建。

③ ROW FORMAT DELIMITED FIELDS TERMINATED BY',':指定表字段分割符为','。

④ STORED AS TEXTFILE：指定该表存储格式为 TextFile。

对 Hive 的基本操作，后面还有更加详细的讲解。

5.4 HiveQL 的 应 用

5.4.1 数据定义语言(DDL)讲解

创建表的语法代码如下：

```
CREATE [EXTERNAL] TABLE [IF NOT EXISTS] table_name
  [(col_name data_type [COMMENT col_comment], ...)]
  [COMMENT table_comment]
  [PARTITIONED BY (col_name data_type [COMMENT col_comment], ...)]
```

```
[CLUSTERED BY (col_name, col_name, ...)
[SORTED BY (col_name [ASC|DESC], ...)] INTO num_buckets BUCKETS]
[ROW FORMAT row_format]
[STORED AS file_format]
[LOCATION hdfs_path]
```

上述代码中一些关键字的解释如下：

① CREATE TABLE：用于创建一个指定名字的表。如果相同名字的表已经存在，则抛出异常。用户可以用 IF NOT EXIST 选项来忽略这个异常。

② EXTERNAL 关键字：可以让用户创建一个外部表，在建表的同时指定一个指向实际数据的路径(LOCATION)。

③ COMMENT：可以为表示与字段增加描述。

④ PARTITIONED BY:指定分区的列，用于将数据按照某个字段进行分区存储。例如，想将销售数据按照月份进行分区，可以这样写：PARTITIONED BY (order_date STRING)。

⑤ CLUSTERED BY:指定分桶的列，用于将数据按照某个字段进行排序和分组。例如，想按照订单号对销售数据进行排序和分组，可以这样写：CLUSTERED BY (order_id INT)。

⑥ SORTED BY:指定排序方式，用于将数据按照某个字段进行排序。例如，按照订单金额从小到大对销售数据进行排序，可以这样写：SORTED BY (amount DOUBLE) ASC。COMMENT 可以为表与字段增加描述。

⑦ ROW FORMAT：行格式是指一行中的字段存储格式，可以指定合通的分隔符来映射字段。ROW FORMAT 的指定规则参考如下：

```
DELIMITED
CFIELDS TERMINATED BY char]
[COLLECTION ITEMS TERMINATED BY char]
[MAP KEYS TERMINATED BY char]
[LINES TERMINATED BY char]
| SERDE serde_ name
[WITH SERDEPROPERTIES
(property name property value, property name property valuc, .
```

在创建表的过程中，用户可以选择自定义 SerDe 或使用自带的 SerDe。如果没有指定 ROW FORMAT 或者 ROW FORMAT DELIMITED，将会使用自带的 SerDe。在创建表的时候，用户还需要为表指定列，同时也可以指定自定义的 SerDe。Hive 通过 SerDe 确定表的具体列的数据。

⑧ STORED AS：指定文件存储格式，默认指定 TextFile 格式。STORED AS 的指定规则参考如下：

```
STORED AS
    SEQUENCEFILE
    | TEXITFILE
    | RCFILE
    | ORCFILE
```

```
| PARQUET
| AVRO
|        INPUTFORMAT input format classname OUTPUTFORMAT output format
classname
```

⑨ LOCATION:指定与数据库表对应的 HDFS 实际路径。

5.4.2　数据操纵语言(DML)讲解

1. 加载表数据

从本地或者 HDFS 加载表数据，代码如下：

```
LOAD DATA [LOCAL] INPATH 'filepath' [OVERWRITE] INTO TABLE tablename [PARTITION
(partcol1=val1, partcol2=val2 ...)]
```

LOCAL：加上表示从本地加载数据，默认不加，表示从 HDFS 中加载数据。

OVERWRITE：加上表示覆盖表中数据，不加则表示追加内容。

2. 导出表数据

导出数据到本地或者 HDFS，代码如下：

```
INSERT OVERWRITE [LOCAL] DIRECTORY directory1
    [ROW FORMAT row_format] [STORED AS file_format] (Note: Only available starting with Hive
0.11.0)
    SELECT ... FROM ...
```

LOCAL：加上表示导出数据到本地，默认不加，表示导出数据到 HDFS 中。

5.4.3　数据查询语言(DQL)讲解

常用的 DQL 操作示例如下：

(1) 常用聚合操作。

① count：计数。

count(*)：所有值不全为 NULL 时，值加 1。

count(1)：不管有没有值，只要有这条记录，值就加 1。

count(col)：col 列里的值为 NULL，值不加 1，这个列里面的值不为 NULL，值才加 1。

② sum：求和。

sum(可转成数字的值)：返回 bigint。

③ avg：求平均值。

avg(可转成数字的值)：返回 double。

④ distinct：去重。

count(distinct col)：返回不同值的个数。

(3) 使用场景说明。

① Reduce 操作受限于 Reduce 任务的数量，可以通过设置 mapred.reduce.tasks 参数来增加 Reduce 任务的数量，从而提高 Reduce 操作的效率。例如，将 mapred.reduce.tasks 设置为 50，表示同时运行 50 个 Reduce 任务。

② 输出文件个数与Reduce任务数量相同，文件大小与Reduce任务处理的数据量有关。这意味着每个 Reduce 任务都会生成一个输出文件，文件大小取决于该任务处理的数据量。如果某个 Reduce 任务处理的数据量较大，那么它生成的输出文件也会相应地较大。

③ 数据倾斜是指在某些情况下，某些 group by key 的值出现的频率过高，导致某些 Reduce 任务处理的数据量过大，从而影响整个作业的性能。为了避免数据倾斜，可以设置 hive.groupby.skewindata 参数为 true，使得每个 Reduce 任务处理的数据量大致相等。

技能实训

实训 5.1 Hive 的安装与部署

1. 实训目的

通过本实训，理解 Hive 的安装及配置操作，完成 Hive 以及 MySQL 的安装，理解 Hive 的三种部署模式中的两种，并了解这两种部署模式在操作流程上的区别。

2. 实训内容

该实训主要介绍 Hive 的部署，包含 Hive 的内嵌模式以及本地 MySQL 模式。

3. 实训要求

以小组为单元进行实训，每小组 5 人，小组自主协商选出一位组长。由组长安排和分配实训任务，安装 MySQL 时要求能联网，但本实训平台是可以联网的。

4. 准备知识

MySQL 是一个开源的 RDBMS(Relational Database Management System，关系型数据库管理系统)，目前属于 Oracle 旗下产品。MySQL 是最流行的关系型数据库管理系统之一，在 Web 应用方面，MySQL 是最好的 RDBMS 应用软件。

5. 实训步骤

1) 部署模式一：内嵌模式

(1) 准备安装包。

将 apache-hive-3.1.3-bin.tar.gz 压缩包上传至 master 节点的/root/package 目录下。查询 Hive 的安装包是否上传成功，查询结果如图 5-3 所示。

```
[root@master ~]# cd /root/package
[root@master package]#
[root@master package]# ll
total 1500352
-rw-r--r--. 1 root root 326940667 Nov  3 11:04 apache-hive-3.1.3-bin.tar.gz
-rw-r--r--. 1 root root   9890010 Oct 31 09:44 apache-zookeeper-3.5.10-bin.tar.g
z
-rw-r--r--. 1 root root 695457782 Oct 27 17:04 hadoop-3.3.4.tar.gz
-rw-r--r--. 1 root root 314303339 Oct 31 10:16 hbase-2.5.0-bin.tar.gz
-rw-r--r--. 1 root root 189756259 Oct 27 17:05 jdk-8u161-linux-x64.tar.gz
[root@master package]#
```

图 5-3 查询安装包

(2) 安装及配置 Hive。

解压 apache-hive-3.1.3-bin.tar.gz，这里解压在/opt/software 目录下，命令如下：

```
tar -zxvf apache-hive-3.1.3-bin.tar.gz -C /opt/software/
```

设置 Hive 的配置文件(hive-env.sh)，添加 HADOOP_HOME，命令如下：

```
cd /opt/software/apache-hive-3.1.3-bin/conf

cp hive-env.sh.template hive-env.sh

vim hive-env.sh
```

添加 Hadoop 安装路径，执行如下命令：

```
HADOOP_HOME=/opt/software/hadoop-3.3.4
```

添加结果如图 5-4 所示。

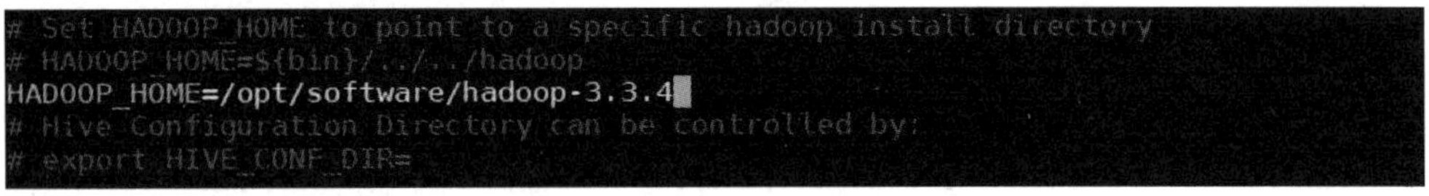

```
# Set HADOOP_HOME to point to a specific hadoop install directory
# HADOOP_HOME=${bin}/../../hadoop
HADOOP_HOME=/opt/software/hadoop-3.3.4
# Hive Configuration Directory can be controlled by:
# export HIVE_CONF_DIR=
```

图 5-4　添加 HADOOP_HOME 环境

(3) 替换 JAR 包并解决 JAR 包冲突。替换 yarn/lib 目录下的 jline 的 JAR 包为 Hive 安装目录下的 jline 的 JAR 包(操作的时候注意选择性替换)，命令如下：

```
cd ../lib

mv guava-19.0.jar guava-19.0.jar.bak

cp /opt/software/hadoop-3.3.4/share/hadoop/common/lib/guava-27.0-jre.jar /opt/software/apache-hive-3.1.3-bin/lib/guava-27.0.jar
```

解决日志 JAR 包冲突，此处修改 lib 目录下的 log4j-slf4j-impl-2.17.1.jar 的名称即可，命令如下：

```
mv log4j-slf4j-impl-2.17.1.jar log4j-slf4j-impl-2.17.1.jar.bak
```

(4) 配置环境变量，执行如下命令：

```
vim /etc/profile
```

添加以下内容：

```
export HIVE_HOME=/opt/software/apache-hive-3.1.3-bin
export PATH=$PATH:$HIVE_HOME/bin
```

配置生效，执行如下命令：

```
source /etc/profile
```

(5) 初始化元数据库。内嵌模式时 Hive 使用的是自带的 Derby 数据库，此时可以使用 bin 目录下的 schematool 初始化元数据，命令如下：

```
cd ../bin

./schematool -dbType derby -initSchema
```

初始化成功后，会提示以下内容：

```
Initialization script completed
schemaTool completed
```

同时，bin 目录下新生成了一个 metastore_db 文件夹和一个 derby.log 文件。

(6) 执行 hive 命令进入 Hive 操作页面，如图 5-5 所示。

```
[root@master bin]# hive
Hive Session ID = 59c55859-b463-465e-9a68-da6e75c33b25

Logging initialized using configuration in jar:file:/opt/software/apache-hive-3.
1.3-bin/lib/hive-common-3.1.3.jar!/hive-log4j2.properties Async: true
Hive-on-MR is deprecated in Hive 2 and may not be available in the future versio
ns. Consider using a different execution engine (i.e. spark, tez) or using Hive
1.X releases.
Hive Session ID = 932353a0-3091-4ff6-b599-7c458ddaa164
hive> 
```

图 5-5　Hive 操作页面

说明：因为 Hive 依赖于 HDFS，所以需要先启动 HDFS，命令如下：

```
hive
```

(7) 测试 Hive 是否能正常执行操作，查询 Hive 中的表，命令如下：

```
show tables;
```

结果如图 5-6 所示。

```
hive> show tables;
OK
Time taken: 0.694 seconds
hive> 
```

图 5-6 查看 Hive 中表的结果

查询 Hive 中的内置函数，命令如下：

```
show functions;
```

结果如图 5-7 所示。

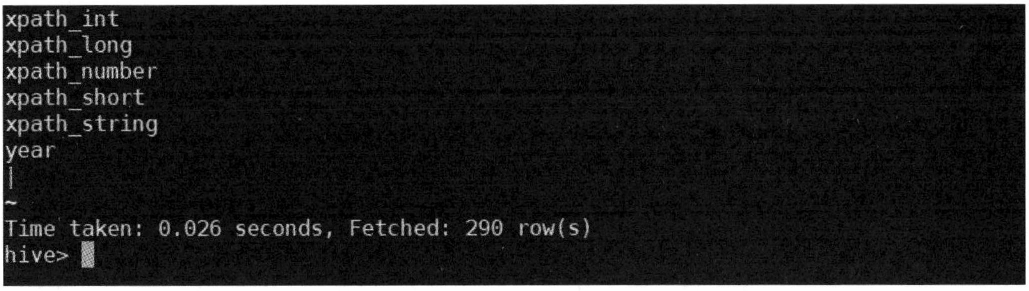

```
xpath_int
xpath_long
xpath_number
xpath_short
xpath_string
year
|
~
Time taken: 0.026 seconds, Fetched: 290 row(s)
hive> 
```

图 5-7　查看 Hive 中内置函数的结果

2) 部署模式二：本地 MySQL 模式

在本地 MySQL 模式中，Hive 的元数据将会存储在 MySQL 中，所以需要安装 MySQL。本次实训安装的 MySQL 版本为 MySQL 8.0.30。

(1) 上传安装 MySQL 所需的 Rpm 包并安装。

所需要的 Rpm 包一共有以下六个：

```
mysql-community-common-8.0.30-1.el7.x86_64.rpm
mysql-community-client-plugins-8.0.30-1.el7.x86_64.rpm
mysql-community-libs-8.0.30-1.el7.x86_64.rpm
mysql-community-client-8.0.30-1.el7.x86_64.rpm
mysql-community-icu-data-files-8.0.30-1.el7.x86_64.rpm
mysql-community-server-8.0.30-1.el7.x86_64.rpm
```

将 Rpm 包上传到 master 节点，然后依次执行安装命令即可(注意有顺序要求)。按照以下命令执行：

```
rpm -ivh mysql-community-common-8.0.30-1.el7.x86_64.rpm

rpm -ivh mysql-community-client-plugins-8.0.30-1.el7.x86_64.rpm
```

安装 libs 之前，需要卸载已经存在的 mysql-libs，命令如下：

```
yum remove -y mysql-libs
```

执行完后，继续安装，命令如下：

```
rpm -ivh mysql-community-libs-8.0.30-1.el7.x86_64.rpm

rpm -ivh mysql-community-client-8.0.30-1.el7.x86_64.rpm

rpm -ivh mysql-community-icu-data-files-8.0.30-1.el7.x86_64.rpm

rpm -ivh mysql-community-server-8.0.30-1.el7.x86_64.rpm
```

如果安装 mysql-community-server-8.0.30-1.el7.x86_64.rpm 时报错，并提示需要先安装 net-tools，则先使用以下命令安装 net-tools 再继续安装：

```
yum install -y net-tools
```

(2) 配置并启动 MySQL。完成安装后，需要设置 MySQL 数据库编码格式，在/etc 文件夹内新建 my.conf 文件。

```
vim /etc/my.conf
```

在 my.conf 文件下面添加以下内容：

```
[client]
default-character-set=utf8
[mysql]
default-character-set=utf8
[mysqld]
character_set_server=utf8
```

启动 MySQL 服务，命令如下：

```
systemctl start mysqld
```

启动之后，可以在 master 节点的/var/log/mysqld.log 文件内查找初始随机密码。例如，本次实训的密码为“wkqrodxEN7,N”。查找初始随机密码的结果如图 5-8 所示。

```
2022-11-09T03:32:30.211590Z 0 [System] [MY-013169] [Server] /usr/sbin/mysqld (mysqld 8.0.30) initializing of server in progress as process 1421
2022-11-09T03:32:30.253563Z 1 [System] [MY-013576] [InnoDB] InnoDB initialization has started.
2022-11-09T03:32:32.130001Z 1 [System] [MY-013577] [InnoDB] InnoDB initialization has ended.
2022-11-09T03:32:33.477248Z 6 [Note] [MY-010454] [Server] A temporary password is generated for root@localhost: wkqrodxEN7,N
2022-11-09T03:32:37.480705Z 0 [System] [MY-010116] [Server] /usr/sbin/mysqld (mysqld 8.0.30) starting as process 1469
2022-11-09T03:32:37.517407Z 1 [System] [MY-013576] [InnoDB] InnoDB initialization has started.
2022-11-09T03:32:38.566717Z 1 [System] [MY-013577] [InnoDB] InnoDB initializatio
```

图 5-8　查找初始随机密码的结果

使用初始密码登录 MySQL，命令如下：

```
mysql -uroot -p'wkqrodxEN7,N'
```

登录 MySQL 的结果如图 5-9 所示。

```
[root@master mysql-rpm]# mysql -uroot -p'wkqrodxEN7,N'
mysql: [Warning] Using a password on the command line interface can be insecure.
Welcome to the MySQL monitor.  Commands end with ; or \g.
Your MySQL connection id is 9
Server version: 8.0.30

Copyright (c) 2000, 2022, Oracle and/or its affiliates.

Oracle is a registered trademark of Oracle Corporation and/or its
affiliates. Other names may be trademarks of their respective
owners.

Type 'help;' or '\h' for help. Type '\c' to clear the current input statement.

mysql>
```

图 5-9　登录 MySQL 的结果

(3) 修改 MySQL 的登录密码。

先重置初始密码为符合复杂度规则的新密码，命令如下：

```
alter user root@localhost identified by "@Hadoop_123456";
```

设置新密码的验证策，略为 0，表示最低，命令如下：

```
set global validate_password.policy=0;
```

设置新密码的长度最小值为 6 位，命令如下：

```
set global validate_password.length=6;
```

设置新密码为 123456，命令如下：

```
alter user root@localhost identified by '123456';
```

修改好后，使用 quit 退出 MySQL 终端，重新使用密码(123456)登录。给 root 用户设置远程登录权限，命令如下：

```
create user root@'%' identified by '123456';


grant all privileges on *.* to root@'%' with grant option;
```

重新刷新权限表，命令如下：

```
flush privileges;
```

重新登录，命令如下：

```
exit;
```

退出后再重新启动 MySQL 服务，命令如下：

```
service mysqld restart
```

设置 MySQL 开机启动，命令如下：

```
chkconfig mysqld on
```

(4) 配置 Hive 的元数据存储在 MySQL 中。

在 hive-site.xml 中配置 MySQL 相关信息，因为 Hive 中没有 hive-site.xml 文件，所以直接创建，命令如下：

```
cd /opt/software/apache-hive-3.1.3-bin/conf

vim hive-site.xml
```

添加下面内容：

```
<configuration>
    <property>
        <name>javax.jdo.option.ConnectionURL</name>
        <value>jdbc:mysql://master:3306/hive?createDatabaseIfNotExist=true</value>
        <description>MySQL 的连接协议</description>
    </property>
    <property>
        <name>javax.jdo.option.ConnectionDriverName</name>
        <value>com.mysql.cj.jdbc.Driver</value>
        <description>MySQL 数据库连接驱动</description>
    </property>
    <property>
        <name>javax.jdo.option.ConnectionUserName</name>
        <value>root</value>
        <description>MySQL 数据库的用户名</description>
    </property>
    <property>
        <name>javax.jdo.option.ConnectionPassword</name>
        <value>123456</value>
        <description>MySQL 数据库的密码</description>
    </property>
</configuration>
```

(5) 上传 MySQL 驱动包到$HIVE_HOME/lib/。

首先将驱动包上传到/root/package 目录下，然后复制到$HIVE_HOME/lib/目录下，命令如下：

```
cp /root/package/mysql-connector-java-8.0.30.jar /opt/software/apache-hive-3.1.3-bin/lib/
```

(6) 初始化元数据库，命令如下：

```
cd /opt/software/apache-hive-3.1.3-bin/bin

./schematool -dbType mysql -initSchema
```

执行后，出现以下情况则表示成功：

```
Initialization script completed
schemaTool completed
```

并且也可以在 MySQL 中新生成一个名称为 hive 的数据库。

(7) 启动 Hive(启动之前，需要先启动 HDFS)，命令如下：

```
hive
```

登录 Hive 如图 5-10 所示。

```
[root@master bin]# hive
Hive Session ID = 60058251-dc33-442e-9d00-f58b70d09f30

Logging initialized using configuration in jar:file:/opt/software/apache-hive-3.
1.3-bin/lib/hive-common-3.1.3.jar!/hive-log4j2.properties Async: true
Hive-on-MR is deprecated in Hive 2 and may not be available in the future versio
ns. Consider using a different execution engine (i.e. spark, tez) or using Hive
1.X releases.
Hive Session ID = 77dee1f4-2879-4ec4-9a92-5ea37b781039
hive>
```

图 5-10　登录 Hive

(8) 切换终端窗口来登录 MySQL，使用 MySQL 中的 hive 数据库，发现没有报错。同样，也可以看到 hive 数据库中内置的表，如图 5-11。

```
mysql> show databases;
+--------------------+
| Database           |
+--------------------+
| hive               |
| information_schema |
| mysql              |
| performance_schema |
| sys                |
+--------------------+
5 rows in set (0.00 sec)

mysql>
mysql> use hive
Reading table information for completion of table and column names
You can turn off this feature to get a quicker startup with -A

Database changed
mysql>
mysql> show tables;
```

图 5-11　在 MySQL 中查看 hive 数据库中内置的表

查询表结果如图 5-12 所示。

```
| TAB_COL_STATS              |
| TBLS                       |
| TBL_COL_PRIVS              |
| TBL_PRIVS                  |
| TXNS                       |
| TXN_COMPONENTS             |
| TXN_TO_WRITE_ID            |
| TYPES                      |
| TYPE_FIELDS                |
| VERSION                    |
| WM_MAPPING                 |
| WM_POOL                    |
| WM_POOL_TO_TRIGGER         |
| WM_RESOURCEPLAN            |
| WM_TRIGGER                 |
| WRITE_SET                  |
+----------------------------+
74 rows in set (0.01 sec)

mysql>
```

图 5-12 查询表结果

6. 实训总结

本实训从简单到难，一步一步安装了 MySQL。通过配置，将 Hive 的元数据保存到本地 MySQL 中。对 MySQL 不熟悉的同学可以自行了解本实训中 MySQL 语句的具体含义。

注意：在本实训中安装 MySQL 时必须确保虚拟机能联网。

实训 5.2 数据定义操作的具体实现

1. 实训目的

通过本实训，理解 HiveQL 与 SQL 的区别，掌握数据库的 DDL 操作和表的 DDL 操作。

2. 实训内容

本实训主要介绍 HiveQL 与 SQL 在语法和用法上的区别，并分别进行数据库的 DDL 操作和表的 DDL 操作。

3. 实训要求

以小组为单元进行实训，每小组 5 人，小组自主协商选出一位组长。由组长安排和分配实训任务，注意对比 HiveQL 与 SQL 的区别，避免在使用的时候出现语法错误。

4. 准备知识

Hive 的查询语言是 HiveQL，HiveQL 支持 SQL-92 标准，所以其和 SQL 非常相似。但由于 Hive 是基于 Hadoop 的，而 SQL 通常是基于关系型数据库的，因此 HiveQL 与 SQL 相比有一些区别和局限。

HiveQL 与 SQL 的区别具体如下：

1) 语法的区别

(1) 两表内联。

SQL 中两表内联的格式可以为以下两种方式：

方式一：select * from dual a,dual b where a.Key = b.Key;

方式二：select * from dual a join dual b on a.Key = b.Key;

而 HiveQL 中不能使用 where 子句中的等号（=）来连接两个表，必须使用 on 子句。所以，HiveQL 只能使用上面的方式二，而类似于下面这种写法是错误的：

select t1.a1 as c1, t2.b1 as c2 from t1, t2 where t1.a2 = t2.b2;

(2) 分号字符。

分号是 SQL 语句和 HiveQL 的结束标记，但在 HiveQL 中，如果直接使用分号，Hive 会认为 HiveQL 语句已结束，所以需要将分号改成八进制的 ASCII 码。例如，对于下面的语句：

```
select concat(Key,concat(';',Key)) from dual;
```

SQL 可以执行，但是 HiveQL 会报错，应用下面语句：

```
select concat(Key,concat('\073',Key)) from dual;
```

(3) IS [NOT] NULL。

SQL 中 NULL 代表空值，但在 HiveQL 中，String 类型的字段若是空(empty)字符串，即长度为 0。则对它进行 IS NULL 的判断结果是 False，即非空。

(4) Hive 不支持将数据插入现有的表或分区中，仅支持覆盖重写整个表。

(5) Hive 不支持 INSERT INTO 表 Values()、UPDATE、DELETE 等操作。

(6) Hive 支持嵌入 Mapreduce 程序来处理复杂的逻辑。

(7) Hive 支持将转换后的数据直接写入不同的表，还能写入分区、HDFS 和本地目录。

2) 用法的区别

(1) HiveQL 不支持行级别的增、改、删，所有数据在加载时就已经确定，不可更改。

(2) HiveQL 支持基本数据类型和复杂数据类型，而 SQL 只支持基本数据类型。

(3) HiveQL 不支持事务。

(4) HiveQL 支持分区存储。

5. 实训步骤

(1) 数据库的 DDL 操作。

① 创建数据库 test。默认对应的 HDFS 目录为/user/hive/warehouse 的文件夹，命名格式为数据库名.db，命令如下：

```
create database test;
```

可以使用另外一个终端查看到 HDFS 中已创建的 test 数据库所对应的文件夹目录，如图 5-13 所示。

```
[root@master conf]# hdfs dfs -ls /user/hive/warehouse
Found 1 items
drwxr-xr-x   - root supergroup          0 2022-11-09 14:01 /user/hive/warehouse/test.db
```

图 5-13　创建 test.db 数据库

当想要新建 test1 数据库时，如果 test1 存在，则不创建，若不存在，则创建，命令如下：

```
create database if not exists test1;
```

在指定路径下创建数据库(数据库名称为 mydb)，命令如下：

```
create database test2 location '/myhive/mydb';
```

可以看到在指定的路径创建了数据库，如图 5-14 所示。

```
[root@master conf]# hdfs dfs -ls /myhive
Found 1 items
drwxr-xr-x   - root supergroup          0 2022-11-09 14:03 /myhive/mydb
```

图 5-14　创建 mydb 数据库

创建 test3 数据库，并为数据库添加描述信息，命令如下：

```
create database test3 comment 'my test db'
with dbproperties ('creator'='lisi','date'='2023-10-1');
```

此时，可以在 MySQL 中查询所创建的数据库以及相关的描述信息，如图 5-15 所示。

```
mysql> select * from DBS;
+-------+-----------------------+----------------------------------------------------+
| DB_ID | DESC                  | DB_LOCATION_URI                                    |
+-------+-----------------------+----------------------------------------------------+
|     1 | Default Hive database | hdfs://master:8020/user/hive/warehouse             |
|     2 | NULL                  | hdfs://master:8020/user/hive/warehouse/test.db     |
|     3 | NULL                  | hdfs://master:8020/user/hive/warehouse/test1.db    |
|     4 | NULL                  | hdfs://master:8020/myhive/mydb                     |
|     5 | my test db            | hdfs://master:8020/user/hive/warehouse/test3.db    |
+-------+-----------------------+----------------------------------------------------+
5 rows in set (0.00 sec)

mysql>
mysql> select * from DATABASE_PARAMS;
+-------+-----------+-------------+
| DB_ID | PARAM_KEY | PARAM_VALUE |
+-------+-----------+-------------+
|     5 | creator   | lisi        |
|     5 | date      | 2023-10-1   |
+-------+-----------+-------------+
2 rows in set (0.00 sec)

mysql>
```

图 5-15　查看所创建的数据库

在 MySQL 中执行如下命令：

```
select * from DBS;

select * from DATABASE_PARAMS;
```

② 查询目前所有的数据库，命令如下：

```
show databases;
```

查询结果如图 5-16 所示。

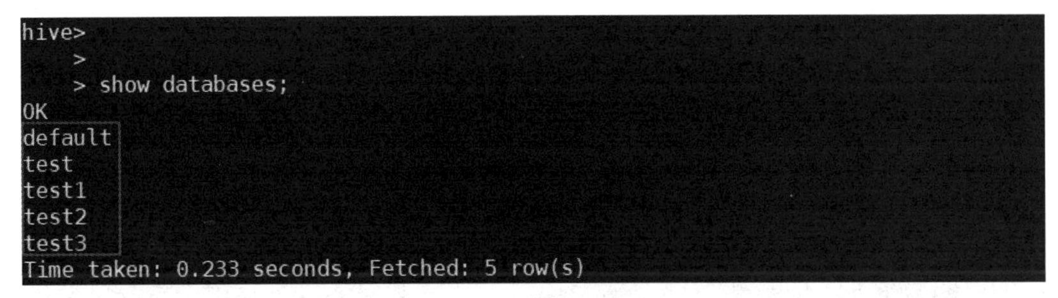

图 5-16　查询所有数据库

③ 查看以 test 开头的数据库，命令如下：

```
show databases like 'test*';
```

查询结果如图 5-17 所示。

```
hive>
    > show databases like 'test*';
OK
test
test1
test2
test3
Time taken: 0.068 seconds, Fetched: 4 row(s)
```

图 5-17　test 开头的数据库

④ 查看 test3 数据库的详细信息，命令如下：

```
desc database test3;
```

查询结果如图 5-18 所示。

```
hive>
    > desc database test3;
OK
test3   my test db      hdfs://master:8020/user/hive/warehouse/test3.db root    USER
Time taken: 0.045 seconds, Fetched: 1 row(s)
```

图 5-18　test3 数据库的详细信息

⑤ 在上面的基础上，如果想查看 test3 数据库更详细的信息，可以加个参数 extended，命令如下：

```
desc database extended test3;
```

查询结果如图 5-19 所示。

```
hive> desc database extended test3;
OK
test3   my test db      hdfs://master:8020/user/hive/warehouse/test3.db root    USER
{date=2023-10-1, creator=lisi}
```

图 5-19　test3 数据库更详细信息

⑥ 切换数据库。如果不指定数据库，那么默认使用的就是 default，现在我们使用 test3 数据库，命令如下：

```
use test3;
```

⑦ 修改数据库的 modifier，命令如下：

```
alter database test3 set dbproperties ('modifier'='teacher shao');
```

执行结束后再重新查看详情，发现已经有相应的结果，如下：

```
desc database extended test3;
```

修改并查看 modifier 属性结果如图 5-20 所示。

```
hive> alter database test3 set dbproperties ('modifier'='teacher shao');
OK
Time taken: 0.094 seconds
hive> desc database extended test3;
OK
test3   my test db      hdfs://master:8020/user/hive/warehouse/test3.db root    USER
{date=2023-10-1, creator=lisi, modifier=teacher shao}
Time taken: 0.038 seconds, Fetched: 1 row(s)
hive>
```

图 5-20　修改并查看 modifier 属性信息的结果

⑧ 删除 test3 数据库，命令如下：

```
drop database if exists test3;
```

删除 test3 数据库的结果如图 5-21 所示。

```
hive>
    > show databases like "test*";
OK
test
test1
test2
Time taken: 0.027 seconds, Fetched: 3 row(s)
```

图 5-21　删除 test3 数据库的结果

删除时如果报如下错误：InvalidOperationException(message:Database test3 is not empty. One or more tables exist.)，则需要如下处理：当数据库中有 0 或多个表时，不能直接删除，需要先删除表再删除数据库；当删除含有表的数据库时，在删除时加上 cascade，表示级联删除(慎用)，命令如下：

```
drop database if exists test3 cascade;
```

(2) 表的 DDL 操作。

① 创建表，命令如下：

```
use test2;
```

创建 emp 表的代码如下：

```
create table emp(
empno int,
ename string,
job string,
mgr int,
hiredate string,
sal double,
comm double,
deptno int
)
row format delimited fields terminated by ',';
```

创建结果如图 5-22 所示。

```
hive>
    > use test2;
OK
Time taken: 0.035 seconds
hive> create table emp(
    > empno int,
    > ename string,
    > job string,
    > mgr int,
    > hiredate string,
    > sal double,
    > comm double,
    > deptno int
    > )
    > row format delimited fields terminated by ',';
OK
Time taken: 0.119 seconds
hive> show tables;
OK
emp
Time taken: 0.034 seconds, Fetched: 1 row(s)
```

图 5-22　创建 emp 表的结果

② 新建一个会话终端并登录 master 节点，在 master 上准备数据，命令如下：

```
vim /root/datas/emp.txt


7369,SMITH,CLERK,7902,1980-12-17,800.00,20
7499,ALLEN,SALESMAN,7698,1981-2-20,1600.00,300.00,30
7521,WARD,SALESMAN,7698,1981-2-22,1250.00,500.00,30
7566,JONES,MANAGER,7839,1981-4-2,2975.00,20
7654,MARTIN,SALESMAN,7698,1981-9-28,1250.00,1400.00,30
7698,BLAKE,MANAGER,7839,1981-5-1,2850.00,30
7782,CLARK,MANAGER,7839,1981-6-9,2450.00,10
7788,SCOTT,ANALYST,7566,1987-4-19,3000.00,20
7839,KING,PRESIDENT,1981-11-17,5000.00,10
7844,TURNER,SALESMAN,7698,1981-9-28,1500.00,0.00,30
7876,ADAMS,CLERK,7788,1987-5-23,1100.00,20
7900,JAMES,CLERK,7698,1981-12-3,950.00,30
7902,FORD,ANALYST,7566,1981-12-3,3000.00,20
7934,MILLER,CLERK,7782,1982-1-23,1300.00,10
8888,HIVE,PROGRAM,7839,1988-1-23,10300.00
```

③ 返回 Hive 操作页面，执行以下命令将数据导入到 hive 数据库中：

```
load data local inpath '/root/datas/emp.txt' overwrite into table emp;
```

导入结果如图 5-23 所示。

```
hive> load data local inpath '/root/datas/emp.txt' overwrite into table emp;
Loading data to table test2.emp
OK
Time taken: 1.67 seconds
```

图 5-23　向 emp 表中导入数据的结果

④ 复制表(只拷贝表结构，没有数据)，命令如下：

```
create table emp2 like emp;

select * from emp2;
```

复制表的结果如图 5-24 所示。

```
hive> create table emp2 like emp;
OK
Time taken: 0.141 seconds
hive> select * from emp2;
OK
Time taken: 2.095 seconds
```

图 5-24 复制表的结果

⑤ 复制表(拷贝表结构及数据)。

本操作会执行 MapReduce 任务，所以需要先启动 YARN，命令如下：

```
create table emp3 as select * from emp;
```

注意：由于内存资源比较紧缺，所以此操作也可以使用本地模式执行。

可以使用下面命令将 Hive 设置成本地模式后再执行创建语句，命令如下：

```
set hive.exec.mode.local.auto=true;
```

效果图如图 5-25 所示。

```
hive>
    >
    > set hive.exec.mode.local.auto=true;
hive>
    >
    > create table emp3 as select * from emp;
Automatically selecting local only mode for query
Query ID = root_20221109145109_d8b92398-90cb-417e-90a9-b5f2e205128d
Total jobs = 3
Launching Job 1 out of 3
Number of reduce tasks is set to 0 since there's no reduce operator
Job running in-process (local Hadoop)
2022-11-09 14:51:12,818 Stage-1 map = 100%,  reduce = 0%
Ended Job = job_local1275529204_0001
Stage-4 is selected by condition resolver.
Stage-3 is filtered out by condition resolver.
Stage-5 is filtered out by condition resolver.
Moving data to directory hdfs://master:8020/myhive/mydb/.hive-staging_hive_2022-
11-09_14-51-09_385_2825392126213435297-1/-ext-10002
Moving data to directory hdfs://master:8020/myhive/mydb/emp3
MapReduce Jobs Launched:
Stage-Stage-1:  HDFS Read: 689 HDFS Write: 789 SUCCESS
Total MapReduce CPU Time Spent: 0 msec
OK
Time taken: 4.146 seconds
```

图 5-25 拷贝表结构及数据效果图

查看 emp3 表中的信息，命令如下：

```
select * from emp3;
```

查看结果如图 5-26 所示。

```
hive>
    >
    > select * from emp3;
OK
7369    SMITH   CLERK   7902    1980-12-17      800.0   20.0    NULL
7499    ALLEN   SALESMAN        7698    1981-2-20       1600.0  300.0   30
7521    WARD    SALESMAN        7698    1981-2-22       1250.0  500.0   30
7566    JONES   MANAGER 7839    1981-4-2        2975.0  20.0    NULL
7654    MARTIN  SALESMAN        7698    1981-9-28       1250.0  1400.0  30
7698    BLAKE   MANAGER 7839    1981-5-1        2850.0  30.0    NULL
7782    CLARK   MANAGER 7839    1981-6-9        2450.0  10.0    NULL
7788    SCOTT   ANALYST 7566    1987-4-19       3000.0  20.0    NULL
7839    KING    PRESIDENT       NULL    5000.00 10.0    NULL    NULL
7844    TURNER  SALESMAN        7698    1981-9-28       1500.0  0.0     30
7876    ADAMS   CLERK   7788    1987-5-23       1100.0  20.0    NULL
7900    JAMES   CLERK   7698    1981-12-3       950.0   30.0    NULL
7902    FORD    ANALYST 7566    1981-12-3       3000.0  20.0    NULL
7934    MILLER  CLERK   7782    1982-1-23       1300.0  10.0    NULL
8888    HIVE    PROGRAM 7839    1988-1-23       10300.0 NULL    NULL
Time taken: 0.215 seconds, Fetched: 15 row(s)
```

图 5-26　emp3 表中的信息

⑥ 创建 emp_copy 表，要求其包含 emp 表中的三列，即 empno、ename、job，命令如下：

```
create table emp_copy as select empno,ename,job from emp;

show tables 'emp*';
```

创建结果如图 5-27 所示。

```
hive> create table emp_copy as select empno,ename,job from emp;
Automatically selecting local only mode for query
Query ID = root_20221109145622_28e7b35b-962c-4a82-96c3-ddcd8b33911f
Total jobs = 3
Launching Job 1 out of 3
Number of reduce tasks is set to 0 since there's no reduce operator
Job running in-process (local Hadoop)
2022-11-09 14:56:23,879 Stage-1 map = 100%,  reduce = 0%
Ended Job = job_local1680264614_0003
Stage-4 is selected by condition resolver.
Stage-3 is filtered out by condition resolver.
Stage-5 is filtered out by condition resolver.
Moving data to directory hdfs://master:8020/myhive/mydb/.hive-staging_hive_2022-
11-09_14-56-22_466_1286668230741972546-1/-ext-10002
Moving data to directory hdfs://master:8020/myhive/mydb/emp_copy
MapReduce Jobs Launched:
Stage-Stage-1:  HDFS Read: 2923 HDFS Write: 1931 SUCCESS
Total MapReduce CPU Time Spent: 0 msec
OK
Time taken: 1.619 seconds
hive> show tables 'emp*';
OK
emp
emp2
emp3
emp_copy
Time taken: 0.051 seconds, Fetched: 4 row(s)
```

图 5-27　创建 emp_copy 表的结果

⑦ 查看 emp 表的结构，命令如下：

```
desc emp;
```

查看结果如图 5-28 所示。

```
hive> desc emp;
OK
empno                   int
ename                   string
job                     string
mgr                     int
hiredate                string
sal                     double
comm                    double
deptno                  int
Time taken: 0.086 seconds, Fetched: 8 row(s)
```

图 5-28 查看 emp 表结构的结果

查看 emp 表结构的详细信息，命令如下：

```
desc extended emp;
```

查看结果如图 5-29 所示。

```
hive> desc extended emp;
OK
empno                   int
ename                   string
job                     string
mgr                     int
hiredate                string
sal                     double
comm                    double
deptno                  int

Detailed Table Information      Table(tableName:emp, dbName:test2, owner:root, c
reateTime:1667974993, lastAccessTime:0, retention:0, sd:StorageDescriptor(cols:[
FieldSchema(name:empno, type:int, comment:null), FieldSchema(name:ename, type:st
ring, comment:null), FieldSchema(name:job, type:string, comment:null), FieldSche
ma(name:mgr, type:int, comment:null), FieldSchema(name:hiredate, type:string, co
mment:null), FieldSchema(name:sal, type:double, comment:null), FieldSchema(name:
comm, type:double, comment:null), FieldSchema(name:deptno, type:int, comment:nul
l)], location:hdfs://master:8020/myhive/mydb/emp, inputFormat:org.apache.hadoop.
mapred.TextInputFormat, outputFormat:org.apache.hadoop.hive.ql.io.HiveIgnoreKeyT
extOutputFormat, compressed:false, numBuckets:-1, serdeInfo:SerDeInfo(name:null,
 serializationLib:org.apache.hadoop.hive.serde2.lazy.LazySimpleSerDe, parameters
:{serialization.format=,, field.delim=,}), bucketCols:[], sortCols:[], parameter
s:{}, skewedInfo:SkewedInfo(skewedColNames:[], skewedColValues:[], skewedColValu
eLocationMaps:{}), storedAsSubDirectories:false), partitionKeys:[], parameters:{
totalSize=689, numRows=0, rawDataSize=0, numFiles=1, transient_lastDdlTime=16679
75379, bucketing_version=2}, viewOriginalText:null, viewExpandedText:null, table
Type:MANAGED_TABLE, rewriteEnabled:false, catName:hive, ownerType:USER)
Time taken: 0.074 seconds, Fetched: 10 row(s)
```

图 5-29 查看 emp 表结构的详细信息的结构

上面查看到的 emp 表结构的详细信息的格式较乱，可使用 formatted 格式化后再查看，命令如下：

```
desc formatted emp;
```

查看结果如图 5-30 所示。

```
hive> desc formatted emp;
OK
# col_name              data_type               comment
empno                   int
ename                   string
job                     string
mgr                     int
hiredate                string
sal                     double
comm                    double
deptno                  int

# Detailed Table Information
Database:               test2
OwnerType:              USER
Owner:                  root
CreateTime:             Wed Nov 09 14:23:13 CST 2022
LastAccessTime:         UNKNOWN
Retention:              0
Location:               hdfs://master:8020/myhive/mydb/emp
Table Type:             MANAGED_TABLE
Table Parameters:
        bucketing_version       2
        numFiles                1
        numRows                 0
        rawDataSize             0
        totalSize               689
        transient_lastDdlTime   1667975379

# Storage Information
SerDe Library:          org.apache.hadoop.hive.serde2.lazy.LazySimpleSerDe
InputFormat:            org.apache.hadoop.mapred.TextInputFormat
OutputFormat:           org.apache.hadoop.hive.ql.io.HiveIgnoreKeyTextOutputForm
at
Compressed:             No
Num Buckets:            -1
Bucket Columns:         []
Sort Columns:           []
Storage Desc Params:
        field.delim             ,
        serialization.format    ,
Time taken: 0.055 seconds, Fetched: 38 row(s)
```

图 5-30　格式化后查看 emp 表结构的详细信息的结果

⑧ 查看 emp 表的创建语句，命令如下：

```
show create table emp;
```

⑨ 修改表名，语法如下：

```
ALTER TABLE table_name RENAME TO new_table_name;
```

修改 emp2 表的名称为 emp_bak，命令如下：

```
alter table emp2 rename to emp_bak;
```

结果如图 5-31 所示。

⑩ 删除表，命令如下：

```
DROP TABLE [IF EXISTS] table_name [PURGE];
```

删除 emp_bak 表，命令如下：

```
drop table if exists emp_bak;
```

清空 emp_copy 表中所有数据，命令如下：

```
truncate table emp_copy;
```

```
hive> alter table emp2 rename to emp_bak;
OK
Time taken: 0.145 seconds
hive> show tables;
OK
emp
emp3
emp_bak
emp_copy
Time taken: 0.037 seconds, Fetched: 4 row(s)
```

图 5-31 修改表名的结果

操作结果如图 5-32 所示。

```
hive> select * from emp_copy;
OK
7369    SMITH   CLERK
7499    ALLEN   SALESMAN
7521    WARD    SALESMAN
7566    JONES   MANAGER
7654    MARTIN  SALESMAN
7698    BLAKE   MANAGER
7782    CLARK   MANAGER
7788    SCOTT   ANALYST
7839    KING    PRESIDENT
7844    TURNER  SALESMAN
7876    ADAMS   CLERK
7900    JAMES   CLERK
7902    FORD    ANALYST
7934    MILLER  CLERK
8888    HIVE    PROGRAM
Time taken: 0.146 seconds, Fetched: 15 row(s)
hive> truncate table emp_copy;
OK
Time taken: 0.223 seconds
hive> select * from emp_copy;
OK
Time taken: 0.149 seconds
```

图 5-32 清除 emp_copy 表中所有数据的结果

6. 实训总结

本实训将通过多种方式进行数据库的建库、建表操作，并设置数据库属性、复制表等。掌握这些知识，可以将其应用于大部分实际场景。在操作过程中，由于涉及多个终端窗口的频繁切换，请务必弄清楚每个实操窗口的作用。可以通过配合书籍截图进行操作，并观察执行窗口的前缀以确保正确性，如 “hive >” 表示在 Hive 中执行，“mysql >” 表示在 MySQL 中执行，“root@master conf]#” 表示在 Linux 中执行。

实训 5.3 数据操纵操作的具体实现

1. 实训目的

通过本实训，理解托管表与外部表的概念，掌握创建托管表和外部表以加载与导出表数据方法。

2. 实训内容

本实训通过创建托管表与外部表，并对其进行删除，对比操作结果来理解内部表与外部表的概念，然后进行加载表数据与导出表数据的相关操作。

3. 实训要求

以小组为单元进行实训，每小组 5 人，小组自行协商选出一位组长。由组长安排和分配实训任务。

4. 准备知识

所需要具备的准备知识，主要是前面所学过的内容，此处一起回顾一下。

(1) 托管表与外部表的概念。

未被 EXTERNAL(或 external)修饰的是托管表，被 EXTERNAL(或 external)修饰的为外部表，默认情况下是托管表；

(2) 托管表与外部表的区别

① 托管表数据由 Hive 自身管理，外部表数据由 HDFS 管理。

② 删除托管表会直接删除元数据及存储数据。

③ 删除外部表仅仅会删除元数据，HDFS 上的文件并不会被删除。

5. 实训步骤

1) 创建托管表

(1) 创建托管表，命令如下：

```
use test2;

create table emp_managed as select * from emp;
```

(2) 切换终端，查看表是否在 HDFS 的/myhive/mydb 目录下(在实训 5.2 中，表 emp 的路径为/myhive/mydb)，命令如下：

```
hdfs dfs -ls /myhive/mydb
```

操作结果如图 5-33 所示。

```
[root@master ~]# hdfs dfs -ls /myhive/mydb
Found 5 items
drwxr-xr-x   - root supergroup          0 2022-11-09 14:29 /myhive/mydb/emp
drwxr-xr-x   - root supergroup          0 2022-11-09 14:52 /myhive/mydb/emp3
drwxr-xr-x   - root supergroup          0 2022-11-09 14:30 /myhive/mydb/emp_bak
drwxr-xr-x   - root supergroup          0 2022-11-09 15:04 /myhive/mydb/emp_copy
drwxr-xr-x   - root supergroup          0 2022-11-10 10:34 /myhive/mydb/emp_managed
```

图 5-33　查询表 emp_managed 的路径

(3) 查看 Hive 的元数据信息。

在登录了 MySQL 的终端查看 Hive 的表元数据信息，命令如下：

```
use hive;

select * from TBLS;
```

查看 Hive 表元数据信息结果如图 5-34 所示。

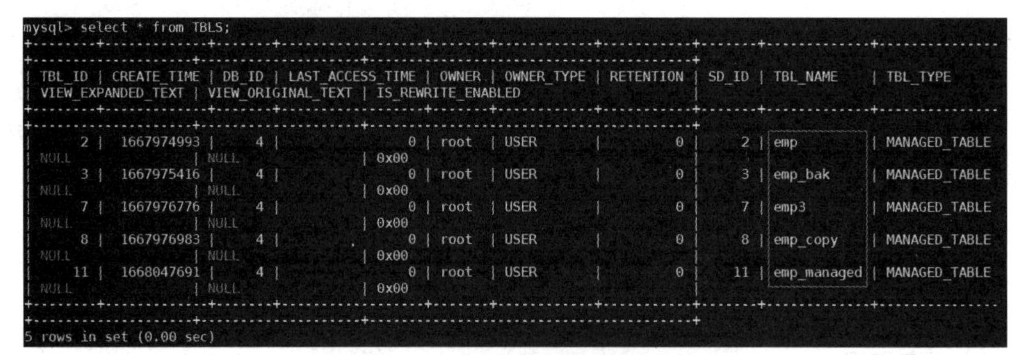

图 5-34　查看表元数据信息的结果

(4) 切换回登录 Hive 的终端，删除表 emp_managed，命令如下：

```
drop table if exists emp_managed;

show tables;
```

查看 emp_managed 表是否已经被删除，发现 emp_managed 表已经被删除，结果如图 5-35 所示。

```
hive> show tables;
OK
emp
emp3
emp_bak
emp_copy
Time taken: 0.029 seconds, Fetched: 4 row(s)
```

图 5-35　查看表是否被删除的结果

同样，在 MySQL 中是已经看不到 emp_managed 表元数据信息。执行语句如下：

```
select * from TBLS;
```

此时，查看 HDFS 中/myhive/mydb 目录下的数据，命令如下：

```
hdfs dfs -ls /myhive/mydb
```

查看数据是否被删除，操作结果如图 5-36 所示。

```
[root@master ~]# hadoop fs -ls /myhive/mydb
Found 3 items
drwxr-xr-x - root  supergroup 0 2023-06-19 15:02 /myhive/mydb/emp
drwxr-xr-x - root  supergroup 0 2023-06-19 15:05 /myhive/mydb/emp3
drwxr-xr-x - root  supergroup 0 2023-06-19 15:47 /myhive/mydb/emp_copy
```

图 5-36　查看数据是否删除的结果

由此可知，当 Hive 中的托管表被删除时，MySQL 中 Hive 的元数据也被删除，托管表所对应的 HDFS 中的数据也会被删除。

2) 创建外部表

(1) 创建外部表，代码如下：

```
create external table emp_external(
empno int,
ename string,
job string,
mgr int,
```

```
hiredate string,
sal double,
comm double,
deptno int
)
row format delimited fields terminated by ','
location '/hive_external/emp';
```

(2) 查看 Hive 的元数据信息(实训 5.2 中已配置在 MySQL 中)

① 切换到已登录 MySQL 的终端，查询 Hive 的表元数数据信息，命令如下：

```
select * from TBLS;
```

如图 5-37 所示，可以看到 emp_external 表的类型为外部表。

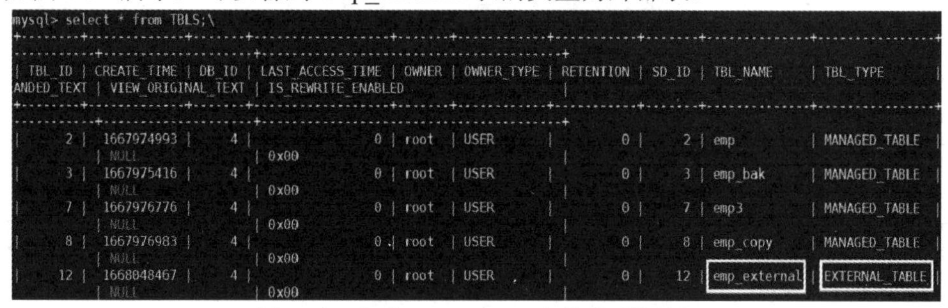

```
mysql> select * from TBLS;\
+--------+-------------+-------+------------------+-------+------------+-----------+-------+----------------+----------------+
-----------+--------------------+-------------------+
| TBL_ID | CREATE_TIME | DB_ID | LAST_ACCESS_TIME | OWNER | OWNER_TYPE | RETENTION | SD_ID | TBL_NAME       | TBL_TYPE       |
ANDED_TEXT | VIEW_ORIGINAL_TEXT | IS_REWRITE_ENABLED |
+--------+-------------+-------+------------------+-------+------------+-----------+-------+----------------+----------------+
-----------+--------------------+-------------------+
|      2 |  1667974993 |     4 |                0 | root  | USER       |         0 |     2 | emp            | MANAGED_TABLE  |
           | NULL               | 0x00               |
|      3 |  1667975416 |     4 |                0 | root  | USER       |         0 |     3 | emp_bak        | MANAGED_TABLE  |
           | NULL               | 0x00               |
|      7 |  1667976776 |     4 |                0 | root  | USER       |         0 |     7 | emp3           | MANAGED_TABLE  |
           | NULL               | 0x00               |
|      8 |  1667976983 |     4 |                0 | root  | USER       |         0 |     8 | emp_copy       | MANAGED_TABLE  |
           | NULL               | 0x00               |
|     12 |  1668048467 |     4 |                0 | root  | USER       |         0 |    12 | emp_external   | EXTERNAL_TABLE |
           | NULL               | 0x00               |
```

图 5-37　查看 emp_external 表的类型的结果

(3) 切换终端，上传数据到 emp_external 所指定的 HDFS 文件夹中，命令如下：

```
hdfs dfs -put /root/datas/emp.txt /hive_external/emp/
```

(4) 切换回已登录 Hive 的终端，查看 emp_external 表的数据，命令如下：

```
select * from emp_external;
```

如图 5-38 所示，发现 emp_external 表中已经有数据。

```
hive> select * from emp_external;
OK
7369    SMITH   CLERK   7902    1980-12-17      800.0   20.0    NULL
7499    ALLEN   SALESMAN        7698    1981-2-20       1600.0  300.0   30
7521    WARD    SALESMAN        7698    1981-2-22       1250.0  500.0   30
7566    JONES   MANAGER 7839    1981-4-2        2975.0  20.0    NULL
7654    MARTIN  SALESMAN        7698    1981-9-28       1250.0  1400.0  30
7698    BLAKE   MANAGER 7839    1981-5-1        2850.0  30.0    NULL
7782    CLARK   MANAGER 7839    1981-6-9        2450.0  10.0    NULL
7788    SCOTT   ANALYST 7566    1987-4-19       3000.0  20.0    NULL
7839    KING    PRESIDENT       NULL    5000.00 10.0    NULL    NULL
7844    TURNER  SALESMAN        7698    1981-9-28       1500.0  0.0     30
7876    ADAMS   CLERK   7788    1987-5-23       1100.0  20.0    NULL
7900    JAMES   CLERK   7698    1981-12-3       950.0   30.0    NULL
7902    FORD    ANALYST 7566    1981-12-3       3000.0  20.0    NULL
7934    MILLER  CLERK   7782    1982-1-23       1300.0  10.0    NULL
8888    HIVE    PROGRAM 7839    1988-1-23       10300.0 NULL    NULL
Time taken: 0.26 seconds, Fetched: 15 row(s)
```

图 5-38　查看 emp_external 表中数据的结果

(5) 删除 emp_external 表，命令如下：

```
drop table if exists emp_external;
```

(6) 重新查看 emp_external 表是否在 HDFS 中，命令如下：

```
show tables;
```

操作结果如图 5-39 所示。

```
hive> drop table if exists emp_external;
OK
Time taken: 0.245 seconds
hive> show tables;
OK
emp
emp3
emp_bak
emp_copy
Time taken: 0.042 seconds, Fetched: 4 row(s)
```

图 5-39　删除 emp_external 表后重新查看的结果

同样，在 MySQL 中已经看不到与 emp_managed 表相关的数据。查询 Hive 的表元数据信息，执行语句如下：

```
select * from TBLS;
```

切换终端，查看 emp_managed 表所指向目录的数据是否被删除，命令如下：

```
hdfs dfs -ls /hive_external/emp
```

如图 5-40 所示，发现 HDFS 中/hive_external/emp 目录下的数据并没有被删除。

```
[root@master ~]# hdfs dfs -ls /hive_external/emp
Found 1 items
-rw-r--r--   2 root supergroup        689 2022-11-10 10:52 /hive_external/emp/emp.txt
```

图 5-40　查看 HDFS 中 emp_external 的数据

由此可知，当 Hive 中的外部表被删除时，MySQL 中 Hive 的元数据也会被删除，但是外部表所对应的 HDFS 中的数据不会被删除。

3) 加载与导出表数据

(1) 加载表数据。

① 从本地文件中加载数据到 hive 数据库的 emp 表中，命令如下：

```
load data local inpath '/root/datas/emp.txt' into table emp;

select * from emp;
```

如图 5-41 所示，发现数据已经加载到 emp 表中，采用的方式是追加数据。

② 切换终端，创建 HDFS 目录并上传数据，命令如下：

```
hdfs dfs -mkdir -p /datas/hive

hdfs dfs -put /root/datas/emp.txt /datas/hive/
```

③ 切换到已登录 Hive 的终端，从 HDFS 中加载数据到 hive 数据库的 emp 表中(覆盖掉之前的数据)，命令如下：

```
load data inpath '/datas/hive/emp.txt' overwrite into table emp;

select * from emp;
```

结果如图 5-42 所示，发现原来的数据已经被覆盖，采用的方式是覆盖数据，而不是追加数据。

```
hive> load data local inpath '/root/datas/emp.txt' into table emp;
Loading data to table test2.emp
OK
Time taken: 0.5 seconds
hive> select * from emp;
OK
7369    SMITH   CLERK   7902    1980-12-17      800.0   20.0    NULL
7499    ALLEN   SALESMAN        7698    1981-2-20       1600.0  300.0   30
7521    WARD    SALESMAN        7698    1981-2-22       1250.0  500.0   30
7566    JONES   MANAGER 7839    1981-4-2        2975.0  20.0    NULL
7654    MARTIN  SALESMAN        7698    1981-9-28       1250.0  1400.0  30
7698    BLAKE   MANAGER 7839    1981-5-1        2850.0  30.0    NULL
7782    CLARK   MANAGER 7839    1981-6-9        2450.0  10.0    NULL
7788    SCOTT   ANALYST 7566    1987-4-19       3000.0  20.0    NULL
7839    KING    PRESIDENT       NULL    5000.00 10.0    NULL    NULL
7844    TURNER  SALESMAN        7698    1981-9-28       1500.0  0.0     30
7876    ADAMS   CLERK   7788    1987-5-23       1100.0  20.0    NULL
7900    JAMES   CLERK   7698    1981-12-3       950.0   30.0    NULL
7902    FORD    ANALYST 7566    1981-12-3       3000.0  20.0    NULL
7934    MILLER  CLERK   7782    1982-1-23       1300.0  10.0    NULL
8888    HIVE    PROGRAM 7839    1988-1-23       10300.0 NULL    NULL
7369    SMITH   CLERK   7902    1980-12-17      800.0   20.0    NULL
7499    ALLEN   SALESMAN        7698    1981-2-20       1600.0  300.0   30
7521    WARD    SALESMAN        7698    1981-2-22       1250.0  500.0   30
7566    JONES   MANAGER 7839    1981-4-2        2975.0  20.0    NULL
7654    MARTIN  SALESMAN        7698    1981-9-28       1250.0  1400.0  30
7698    BLAKE   MANAGER 7839    1981-5-1        2850.0  30.0    NULL
7782    CLARK   MANAGER 7839    1981-6-9        2450.0  10.0    NULL
7788    SCOTT   ANALYST 7566    1987-4-19       3000.0  20.0    NULL
7839    KING    PRESIDENT       NULL    5000.00 10.0    NULL    NULL
7844    TURNER  SALESMAN        7698    1981-9-28       1500.0  0.0     30
7876    ADAMS   CLERK   7788    1987-5-23       1100.0  20.0    NULL
7900    JAMES   CLERK   7698    1981-12-3       950.0   30.0    NULL
7902    FORD    ANALYST 7566    1981-12-3       3000.0  20.0    NULL
7934    MILLER  CLERK   7782    1982-1-23       1300.0  10.0    NULL
8888    HIVE    PROGRAM 7839    1988-1-23       10300.0 NULL    NULL
Time taken: 0.196 seconds, Fetched: 30 row(s)
```

图 5-41　加载数据并查看 hive 数据库的 emp 表中的数据

```
hive> load data inpath '/datas/hive/emp.txt' overwrite into table emp;
Loading data to table test2.emp
OK
Time taken: 0.259 seconds
hive> select * from emp;
OK
7369    SMITH   CLERK   7902    1980-12-17      800.0   20.0    NULL
7499    ALLEN   SALESMAN        7698    1981-2-20       1600.0  300.0   30
7521    WARD    SALESMAN        7698    1981-2-22       1250.0  500.0   30
7566    JONES   MANAGER 7839    1981-4-2        2975.0  20.0    NULL
7654    MARTIN  SALESMAN        7698    1981-9-28       1250.0  1400.0  30
7698    BLAKE   MANAGER 7839    1981-5-1        2850.0  30.0    NULL
7782    CLARK   MANAGER 7839    1981-6-9        2450.0  10.0    NULL
7788    SCOTT   ANALYST 7566    1987-4-19       3000.0  20.0    NULL
7839    KING    PRESIDENT       NULL    5000.00 10.0    NULL    NULL
7844    TURNER  SALESMAN        7698    1981-9-28       1500.0  0.0     30
7876    ADAMS   CLERK   7788    1987-5-23       1100.0  20.0    NULL
7900    JAMES   CLERK   7698    1981-12-3       950.0   30.0    NULL
7902    FORD    ANALYST 7566    1981-12-3       3000.0  20.0    NULL
7934    MILLER  CLERK   7782    1982-1-23       1300.0  10.0    NULL
8888    HIVE    PROGRAM 7839    1988-1-23       10300.0 NULL    NULL
Time taken: 0.152 seconds, Fetched: 15 row(s)
```

图 5-42　从 HDFS 中加载数据并查看

同时，可以发现/datas/hive/emp.txt 目录下的数据已经没有了。

(2) 导出表数据。

① 导出数据到本地目录/root/datas/tmp(如果目录不存在，会自动建立)，命令如下：

```
insert overwrite local directory '/root/datas/tmp' row format delimited fields terminated by ',' select * from emp;
```

操作结果如图 5-43 所示。

```
hive> insert overwrite local directory '/root/datas/tmp' row format delimited fi
elds terminated by ',' select * from emp;
Query ID = root_20221110111712_87afc445-3f42-4ca9-8ca8-6383007959ee
Total jobs = 1
Launching Job 1 out of 1
Number of reduce tasks is set to 0 since there's no reduce operator
Starting Job = job_1668047592091_0002, Tracking URL = http://master:8088/proxy/a
pplication_1668047592091_0002/
Kill Command = /opt/software/hadoop-3.3.4/bin/mapred job  -kill job_166804759209
1_0002
Hadoop job information for Stage-1: number of mappers: 1; number of reducers: 0
2022-11-10 11:17:20,890 Stage-1 map = 0%,  reduce = 0%
2022-11-10 11:17:29,175 Stage-1 map = 100%,  reduce = 0%, Cumulative CPU 2.26 se
c
MapReduce Total cumulative CPU time: 2 seconds 260 msec
Ended Job = job_1668047592091_0002
Moving data to local directory /root/datas/tmp
MapReduce Jobs Launched:
Stage-Stage-1: Map: 1   Cumulative CPU: 2.26 sec   HDFS Read: 6071 HDFS Write: 7
22 SUCCESS
Total MapReduce CPU Time Spent: 2 seconds 260 msec
OK
Time taken: 18.596 seconds
hive>
```

图 5-43 导出数据到本地并查看

② 切换终端，查看导出到本地目录/root/datas/tmp 的文件，命令如下：

```
cd /root/datas/tmp

more 000000_0
```

操作结果如图 5-44 所示。

```
[root@master ~]# cd /root/datas/tmp
[root@master tmp]#
[root@master tmp]# ll
total 4
-rw-r--r--. 1 root root 722 Nov 10 11:17 000000_0
[root@master tmp]#
[root@master tmp]# more 000000_0
7369,SMITH,CLERK,7902,1980-12-17,800.0,20.0,\N
7499,ALLEN,SALESMAN,7698,1981-2-20,1600.0,300.0,30
7521,WARD,SALESMAN,7698,1981-2-22,1250.0,500.0,30
7566,JONES,MANAGER,7839,1981-4-2,2975.0,20.0,\N
7654,MARTIN,SALESMAN,7698,1981-9-28,1250.0,1400.0,30
7698,BLAKE,MANAGER,7839,1981-5-1,2850.0,30.0,\N
7782,CLARK,MANAGER,7839,1981-6-9,2450.0,10.0,\N
7788,SCOTT,ANALYST,7566,1987-4-19,3000.0,20.0,\N
7839,KING,PRESIDENT,\N,5000.00,10.0,\N,\N
7844,TURNER,SALESMAN,7698,1981-9-28,1500.0,0.0,30
7876,ADAMS,CLERK,7788,1987-5-23,1100.0,20.0,\N
7900,JAMES,CLERK,7698,1981-12-3,950.0,30.0,\N
7902,FORD,ANALYST,7566,1981-12-3,3000.0,20.0,\N
7934,MILLER,CLERK,7782,1982-1-23,1300.0,10.0,\N
8888,HIVE,PROGRAM,7839,1988-1-23,10300.0,\N,\N
```

图 5-44 在本地查看导出数据是否成功

③ 切换到已登录 Hive 的终端，导出数据到 HDFS 中的/data/hive 目录下(目前此目录已经没有数据)，命令如下：

```
insert overwrite directory '/datas/hive' row format delimited fields terminated by ',' select * from emp;
```

操作结果如图 5-45 所示。

```
hive> insert overwrite directory '/datas/hive' row format delimited fields termi
nated by ',' select * from emp;
Query ID = root_20221110112301_6f0f40dc-0fd1-4163-9bc2-d237400deb54
Total jobs = 3
Launching Job 1 out of 3
Number of reduce tasks is set to 0 since there's no reduce operator
Starting Job = job_1668047592091_0003, Tracking URL = http://master:8088/proxy/a
pplication_1668047592091_0003/
Kill Command = /opt/software/hadoop-3.3.4/bin/mapred job  -kill job_166804759209
1_0003
Hadoop job information for Stage-1: number of mappers: 1; number of reducers: 0
2022-11-10 11:23:10,201 Stage-1 map = 0%,  reduce = 0%
2022-11-10 11:23:15,354 Stage-1 map = 100%,  reduce = 0%, Cumulative CPU 1.01 se
c
MapReduce Total cumulative CPU time: 1 seconds 10 msec
Ended Job = job_1668047592091_0003
Stage-3 is selected by condition resolver.
Stage-2 is filtered out by condition resolver.
Stage-4 is filtered out by condition resolver.
Moving data to directory hdfs://master:8020/datas/hive/.hive-staging_hive_2022-1
1-10_11-23-01_729_7109145925821325423-1/-ext-10000
Moving data to directory /datas/hive
MapReduce Jobs Launched:
Stage-Stage-1: Map: 1   Cumulative CPU: 1.01 sec   HDFS Read: 6092 HDFS Write: 7
22 SUCCESS
Total MapReduce CPU Time Spent: 1 seconds 10 msec
OK
Time taken: 15.76 seconds
```

图 5-45　导出数据到 HDFS

④ 切换终端，查看 HDFS 中的/data/hive 目录下是否有数据，命令如下：

```
hdfs dfs -ls /datas/hive
```

发现此目录下已经有导出的数据，说明导出数据成功，如图 5-46 所示。

```
[root@master datas]# hdfs dfs -ls /datas/hive
Found 1 items
-rw-r--r--   2 root supergroup        722 2022-11-10 11:23 /datas/hive/000000_0
```

图 5-46　查看导出数据是否成功

6. 实训总结

当删除托管表时，MySQL 中 Hive 的元数据和 HDFS 中的数据都会被删除。当删除外部表时，MySQL 中 Hive 的元数据会被删除，但 HDFS 中的数据不会被删除。

本实训应重点理解托管表与外部表的概念，加载表数据和导出表数据也是非常关键的操作，应熟练掌握。

实训 5.4　查询操作的具体实现

1. 实训目的

通过本实训，理解 Hive 的查询数据操作。

2. 实训内容

本实训主要是进行查询数据表的操作。

3. 实训要求

以小组为单元进行实训，每小组 5 人，小组自主协商选出一位组长。由组长安排和分配实训任务。

4. 准备知识

GROUP BY 是指按照某些字段的值进行分组，把相同值放到一起，语法语句如下：

```
SELECT col1 [,col2] ,count(1),sel_expr(聚合操作)
FROM table
WHERE condition              -->Map 端执行
GROUP BY col1 [,col2]     -->Reduce 端执行
[HAVING]                          -->Reduce 端执行
```

上述代码的意思为从表中读取数据，执行 WHERE 条件，以 col1 列分组，把 col1 列的内容作为 Key、其他列值作为 Value 上传到 Reduce，在 Reduce 端执行聚合操作和 having 过滤。

5. 实训步骤

1) 查询表

(1) 查询部门编号为 30 的员工信息，命令如下：

```
use test2;

select * from emp where deptno=30;
```

操作结果如图 5-47 所示。

```
hive> select * from emp where deptno=30;
OK
7499    ALLEN   SALESMAN        7698    1981-2-20       1600.0  300.0   30
7521    WARD    SALESMAN        7698    1981-2-22       1250.0  500.0   30
7654    MARTIN  SALESMAN        7698    1981-9-28       1250.0  1400.0  30
7844    TURNER  SALESMAN        7698    1981-9-28       1500.0  0.0     30
Time taken: 0.493 seconds, Fetched: 4 row(s)
```

图 5-47　查询指定部门编号的员工信息

(2) 查询姓名为 SMITH 的员工，命令如下：

```
select * from emp where ename='SMITH';
```

操作结果如图 5-48 所示。

```
hive> select * from emp where ename='SMITH';
OK
7369    SMITH   CLERK   7902    1980-12-17      800.0   20.0    NULL
Time taken: 0.17 seconds, Fetched: 1 row(s)
```

图 5-48　查询指定姓名的员工信息

(3) 查询员工编号小于等于 7766 的员工信息，命令如下：

```
select * from emp where empno <= 7766;
```

操作结果如图 5-49 所示。

```
hive> select * from emp where empno <= 7766;
OK
7369    SMITH   CLERK   7902    1980-12-17      800.0   20.0    NULL
7499    ALLEN   SALESMAN        7698    1981-2-20       1600.0  300.0   30
7521    WARD    SALESMAN        7698    1981-2-22       1250.0  500.0   30
7566    JONES   MANAGER 7839    1981-4-2        2975.0  20.0    NULL
7654    MARTIN  SALESMAN        7698    1981-9-28       1250.0  1400.0  30
7698    BLAKE   MANAGER 7839    1981-5-1        2850.0  30.0    NULL
Time taken: 0.119 seconds, Fetched: 6 row(s)
```

图 5-49　按编号范围查询员工信息

(4) 查询员工工资大于 1000 小于 1500 的员工信息，命令如下：

```
select * from emp where sal between 1000 and 1500;
```

操作结果如图 5-50 所示。

```
hive> select * from emp where sal between 1000 and 1500;
OK
7521    WARD    SALESMAN        7698    1981-2-22       1250.0  500.0   30
7654    MARTIN  SALESMAN        7698    1981-9-28       1250.0  1400.0  30
7844    TURNER  SALESMAN        7698    1981-9-28       1500.0  0.0     30
7876    ADAMS   CLERK   7788    1987-5-23       1100.0  20.0    NULL
7934    MILLER  CLERK   7782    1982-1-23       1300.0  10.0    NULL
Time taken: 0.126 seconds, Fetched: 5 row(s)
```

图 5-50　按工资范围查询员工信息

(5) 查询前 5 条记录，命令如下：

```
select * from emp limit 5;
```

操作结果如图 5-51 所示。

```
hive> select * from emp limit 5;
OK
7369    SMITH   CLERK   7902    1980-12-17      800.0   20.0    NULL
7499    ALLEN   SALESMAN        7698    1981-2-20       1600.0  300.0   30
7521    WARD    SALESMAN        7698    1981-2-22       1250.0  500.0   30
7566    JONES   MANAGER 7839    1981-4-2        2975.0  20.0    NULL
7654    MARTIN  SALESMAN        7698    1981-9-28       1250.0  1400.0  30
Time taken: 0.107 seconds, Fetched: 5 row(s)
```

图 5-51　按显示记录数量查询

(6) 查询姓名为 SCOTT 或 MARTIN 的员工信息，命令如下：

```
select * from emp where ename in ('SCOTT','MARTIN');
```

操作结果如图 5-52 所示。

```
hive> select * from emp where ename in ('SCOTT','MARTIN');
OK
7654    MARTIN  SALESMAN        7698    1981-9-28       1250.0  1400.0  30
7788    SCOTT   ANALYST 7566    1987-4-19       3000.0  20.0    NULL
Time taken: 0.109 seconds, Fetched: 2 row(s)
```

图 5-52　多姓名查询员工信息

(7) 查询有津贴的员工信息，命令如下：

```
select * from emp where comm is not null;
```

操作结果如图 5-53 所示。

```
hive> select * from emp where comm is not null;
OK
7369    SMITH   CLERK   7902    1980-12-17      800.0   20.0    NULL
7499    ALLEN   SALESMAN        7698    1981-2-20       1600.0  300.0   30
7521    WARD    SALESMAN        7698    1981-2-22       1250.0  500.0   30
7566    JONES   MANAGER 7839    1981-4-2        2975.0  20.0    NULL
7654    MARTIN  SALESMAN        7698    1981-9-28       1250.0  1400.0  30
7698    BLAKE   MANAGER 7839    1981-5-1        2850.0  30.0    NULL
7782    CLARK   MANAGER 7839    1981-6-9        2450.0  10.0    NULL
7788    SCOTT   ANALYST 7566    1987-4-19       3000.0  20.0    NULL
7844    TURNER  SALESMAN        7698    1981-9-28       1500.0  0.0     30
7876    ADAMS   CLERK   7788    1987-5-23       1100.0  20.0    NULL
7900    JAMES   CLERK   7698    1981-12-3       950.0   30.0    NULL
7902    FORD    ANALYST 7566    1981-12-3       3000.0  20.0    NULL
7934    MILLER  CLERK   7782    1982-1-23       1300.0  10.0    NULL
Time taken: 0.118 seconds, Fetched: 13 row(s)
```

图 5-53 按有无津贴查询员工信息

(8) 统计部门编号为 30 的部门的员工数量，命令如下：

```
select count(*) from emp where deptno=30;
```

操作结果如图 5-54 所示。从图中可以看到部门编号为 30 的部门共有 4 名员工。

(9) 查询员工的最大、最小、平均工资及所有工资的和，命令如下：

```
select max(sal),min(sal),avg(sal),sum(sal) from emp;
```

操作结果如图 5-55 所示。

(10) 查询每个部门的平均工资，命令如下：

```
select deptno,avg(sal) from emp group by deptno;
```

操作结果如图 5-56 所示。

```
hive> select count(*) from emp where deptno=30;
Query ID = root_20221110113258_34f060e9-cf3c-4580-8eb5-47f97660f45f
Total jobs = 1
Launching Job 1 out of 1
Number of reduce tasks determined at compile time: 1
In order to change the average load for a reducer (in bytes):
  set hive.exec.reducers.bytes.per.reducer=<number>
In order to limit the maximum number of reducers:
  set hive.exec.reducers.max=<number>
In order to set a constant number of reducers:
  set mapreduce.job.reduces=<number>
Starting Job = job_1668047592091_0004, Tracking URL = http://master:8088/proxy/a
pplication_1668047592091_0004/
Kill Command = /opt/software/hadoop-3.3.4/bin/mapred job  -kill job_166804759209
1_0004
Hadoop job information for Stage-1: number of mappers: 1; number of reducers: 1
2022-11-10 11:33:05,163 Stage-1 map = 0%,  reduce = 0%
2022-11-10 11:33:12,342 Stage-1 map = 100%,  reduce = 0%, Cumulative CPU 1.81 se
c
2022-11-10 11:33:18,491 Stage-1 map = 100%,  reduce = 100%, Cumulative CPU 3.44
sec
MapReduce Total cumulative CPU time: 3 seconds 440 msec
Ended Job = job_1668047592091_0004
MapReduce Jobs Launched:
Stage-Stage-1: Map: 1  Reduce: 1   Cumulative CPU: 3.44 sec   HDFS Read: 15261 H
DFS Write: 101 SUCCESS
Total MapReduce CPU Time Spent: 3 seconds 440 msec
OK
4
Time taken: 21.135 seconds, Fetched: 1 row(s)
hive>
```

图 5-54 查询指定部门的员工数量

```
hive> select max(sal),min(sal),avg(sal),sum(sal) from emp;
Query ID = root_20221110113456_f90516e1-adb2-4b60-b6df-a7b15ff5bbc6
Total jobs = 1
Launching Job 1 out of 1
Number of reduce tasks determined at compile time: 1
In order to change the average load for a reducer (in bytes):
  set hive.exec.reducers.bytes.per.reducer=<number>
In order to limit the maximum number of reducers:
  set hive.exec.reducers.max=<number>
In order to set a constant number of reducers:
  set mapreduce.job.reduces=<number>
Starting Job = job_1668047592091_0005, Tracking URL = http://master:8088/proxy/a
pplication_1668047592091_0005/
Kill Command = /opt/software/hadoop-3.3.4/bin/mapred job  -kill job_166804759209
1_0005
Hadoop job information for Stage-1: number of mappers: 1; number of reducers: 1
2022-11-10 11:35:05,064 Stage-1 map = 0%,  reduce = 0%
2022-11-10 11:35:10,184 Stage-1 map = 100%,  reduce = 0%, Cumulative CPU 1.41 se
c
2022-11-10 11:35:16,327 Stage-1 map = 100%,  reduce = 100%, Cumulative CPU 3.52
sec
MapReduce Total cumulative CPU time: 3 seconds 520 msec
Ended Job = job_1668047592091_0005
MapReduce Jobs Launched:
Stage-Stage-1: Map: 1  Reduce: 1   Cumulative CPU: 3.52 sec   HDFS Read: 18095 H
DFS Write: 127 SUCCESS
Total MapReduce CPU Time Spent: 3 seconds 520 msec
OK
10300.0 10.0    2289.0  34335.0
Time taken: 20.951 seconds, Fetched: 1 row(s)
hive>
```

图 5-55　查询员工的最大、最小、平均工资及所有工资的和

```
hive> select deptno,avg(sal) from emp group by deptno;
Query ID = root_20221110113548_3f488d5c-6fc9-4aa0-97cc-318730197771
Total jobs = 1
Launching Job 1 out of 1
Number of reduce tasks not specified. Estimated from input data size: 1
In order to change the average load for a reducer (in bytes):
  set hive.exec.reducers.bytes.per.reducer=<number>
In order to limit the maximum number of reducers:
  set hive.exec.reducers.max=<number>
In order to set a constant number of reducers:
  set mapreduce.job.reduces=<number>
Starting Job = job_1668047592091_0006, Tracking URL = http://master:8088/proxy/a
pplication_1668047592091_0006/
Kill Command = /opt/software/hadoop-3.3.4/bin/mapred job  -kill job_166804759209
1_0006
Hadoop job information for Stage-1: number of mappers: 1; number of reducers: 1
2022-11-10 11:35:55,031 Stage-1 map = 0%,  reduce = 0%
2022-11-10 11:36:01,184 Stage-1 map = 100%,  reduce = 0%, Cumulative CPU 1.29 se
c
2022-11-10 11:36:07,315 Stage-1 map = 100%,  reduce = 100%, Cumulative CPU 3.74
sec
MapReduce Total cumulative CPU time: 3 seconds 740 msec
Ended Job = job_1668047592091_0006
MapReduce Jobs Launched:
Stage-Stage-1: Map: 1  Reduce: 1   Cumulative CPU: 3.74 sec   HDFS Read: 16493 H
DFS Write: 143 SUCCESS
Total MapReduce CPU Time Spent: 3 seconds 740 msec
OK
NULL    2612.2727272727275
30      1400.0
Time taken: 19.752 seconds, Fetched: 2 row(s)
```

图 5-56　查询每个部门的平均工资

(11) 查询平均工资大于 2000 的部门，命令如下：

```
select deptno,avg(sal) from emp group by deptno having avg(sal) > 2000;
```

操作结果如图 5-57 所示。

```
hive> select deptno,avg(sal) from emp group by deptno having avg(sal) > 2000;
Query ID = root_20221110113637_a4ee71e6-b447-4b0c-a17b-598acfa40b2a
Total jobs = 1
Launching Job 1 out of 1
Number of reduce tasks not specified. Estimated from input data size: 1
In order to change the average load for a reducer (in bytes):
  set hive.exec.reducers.bytes.per.reducer=<number>
In order to limit the maximum number of reducers:
  set hive.exec.reducers.max=<number>
In order to set a constant number of reducers:
  set mapreduce.job.reduces=<number>
Starting Job = job_1668047592091_0007, Tracking URL = http://master:8088/proxy/a
pplication_1668047592091_0007/
Kill Command = /opt/software/hadoop-3.3.4/bin/mapred job  -kill job_166804759209
1_0007
Hadoop job information for Stage-1: number of mappers: 1; number of reducers: 1
2022-11-10 11:36:44,933 Stage-1 map = 0%,  reduce = 0%
2022-11-10 11:36:51,158 Stage-1 map = 100%,  reduce = 0%, Cumulative CPU 1.58 se
c
2022-11-10 11:36:56,294 Stage-1 map = 100%,  reduce = 100%, Cumulative CPU 3.36
sec
MapReduce Total cumulative CPU time: 3 seconds 360 msec
Ended Job = job_1668047592091_0007
MapReduce Jobs Launched:
Stage-Stage-1: Map: 1  Reduce: 1   Cumulative CPU: 3.36 sec   HDFS Read: 16970 H
DFS Write: 121 SUCCESS
Total MapReduce CPU Time Spent: 3 seconds 360 msec
OK
NULL    2612.2727272727275
Time taken: 19.632 seconds, Fetched: 1 row(s)
```

图 5-57　按平均工资的范围查询部门

(12) 查询员工的姓名和工资等级，按如下规则显示：

sal 小于等于 1000，显示 lower；

sal 大于 1000 且小于等于 2000，显示 middle；

sal 大于 2000 小于等于 4000，显示 high；

sal 大于 4000，显示 highest。

命令如下：

```
select ename, sal,
case
when sal < 1000 then 'lower'
when sal > 1000 and sal <= 2000 then 'middle'
when sal > 2000 and sal <= 4000 then 'high'
else 'highest' end
from emp;
```

操作结果如图 5-58 所示。

6. 实训总结

本实训列举了多种常见的查询语句，可以仔细观察执行 Hive 聚合运算时显示的内容，并思考 Hive 的执行步骤及流程。同时，还可以与以前学习的 MySQL、Oracle 等数据库做比较，进行更好的学习，取得更大的进步。

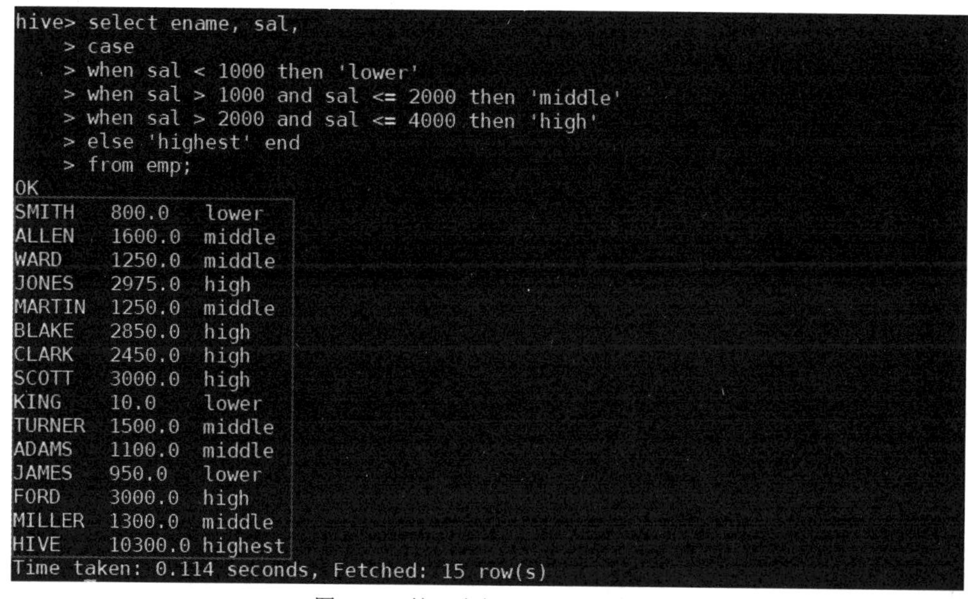

```
hive> select ename, sal,
    > case
    > when sal < 1000 then 'lower'
    > when sal > 1000 and sal <= 2000 then 'middle'
    > when sal > 2000 and sal <= 4000 then 'high'
    > else 'highest' end
    > from emp;
OK
SMITH   800.0   lower
ALLEN   1600.0  middle
WARD    1250.0  middle
JONES   2975.0  high
MARTIN  1250.0  middle
BLAKE   2850.0  high
CLARK   2450.0  high
SCOTT   3000.0  high
KING    10.0    lower
TURNER  1500.0  middle
ADAMS   1100.0  middle
JAMES   950.0   lower
FORD    3000.0  high
MILLER  1300.0  middle
HIVE    10300.0 highest
Time taken: 0.114 seconds, Fetched: 15 row(s)
```

图 5-58　按一定规则显示查询结果

知 识 巩 固

1. 以下哪些是 Hive 适用的场景？(　　)

A. 实时的在线数据分析

B. 数据挖掘(用户行为分析，兴趣分区，区域展示)

C. 数据汇总(每天/每周用户点击数，点击排行)

D. 非实时分析(日志分析，统计分析)

2. 以下关于 HiveQL 基本操作描述正确的是(　　)。

A. 创建外部表使用 external 关键字，创建托管表时需要指定 internal 关键字

B. 创建外部表必须要指定 location 信息

C. 加载到 Hive 的数据必须来源于 HDFS 的某个路径

D. 创建表时可以指定列分隔符

模块六 Hadoop 其他大数据生态组件

Hadoop 生态系统中有非常多的开源组件，Flume 和 Kafka 是其中两个非常重要的组件。其中，Flume 是一种分布式、可靠的数据采集系统，能够将不同来源的数据整合到 Hadoop 中；而 Kafka 是一种分布式的发布订阅消息系统，可提供高吞吐量、低延迟的消息传递服务。这两个组件能够有效地解决大规模数据处理中遇到的数据采集和消息传递问题，学习这两个组件可以帮助我们更好地理解 Hadoop 生态系统，提高工作效率。

本模块主要介绍 Flume 与 Kafka 两部分内容，包括 Flume 的架构与关键特性、Kafka 的架构与常用命令等。本模块的实训部分将对 Flume 与 Kafka 进行安装与部署，实现 Flume 采集数据到 HDFS 以及使用 Kafka 实现发布订阅消息。

通过本模块的学习，可以培养学生兢兢业业、任劳任怨的敬业精神。

6.1 数据采集系统 Flume

6.1.1 Flume 简介及其架构

1. Flume 简介

Flume 是由 Cloudera 软件公司提供的一个高可用的、高可靠的、分布式的海量日志采集、聚合和传输系统。Flume 于 2009 年被捐赠给了 Apache 软件基金会，成为了 Hadoop 的相关组件之一。近几年，随着 Flume 的不断被完善和升级版本的逐一推出，比如 Flume NG，并且加上 Flume 内部的各种组件不断丰富，用户在开发过程中使用的便利性得到很大的改善，现已成为 Apache 顶级项目之一。

2. Flume 的特点

1) 可靠性

当节点出现故障时，日志能够被传送到其他节点上而不会丢失。Flume 提供了三种级别的可靠性保障，从强到弱分别为：

① End-to-end(端到端)。收到数据 Agent 后，会将 Event 写到磁盘上。当数据传送成功后，再删除磁盘的数据。如果数据发送失败，则可以重新发送。

② Store on failure(故障时存储)。这也是 Scribe(Facebook 开源的日志收集系统)采用的策略。当数据接收方崩溃时，将数据写到本地，待恢复后，继续发送。

③ Best effort(尽力服务)。数据发送到接收方后，不会进行确认。

2) 可扩展性

Flume 采用了三层架构，分别为 Agent、Collector 和 Storage、Sink，每一层均可以水平扩展。其中，所有 Agent 和 Collector 由 master 统一管理，这使得系统容易被监控和维护，且 master 允许有多个(使用 ZooKeeper 进行管理和负载均衡)，这就避免了单点故障问题。

3) 可管理性

① 所有 Agent 由 master 统一管理，这使得系统便于维护。在多 master 情况下，Flume 可以利用 ZooKeeper，保证动态配置数据的一致性，利用 Gossip 协议(一种通过随机选择和交换信息的方式，实现网络中所有节点的最终一致性的协议)实现负载均衡。

② 用户可以在 master 上查看各个数据源或者数据流的执行情况，且可以对各个数据源进行单独配置和动态加载。

③ Flume 提供 Web 页面和 Shell 脚本命令这两种形式对数据流进行管理。

3. Flume 的整体架构

Flume 以 Agent 为最小的独立运行单位，一个 Agent 可以理解为一个 JVM。单 Agent 由 Source、Sink 和 Channel 三大组件构成。Flume 单 Agent 架构如图 6-1 所示。

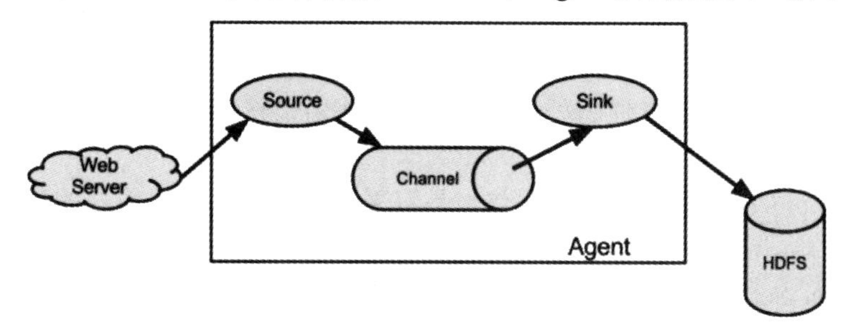

图 6-1 Flume 单 Agent 架构

值得注意的是，Flume 提供了大量内置的 Source、Channel 和 Sink 类型。不同类型的 Source、Channel 和 Sink 可以自由组合。组合方式可以由用户自行设置，非常灵活。比如，Channel 可以把事件暂存在内存里，也可以持久化到本地硬盘上。Sink 可把日志写入 HDFS 或者 HBase，甚至是另外一个 Source 等。Flume 支持用户建立多级流，即多个 Agent 可以协同工作，并且支持 Fan-in(扇入)、Fan-out(扇出)、Contextual Routing(上下文路由)、Backup Routes(备份路由)，这也正是 Flume 受大家欢迎的关键地方。Flume 多 Agent 架构如图 6-2 所示。

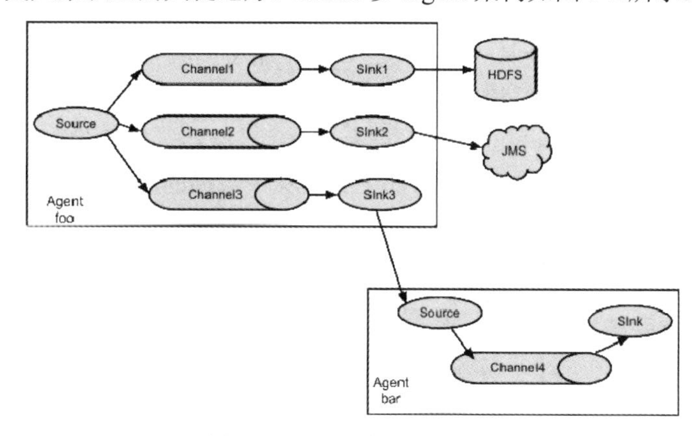

图 6-2 Flume 多 Agent 架构

4. Flume 的深层架构

Flume 的深层架构如图 6-3 所示。

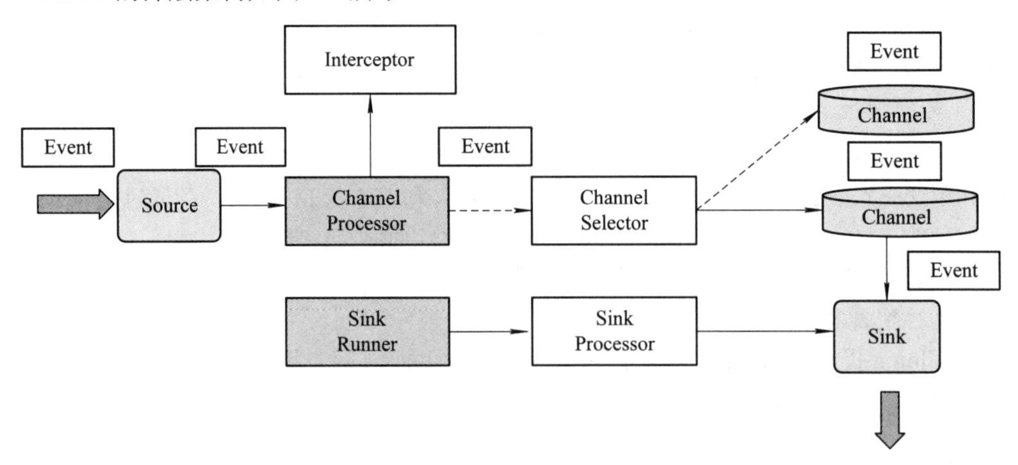

图 6-3 Flume 的深层架构

(1) Source：数据源，即产生日志信息的源头，Flume 会将原始数据建模抽象成自己处理的数据对象，即 Event。

(2) Channel Processor：通道处理器，其主要作用是将 Source 发过来的数据放入通道(Channel)中。

(3) Interceptor：拦截器，其主要作用是将采集到的数据根据用户的配置进行过滤、修饰。

(4) Channel Selector：通道选择器，其主要作用是根据用户配置将数据放到不同的通道(Channel)中。

(5) Channel：通道，其主要作用是临时缓存数据。

(6) Sink Runner：Sink 运行器，其主要作用是驱动 Sink Processor Channel 中取数据。

(7) Sink Processor：Sink 处理器，是一个可选的组件，Sink Processor 可以根据配置使用不同的策略来处理事件，目前有两种策略：负载均衡和故障转移。如果没有配置 Sink Processor，则为直通模式。Sink Processor 由 Sink Runner 来驱动。

(8) Sink：其主要作用是从 Channel 中取出数据并将数据放到不同的目的地。

(9) Event：一个数据单元，带有一个可选的消息头，Flume 传输的数据的基本单位是 Event，如果是文本文件，通常是一行记录，这也是事务的基本单位。

在整个数据的传输过程中，流动的单元是 Event，Event 将传输的数据进行封装。Event 从 Source 流向 Channel，再到 Sink，其本身为一个字节数组，并可携带 Headers 信息(头信息)。Event 代表着一个数据的最小完整单元，其贯穿于数据的来源地与数据的最终目的地。

6.1.2 Flume 的关键特性

1. Flume 支持采集日志文件

Flume 支持将集群外的日志文件采集并归档到 HDFS、HBase、Kafka 上，供上层应用使用。Flume 采集流程示意图如图 6-4 所示。

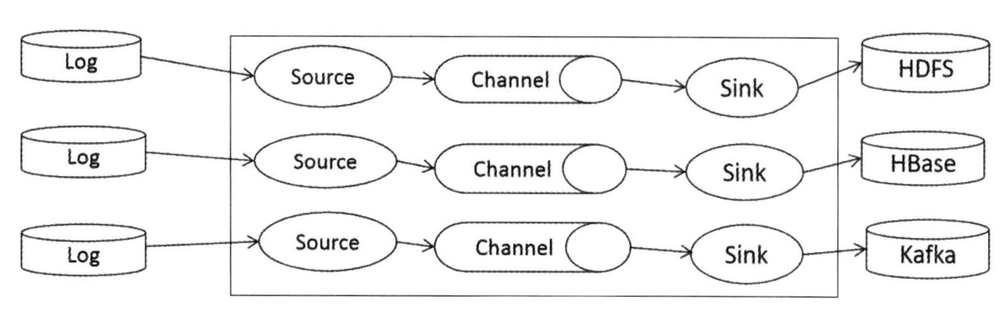

图 6-4　Flume 采集流程示意图

2. Flume 支持多级级联和多路复制

Flume 支持将多个 Flume 级联起来，同时级联节点内部支持数据复制。Flume 多级级联和多路复制流程图如图 6-5 所示。

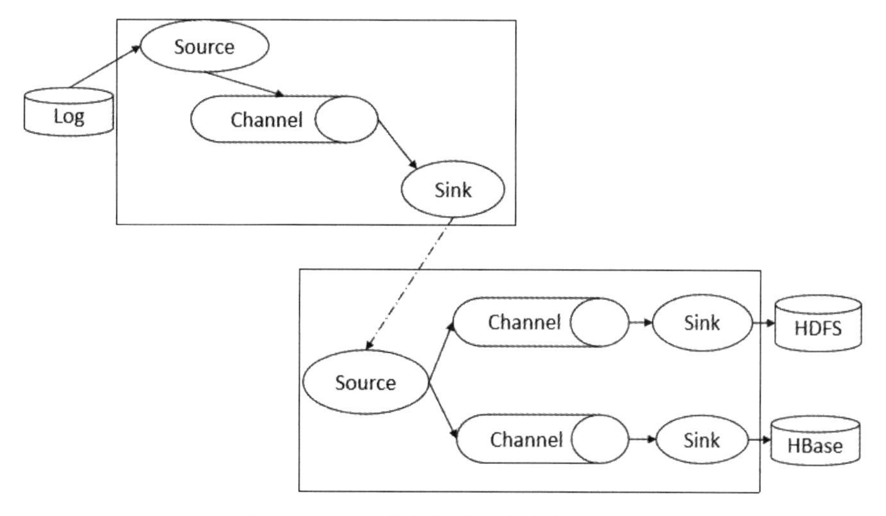

图 6-5　Flume 多级级联和多路复制流程图

3. Flume 级联信息压缩加密、解压解密

Flume 级联节点之间的数据传输支持压缩加密，可提升数据传输效率和安全性。Flume 级联信息压缩加密、解压解密流程示意图如图 6-6 所示。

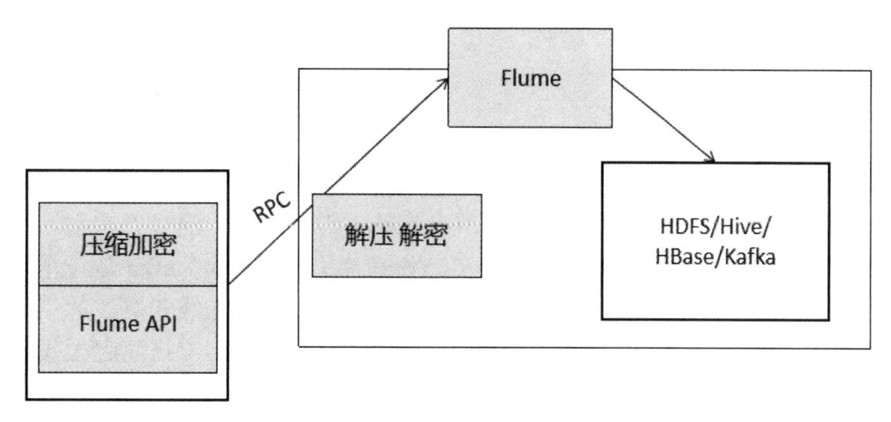

图 6-6　Flume 级联信息压缩加密、解压解密流程示意图

4. Flume 的传输可靠性

Flume 在 Source、Channe、Sink 之间采用事务管理方式，保证数据不会丢失，增强了数据传输的可靠性。如果 Flume 使用 File Channel，事件会持久到本地文件系统，即使进程或者节点重启数据也不会丢失。Flume 传输请求流程图如图 6-7 所示。

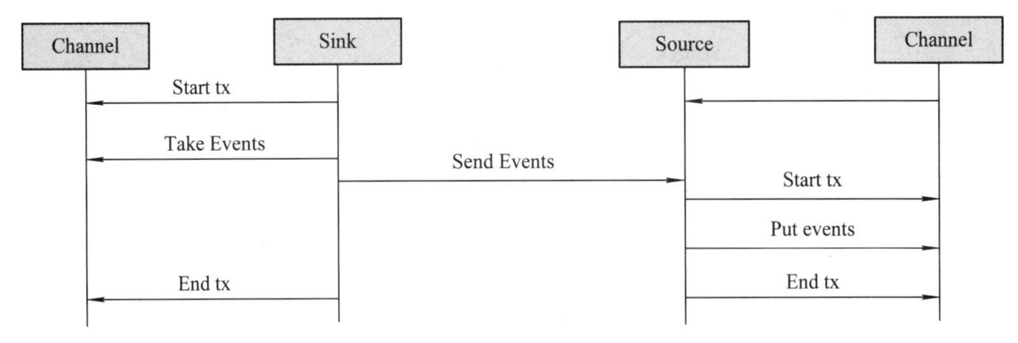

图 6-7　Flume 传输请求流程图

5. Flume 支持传输过程中的数据过滤

在传输数据过程中，Flume 可以简单地对数据进行过滤和清洗。如果需要对复杂的数据进行过滤，则用户需要根据自身数据的特殊性开发过滤插件。Flume 支持调用第三方过滤插件。Flume 数据过滤原理如图 6-8 所示。

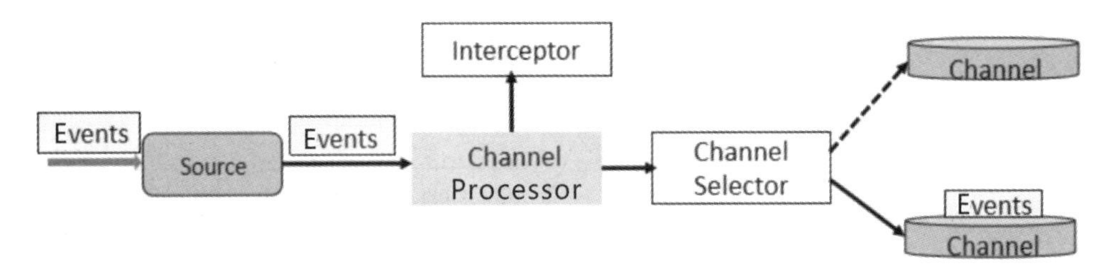

图 6-8　Flume 数据过滤原理

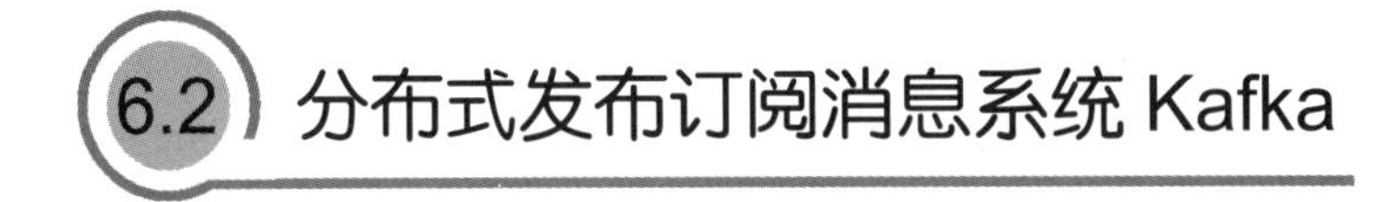

6.2 分布式发布订阅消息系统 Kafka

6.2.1　Kafka 简介

Kafka 是由 Apache 软件基金会开发的一个开源流处理平台，由 Scala 和 Java 编写。Kafka 是一种高吞吐量的分布式发布订阅消息系统，它可以处理消费者在网站中的所有动作流数据。若需要使离线分析系统具备实时处理能力，则加上 Kafka 是一个可行的解决方案。Kafka 的目的是通过 Hadoop 的并行加载机制来统一在线和离线的消息处理，其也是通过集群来提供实时消息的。利用 Kafka 可在 PC Server 上搭建起大规模消息传递系统。

6.2.2　Kafka 的架构与功能

对于 Kafka 的架构，会涉及比较多的概念。其中包含若干个 Producer(生产者)，Producer 可以是 Web 前端产生的页面浏览信息，也可以是服务器日志，如系统 CPU、Memory 等。当然还可以有其他很多种生产者，Producer 负责发布消息到 Broker(代理)。Kafka 的架构中含有若干个 Broker(代理)，Broker 表示一个或者多个服务实例。Kafka 支持水平扩展，一般 Broker 数量越多，集群吞吐率越高。此外 Kafka 的架构中还有若干个 Consumer(消费者)，消费者可以是 Hadoop 集群、数据仓库或者其他服务，它可以从 Broker 中读取消息。另外，Kafka 的架构中还有一个 ZooKeeper 集群，用以对系统进行协调管理。Kafka 架构图如图 6-9 所示。

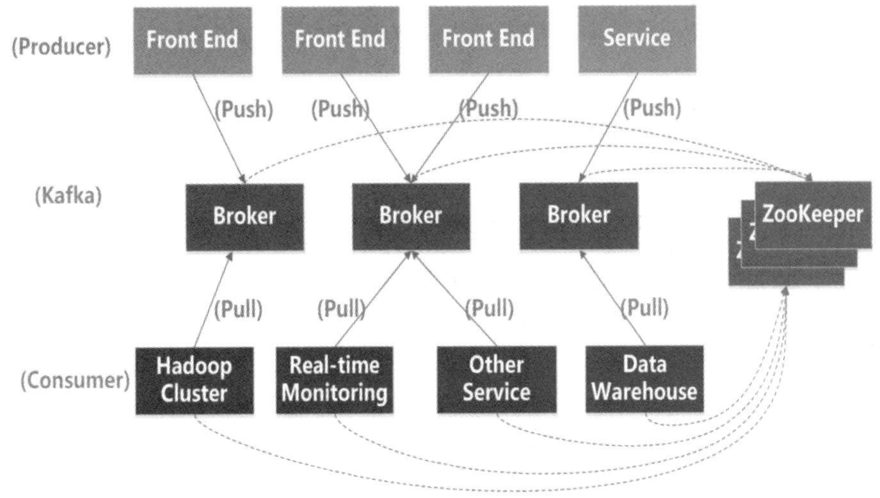

图 6-9　Kafka 架构图

简单来说，Kafka 的工作流程就是，Producer 使用 Push 模式将消息发布到 Broker，Consumer 使用 Pull 模式从 Broker 订阅并消费消息。Kafka 通过 ZooKeeper 管理集群配置，选举 Leader，以及在 Consumer 发生变化时进行 Rebalance(再平衡)。

Kafka 中还有一个非常重要的概念，即 Topic(主题)。Topic 示意图如图 6-10 所示。

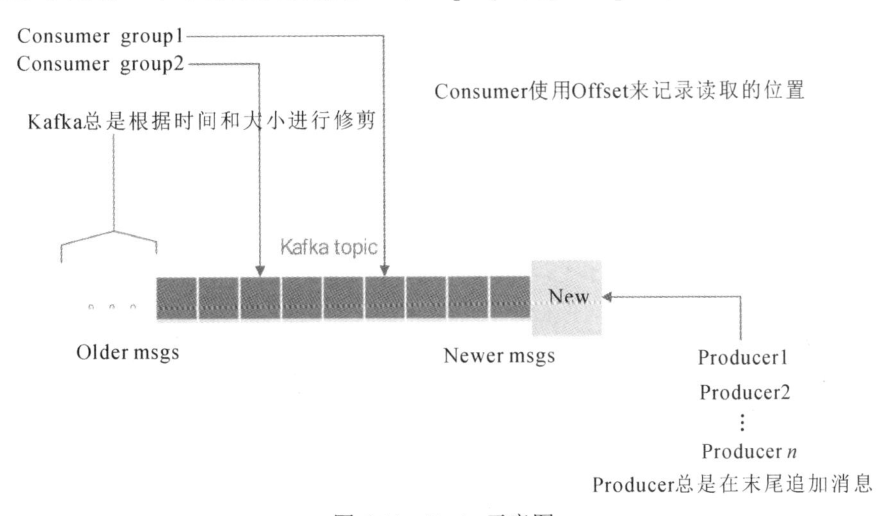

图 6-10　Topic 示意图

发布到 Kafka 的每条消息都有一个类别，此类别被称为 Topic，其可以理解为一个存储消息的队列。例如，将天气作为一个 Topic，每天的温度就可以存储在“天气”这个队列里。图 6-10 中的一整条灰色框为 Kafka 的一个 Topic，也可以理解为一个队列，每个格子代表一条消息。生产者产生的消息逐条放到 Topic 的末尾。消费者从左至右顺序读取消息，并使用 Offset(偏移量)来记录读取的位置。

每个 Topic 由一个或者多个 Partition(分区)构成，每个 Partition 都是有序且不可变的消息队列，并且在存储层面对应着一个 Log 文件，Log 文件中记录了所有的消息数据。Partition 结构示意图如图 6-11 所示。

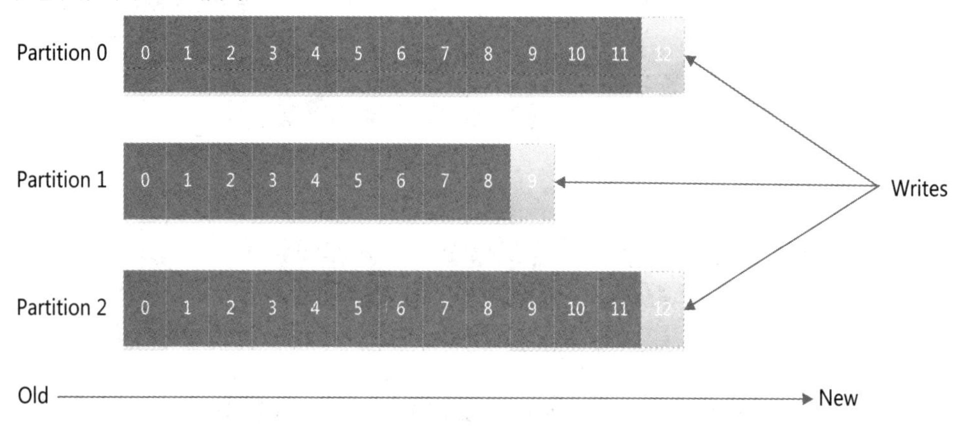

图 6-11 Partition 结构示意图

引入 Partition 机制可以保证 Kafka 的高吞吐能力。因为 Topic 的多个 Partition 分布在不同的 Kafka 节点上，这样的好处是多个客户端(Producer 和 Consumer)可以并发地对一个 Topic 进行消息的读写，Topic 的 Partition 数量可以在创建时配置好。

Partition 的消费流程示意图如图 6-12 所示。分区 P0、P3 在 Server1(节点 1)上，分区 P1、P2 在 Server2(节点 2)上。消费者有 C1、C2、C3、C4、C5、C6，其中，C1、C2 属于 Consumer group A(消费者组 A)，C3、C4、C5、C6 属于 Consumer group(消费者组 B)。

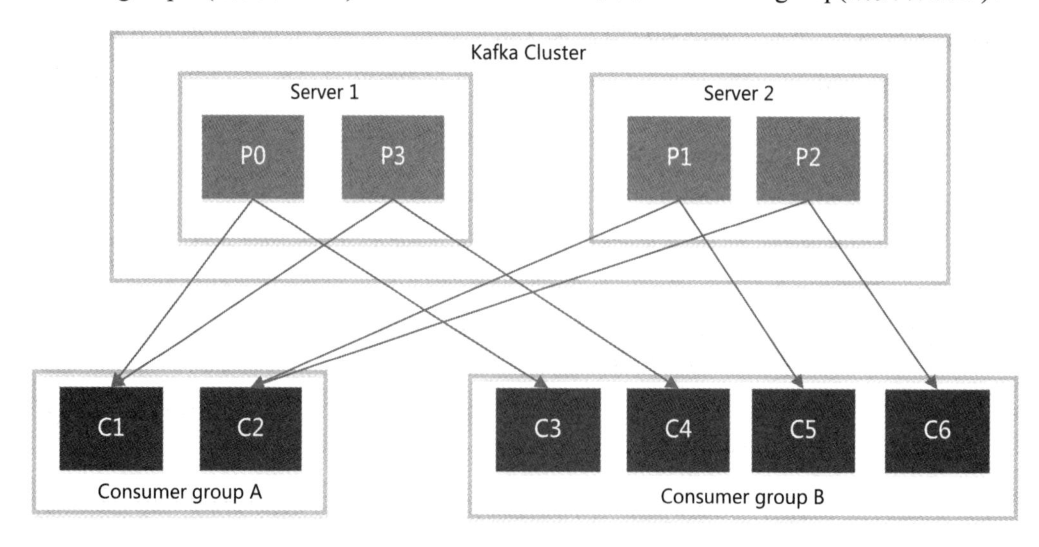

图 6-12 Partition 的消费流程示意图

消费者组 A 和 B 都要消费数据，而数据来源于 4 个分区。消费者组 A 中的消费者 C1 和 C2 会消费两个分区的数据。而消费者组 B 中有 4 个消费者，每个消费者只会消费一个分区的数据。消费者组 A 和 B 之间互不影响，且每个消费者只能消费所分配分区中的消息。换言之，每一个分区只能被一个消费组中的一个消费者所消费。

Partition 偏移量的解释如图 6-13 所示。每条消息在文件中的位置称为 Offset(偏移量)，其可以理解成一种消息的索引。实际上，Offset 是一个 Long 型数字，它唯一标记一条消息，每个 Partition 消费的位置会有所不同，消费者可以通过 Offset、Partition、Topic 跟踪记录。

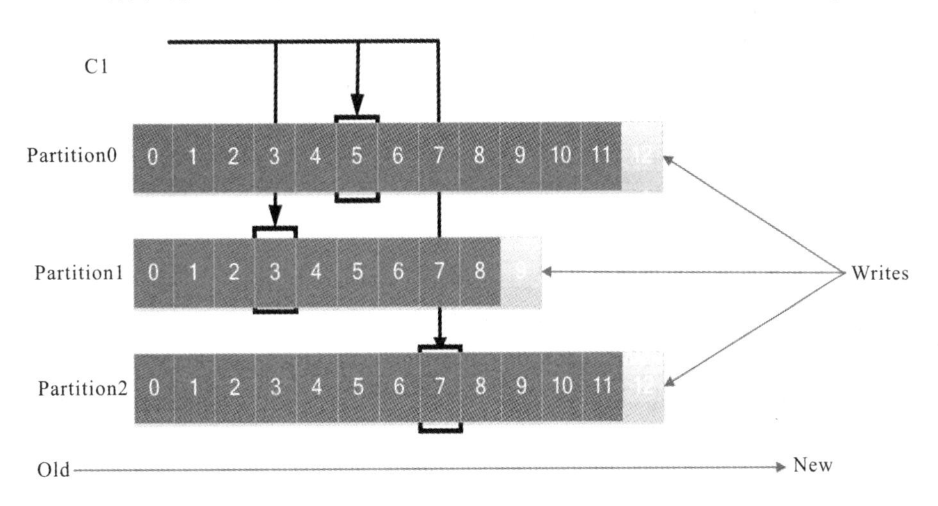

图 6-13 Kafka 之 Partition 偏移量

为了提高 Kafka 的容错性，Kafka 支持 Partition 的复制策略，而且 Partition 的副本个数可以设置。Partition 的副本示意图如图 6-14 所示。

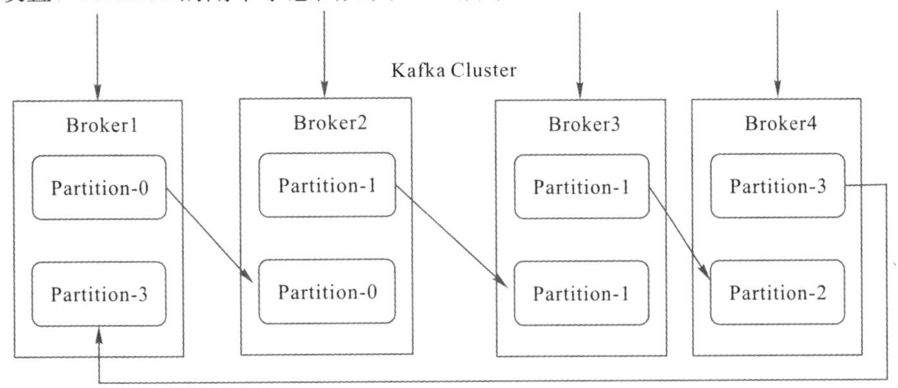

图 6-14 Partition 的副本特性

副本以分区为单位，每个分区都有各自的主副本(Leader)和从副本(Follower)。Follower 通过拉取的方式从 Leader 中同步数据。而消费者和生产者是直接从 Leader 中读写数据的，不与 Follower 交互。

Leader 负责 Partition 的读写操作，其他副本节点只负责数据的同步。如果 Leader 失效，则其他 Follower 会通过特定的算法选举新的 Leader，并使其接管原来 Leader 的工作。需要注意的是，如果由于某个 Follower 自身的性能或者网络原因导致同步的数据落后 Leader 太多，此时 Leader 失效后，并不会将此 Follower 选为 Leader。由于 Leader 承载了全部的请求压力，因此从集群的整体考虑，Kafka 会将 Leader 均衡地分散在各个实例上，以确保整体的性能稳定。一个 Kafka 集群的各个节点间可能互为 Leader 和 Follwer。

Partition 的副本同步数据如图 6-15 所示。

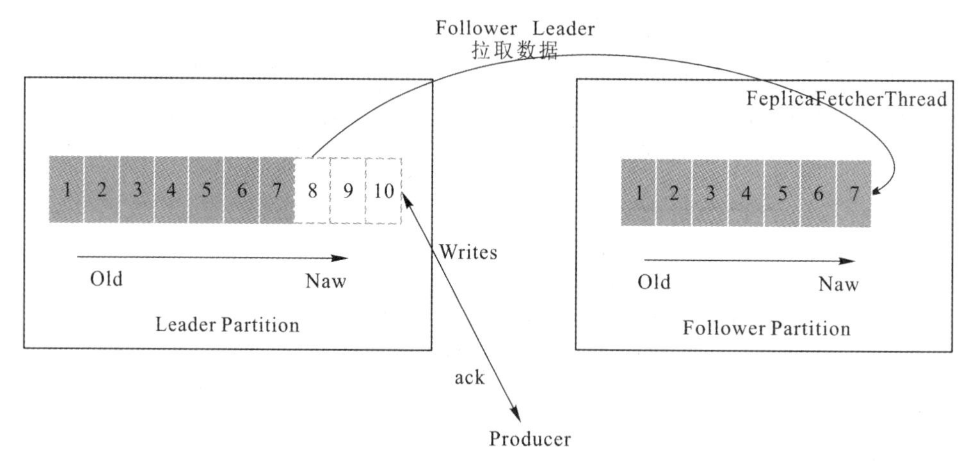

图 6-15 Partition 的副本同步数据

当 Follower Partition 需要从 Leader Partition 同步数据时，Follower Partition 会创建一个 ReplicaFetcherThread 线程。该线程会向 Leader Partition 发出 Fetch Request 请求，并从 LeaderPartition 拉取数据。

6.2.3 Kafka 的常用命令

本小节中 Kafka 的常用命令较多，整理成思维导图如图 6-16 所示。

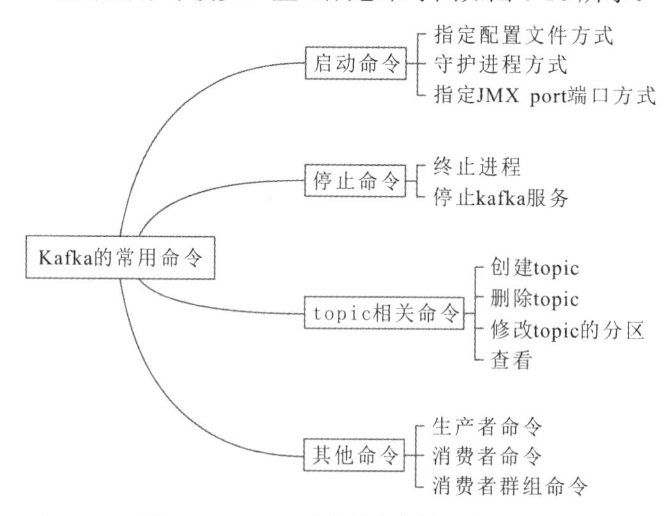

图 6-16 Kafka 的常用命令的思维导图

1. Kafka 的启动命令

以指定配置文件方式启动($KAFKA_HOME 为 Kafka 的安装路径，可用绝对路径代替)，命令如下：

```
kafka-server-start.sh $KAFKA_HOME/config/server.properties
```

以守护进程方式启动，命令如下：

```
kafka-server-start.sh -daemon $KAFKA_HOME/config/server.properties
```

以指定 JMX port 端口方式启动，指定 jmx 可以方便地监控 Kafka 集群，命令如下：

```
JMX_PORT=6666 kafka-server-start.sh -daemon $KAFKA_HOME/config/server.properties
```

2. Kafka 的停止命令

方式一：终止 Kafka 进程，命令如下：

```
kill -9 pid
```

说明：其中 pid 为 Kafka 进程的进程号。例如，Kafka 进程号为 2195，则终止此 Kafka 进程的命令如下：

方式二：停止 Kafka 服务，命令如下：

```
kafka-server-stop.sh
```

3. Kafka 的 topic 相关命令

(1) 创建 topic，命令如下：

```
kafka-topics.sh --create --replication-factor 3 --partitions 3 --topic test --bootstrap-server master:9092,slave1:9092,slave2:9092
```

(2) 删除 topic，命令如下：

```
kafka-topics.sh --bootstrap-server master:9092,slave1:9092,slave2:9092 --delete --topic test
```

(3) 修改 topic 的分区，命令如下：

```
kafka-topics.sh --bootstrap-server master:9092,slave1:9092,slave2:9092 --alter --topic test --partitions 5
```

注意：分区的数量只能增加，不能减少。

(4) 查看。

① 所有 topic，命令如下：

```
kafka-topics.sh --bootstrap-server master:9092,slave1:9092,slave2:9092 --list
```

② 查看所有 topic 的详细信息，命令如下：

```
kafka-topics.sh --bootstrap-server master:9092,slave1:9092,slave2:9092 --describe
```

③ 查看指定 topic 的详细信息，命令如下：

```
kafka-topics.sh --bootstrap-server master:9092,slave1:9092,slave2:9092 --describe --topic test
```

4. Kafka 的其他命令

(1) 生产者命令，命令如下：

```
kafka-console-producer.sh --broker-list master:9092,slave1:9092,slave2:9092 --topic test
```

(2) 消费者命令。

--from-beginning 指从生产者最开始的时候就消费，命令如下：

```
kafka-console-consumer.sh --bootstrap-server master:9092,slave1:9092,slave2:9092 --from-beginning --topic test
```

--group 可以指定消费者所属的消费组，命令如下：

```
kafka-console-consumer.sh --bootstrap-server master:9092,slave1:9092,slave2:9092 --from-beginning --group test_group --topic test
```

(3) 消费者群组命令。

① 列出所有消费者群组，等同 zkCli.sh 执行 ls /consumer，命令如下：

```
kafka-consumer-groups.sh --bootstrap-server master:9092,slave1:9092,slave2:9092 --list
```

② 列出 test_group 消费组的详细信息，命令如下：

```
kafka-consumer-groups.sh --bootstrap-server master:9092,slave1:9092,slave2:9092 --describe --group test_group
```

③ 删除消费者群组，命令如下：

```
kafka-consumer-groups.sh --bootstrap-server master:9092,slave1:9092,slave2:9092 --delete --group test_group
```

④ 删除消费者群组中的 topic，命令如下：

```
kafka-consumer-groups.sh --bootstrap-server master:9092,slave1:9092,slave2:9092 --delete --group test_group --topic test
```

技能实训

实训 6.1　Flume 的安装与部署

1. 实训目的

通过本实训了解 Telnet 的简介与工作原理，理解 Flume 和 Telnet 的安装与部署。

2. 实训内容

本实训主要讲解 Flume 和 Telnet 的安装与部署，并使用 Telnet 实现发送数据到指定端口，由 Flume 采集端口的数据。

3. 实训要求

以小组为单元进行实训，每小组 5 人，小组自行协商选出一位组长。由组长安排和分配实训任务，具体任务参考实训操作环节。本实训相对简单，小组成员只需具备一定的 Linux 基础即可，且实训前需确保 JDK 安装正确。

4. 准备知识

1) Telnet 简介

Telnet 是 TCP/IP 协议族中的一员，属于应用层协议，是 Internet 远程登录服务器的标准协议。

Telnet 属于典型的客户机/服务器模型。当用 Telnet 登录远程计算机时，实际上启动了两个程序：一个是运行在本地计算机的 Telnet 客户端程序；另一个是运行在登录的远程计算机上的 Telnet 服务程序。

2) Telnet 的工作原理

(1) 建立与远程主机的 TCP 连接，默认端口为 23 号端口。如果远程主机上的 Telnet 服务器软件一直在这个端口上侦听到连接请求，则这个连接便会建立起来。

(2) 以终端方式为用户提供人机界面。

(3) 将用户输入的信息通过 Telnet 协议传送给远程主机。

(4) 接受远程主机发送来的信息，并经过适当的转换显示在用户计算机的屏幕上。

5. 实训步骤

1) 安装和配置 Flume

(1) 准备安装包。

将 apache-flume-1.10.1-bin.tar.gz 压缩包上传至 master 节点的/root/package 目录下。解压 apache-flume-1.10.1-bin.tar.gz，这里解压到/opt/software 目录下，命令如下：

```
cd /root/package

tar -zxvf apache-flume-1.10.1-bin.tar.gz -C /opt/software/
```

(2) 配置 Flume。

① 配置环境变量，命令如下：

```
vim /etc/profile
```

添加以下内容：

```
export FLUME_HOME=/opt/software/apache-flume-1.10.1-bin
export PATH=$PATH:$FLUME_HOME/bin
```

使配置在当前会话窗口生效，命令如下：

```
source /etc/profile
```

② 修改 Flume 的配置文件($FLUME_HOME/conf)，命令如下：

```
cd /opt/software/apache-flume-1.10.1-bin/conf

cp flume-env.sh.template flume-env.sh

vim flume-env.sh
```

③ 添加 JAVA_HOME 配置，内容如下：

```
export JAVA_HOME=/opt/software/jdk1.8.0_161
```

配置结果如图 6-17 所示。

```
# Enviroment variables can be set here.

# export JAVA_HOME=/usr/lib/jvm/java-8-oracle
export JAVA_HOME=/opt/software/jdk1.8.0_161
# Give Flume more memory and pre-allocate, enable remote monitoring via JMX
# export JAVA_OPTS="-Xms100m -Xmx2000m -Dcom.sun.management.jmxremote"
```

图 6-17　添加 JAVA_HOME 配置的结果

(3) 校验 Flume，命令如下：

```
flume-ng version
```

若可以查看到 Flume 的版本，则表示 Flume 已经安装成功。查看 Flume 版本号如图 6-18 所示。

```
[root@master conf]# flume-ng version
Flume 1.10.1
Source code repository: https://git.apache.org/repos/asf/flume.git
Revision: 047516d4bd5574c3e67a5d98ca2cfe025886df7c
Compiled by rgoers on Sat Aug 13 11:16:08 MST 2022
From source with checksum de1cf990338c759d311522e65597e457
```

图 6-18　查看 Flume 版本号

2) 安装和配置 Telnet

(1) 安装准备。

新建文件夹 telnet 并上传 3 个文件，命令如下：

```
mkdir -p /root/package/telnet
```

上传的 3 个文件如下：

① xinetd-2.3.14-39.el6_4.x86_64.rpm；

② telnet-0.17-47.el6.x86_64.rpm；

③ telnet-server-0.17-47.el6.x86_64.rpm。

(2) 按顺序依次进行安装。

① 安装 xinetd-2.3.14-39.el6_4.x86_64.rpm，命令如下：

```
cd /root/package/telnet

rpm -ivh xinetd-2.3.14-39.el6_4.x86_64.rpm
```

② 安装 telnet-0.17-47.el6.x86_64.rpm，命令如下：

```
rpm -ivh telnet-0.17-47.el6.x86_64.rpm
```

③ 安装 telnet-server-0.17-47.el6.x86_64.rpm，命令如下：

```
rpm -ivh telnet-server-0.17-47.el6.x86_64.rpm
```

安装结果示意图如图 6-19 所示。

```
[root@master telnet]# rpm -ivh xinetd-2.3.14-39.el6_4.x86_64.rpm
warning: xinetd-2.3.14-39.el6_4.x86_64.rpm: Header V3 RSA/SHA1 Signature, key ID
 c105b9de: NOKEY
Preparing...                          ################################# [100%]
Updating / installing...
   1:xinetd-2:2.3.14-39.el6_4         ################################# [100%]
[root@master telnet]# rpm -ivh telnet-0.17-47.el6.x86_64.rpm
warning: telnet-0.17-47.el6.x86_64.rpm: Header V3 RSA/SHA256 Signature, key ID f
d431d51: NOKEY
Preparing...                          ################################# [100%]
Updating / installing...
   1:telnet-1:0.17-47.el6             ################################# [100%]
[root@master telnet]# rpm -ivh telnet-server-0.17-47.el6.x86_64.rpm
warning: telnet-server-0.17-47.el6.x86_64.rpm: Header V4 DSA/SHA1 Signature, key
 ID 192a7d7d: NOKEY
Preparing...                          ################################# [100%]
Updating / installing...
   1:telnet-server-1:0.17-47.el6      ################################# [100%]
```

图 6-19　安装结果显示示意图

④ 查看是否安装，命令如下：

```
rpm -q telnet
```

```
rpm -q telnet-server
```

显示已经安装，查看安装结果如图 6-20 所示。

```
[root@master telnet]# rpm -q telnet
telnet-0.17-47.el6.x86_64
[root@master telnet]# rpm -q telnet-server
telnet-server-0.17-47.el6.x86_64
```

图 6-20　查看安装结果

(3) 配置 Telnet。

① 将 disable 项的 yes 修改为 no，命令如下：

```
vim /etc/xinetd.d/telnet
```

修改参数如图 6-21 所示。

```
# default: on
# description: The telnet server serves telnet sessions; it uses \
#       unencrypted username/password pairs for authentication.
service telnet
{
        flags           = REUSE
        socket_type     = stream
        wait            = no
        user            = root
        server          = /usr/sbin/in.telnetd
        log_on_failure  += USERID
        disable         = no
}
```

图 6-21　修改参数

② 重启服务，命令如下：

```
systemctl restart xinetd
```

(4) 测试 Telnet。

此时在$FLUME_HOME/conf 目录下编写一个 Flume 配置文件，命令如下：

```
cd /opt/software/apache-flume-1.10.1-bin/conf

vim example.conf
```

添加内容如下：

```
a1.sources = r1
a1.sinks = k1
a1.channels = c1

a1.sources.r1.type = netcat
a1.sources.r1.bind = localhost
a1.sources.r1.port = 44444

a1.sinks.k1.type = logger
a1.channels.c1.type = memory
```

```
a1.sources.r1.channels = c1
a1.sinks.k1.channel = c1
```

使用以下命令运行一个 Agent 实例：

```
flume-ng agent --conf $FLUME_HOME/conf --conf-file $FLUME_HOME/conf/example.conf --name a1
-Dflume.root.logger=INFO,console
```

此 Agent 实例启动后将会监听 44444 端口。启动 Agent 实例的显示效果如图 6-22 所示。

```
2022-11-10T12:57:19,266 INFO  [lifecycleSupervisor-1-0] instrumentation.Monitore
dCounterGroup: Component type: CHANNEL, name: c1 started
2022-11-10T12:57:19,764 INFO  [main] node.Application: Starting Sink k1
2022-11-10T12:57:19,765 INFO  [main] node.Application: Starting Source r1
2022-11-10T12:57:19,766 INFO  [lifecycleSupervisor-1-3] source.NetcatSource: Sou
rce starting
2022-11-10T12:57:19,778 INFO  [lifecycleSupervisor-1-3] source.NetcatSource: Cre
ated serverSocket:sun.nio.ch.ServerSocketChannelImpl[/127.0.0.1:44444]
```

图 6-22　启动 Agent 实例的显示效果

此时，重新打开一个终端，执行以下命令：

```
telnet localhost 44444
```

若出现如图 6-23 所示的效果，则表示可以连通。

```
[root@master ~]# telnet localhost 44444
Trying ::1...
telnet: connect to address ::1: Connection refused
Trying 127.0.0.1...
Connected to localhost.
Escape character is '^]'.
```

图 6-23　测试 44444 端口是否可以连通

此时，可以继续在此终端向 44444 端口发送内容，比如此处输入 hadoop 和 bigdata，按回车键则可以发送内容。向 44444 端口发送内容如图 6-24 所示。

```
[root@master ~]# telnet master 44444
Trying 192.168.128.131...
telnet: connect to address 192.168.128.131: Connection refused
[root@master ~]# telnet localhost 44444
Trying ::1...
telnet: connect to address ::1: Connection refused
Trying 127.0.0.1...
Connected to localhost.
Escape character is '^]'.
hadoop
OK
bigdata
OK
```

图 6-24　向 44444 端口发送内容

此时，返回启动 Agent 的终端，可以看到 Flume 采集过来的数据。查看 Flume 采集到的内容如图 6-25 所示。

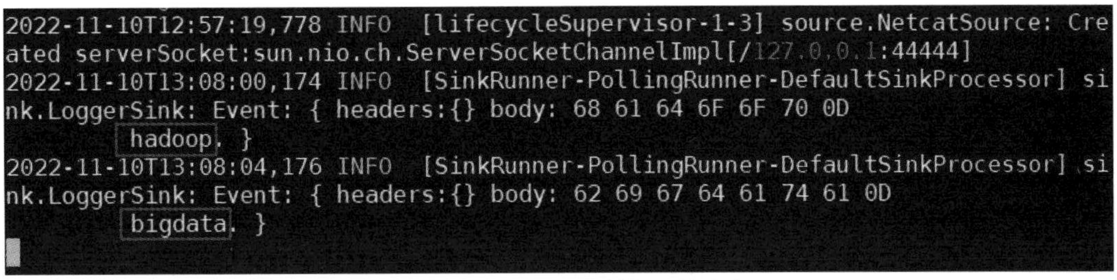

```
2022-11-10T12:57:19,778 INFO  [lifecycleSupervisor-1-3] source.NetcatSource: Created serverSocket:sun.nio.ch.ServerSocketChannelImpl[/127.0.0.1:44444]
2022-11-10T13:08:00,174 INFO  [SinkRunner-PollingRunner-DefaultSinkProcessor] sink.LoggerSink: Event: { headers:{} body: 68 61 64 6F 6F 70 0D
        hadoop. }
2022-11-10T13:08:04,176 INFO  [SinkRunner-PollingRunner-DefaultSinkProcessor] sink.LoggerSink: Event: { headers:{} body: 62 69 67 64 61 74 61 0D
        bigdata. }
```

图6-25 查看Flume采集到的内容

6. 实训总结

本实训主要是完成了Flume的安装和配置，并离线安装了Telnet，最后还实现了使用Flume采集指定端口的数据。离线安装是企业工作人员必须要学会的知识，因为在很多情况下，企业是无法连接外网的。

许多服务器，甚至是自己的Windows电脑里，已装好了Telnet，那此时可以节省些时间，无须再单独安装。

实训6.2 用Flume采集数据到HDFS

1. 实训目的

加深对Flume结构和概念的理解；熟悉Flume的使用。

2. 实训内容

本实训主要讲解使用Flume采集数据到HDFS的方法，包括编写配置文件、执行Flume、测试与查看结果等。

3. 实训要求

以小组为单元进行实训，每小组5人，小组自行协商选出一位组长。由组长安排和分配实训任务，具体任务参考实训操作环节。实训之前需确保Flume与HDFS集群部署正确。

4. 准备知识

1) Source

(1) NetCat Source：绑定的端口(TCP、UDP)，将流经端口的每一个文本行数据作为Event输入。

① type：Source的类型必须是netcat。

② bind：要监听的主机名或者ip。

③ port：绑定的本地的端口。

(2) Avro Source：监听一个Avro服务端口，采集Avro数据序列化后的数据。

① type：Avro source的类型必须是avro。

② bind：要监听的主机名或者ip。

③ port：绑定的本地的端口。

(3) Exec Source：基于Unix的命令在标准输出上采集数据。

① type：Source的类型必须是exec。

② command：要执行的命令。

(4) Spooling Directory Source：监听一个文件夹里的文件是否新增，如果有，则采集作为 Source。

① type：Source 的类型必须是 spooldir。

② spoolDir：监听的文件夹。

③ fileSuffix：上传完毕后文件的重命名后缀，默认为.COMPLETED。

④ deletePolicy：上传后的文件的删除策略 never 和 immediate，默认为 never。

⑤ fileHeader：是否加上该文件的绝对路径在 header 里，默认是 false。

⑥ basenameHeader：是否加上该文件的名称在 header 里，默认是 false。

2) Channel

(1) Memory Channel：使用内存作为数据的存储。

① type：Channel 的类型必须是 memory。

② capacity：Channel 中的最大 event 数目。

③ transactionCapacity：Channel 中允许事务的最大 Event 数目。

(2) File Channel：使用文件作为数据的存储。

① type：Channel 的类型必须是 file。

② checkpointDir ：检查点的数据存储目录。

③ dataDirs ：数据的存储目录。

④ transactionCapacity：Channel 中允许事务的最大 Event 数目。

3) Sink

(1) HDFS Sink：将数据传输到 HDFS 集群中。

① type：Sink 的类型必须是 hdfs。

② hdfs.path：HDFS 的路径。

③ hdfs.filePrefix：HDFS 文件的前缀，默认是 FlumeData。

④ hdfs.rollInterval：间隔多久产生新文件，默认是 30 s，0 表示不以时间间隔为准。

⑤ hdfs.rollSize：文件多大时再产生一个新文件，默认是 1024 bytes，0 表示不以文件大小为准。

⑥ hdfs.rollCount：Event 数量达到多少时再产生一个新文件，默认是 10 个，0 表示不以 event 数目为准。

⑦ hdfs.batchSize：每次往 HDFS 里提交多少个 Event，默认是 100。

⑧ hdfs.fileType ： HDFS 文件的格式主要包括 SequenceFile 、 DataStream 、 CompressedStream，如果使用 CompressedStream 类型，则需要设置压缩方式。

⑨hdfs.codeC：压缩方式为 gzip、bzip2、lzo、lzop、snappy。

注意：%{host}可以使用 header 的 Key 和%Y%m%d 来表示时间，但关于时间的表示需要在 header 里有 timestamp 这个 Key。

(2) Logger Sink：将数据作为日志处理(记录 INFO 级别的日志，一般用于调试或者测试。)要在控制台显示，可以给启动 Agent 的命令加上-Dflume.root.logger=INFO, console。

① type：Sink 的类型必须是 logger。

② maxBytesToLog：打印 body 的最长的字节数默认是 16。

(3) Avro Sink：数据被转换成 Avro 事件，然后发送到指定的服务端口上。

① type：Sink 的类型必须是 avro。

② hostname：指定发送数据的主机名或者 ip。

③ port：指定发送数据的端口。

(4) File Roll Sink：数据发送到本地文件。

① type：Sink 的类型必须是 file_roll。

② sink.directory：存储文件的目录。

③ sink.rollInterval：间隔多久产生一个新文件，默认是 30 s，0 为不产生新文件(即使没有数据也会产生文件)。

④ sink.batchSize：一次发送多少个 Event，默认是 100。

5. 实训步骤

1) 使用 Flume 采集数据到 HDFS

(1) 新建并编辑 conf 文件。

新建 hdfs.conf，命令如下：

```
cd /opt/software/apache-flume-1.10.1-bin/conf

vim hdfs.conf
```

在 hdfs.conf 文件中添加的内容如下：

```
#1、定义 agent 中各组件名称
agent1.sources=source1
agent1.sinks=sink1
agent1.channels=channel1

#2、source1 组件的配置参数
agent1.sources.source1.type=exec
#手动生成/home/source.log 手动生成
agent1.sources.source1.command=tail -n +0 -F /home/source.log

#3、channel1 的配置参数
agent1.channels.channel1.type=memory
agent1.channels.channel1.capacity=1000
agent1.channels.channel1.transactionCapactiy=100

#4、sink1 的配置参数
agent1.sinks.sink1.type=hdfs
agent1.sinks.sink1.hdfs.path=hdfs://master:8020/flume/data
agent1.sinks.sink1.hdfs.fileType=DataStream
#时间类型
agent1.sinks.sink1.hdfs.useLocalTimeStamp=true
agent1.sinks.sink1.hdfs.writeFormat=TEXT
```

```
#文件前缀
agent1.sinks.sink1.hdfs.filePrefix=%Y-%m-%d-%H-%M
#60 秒滚动生成一个文件
agent1.sinks.sink1.hdfs.rollInterval=60
#HDFS 块副本数
agent1.sinks.sink1.hdfs.minBlockReplicas=1
#不根据文件大小滚动文件
agent1.sinks.sink1.hdfs.rollSize=0
#不根据消息条数滚动文件
agent1.sinks.sink1.hdfs.rollCount=0
#不根据多长时间未收到消息滚动文件
agent1.sinks.sink1.hdfs.idleTimeout=0

#5、将 source 和 sink 绑定到 channel
agent1.sources.source1.channels=channel1
agent1.sinks.sink1.channel=channel1
```

(2) 在 HDFS 中新建 flume/data 文件夹，命令如下：

```
hdfs dfs -mkdir -p /flume/data
```

(3) 拷贝 Hadoop 的 JAR 包到$FLUME_HOME/lib 目录下，命令如下：

```
cd /opt/software/hadoop-3.3.4/share/hadoop/common

cp -r *.jar lib/*.jar $FLUME_HOME/lib/
```

在拷贝过程中，如遇相同 JAR 包提示覆盖，则直接按回车键即可。

2) 执行 Flume

启动 Flume(启动前需要先启动 HDFS)，命令如下：

```
flume-ng agent --conf $FLUME_HOME/conf --conf-file $FLUME_HOME/conf/hdfs.conf --name agent1-Dflume.root.logger=DEBUG,console
```

Flume 启动状态如图 6-26 所示。

```
ully registered new MBean.
2022-11-10T13:26:28,215 INFO  [lifecycleSupervisor-1-2] instrumentation.Monitore
dCounterGroup: Component type: SOURCE, name: source1 started
2022-11-10T13:26:28,217 INFO  [lifecycleSupervisor-1-0] instrumentation.Monitore
dCounterGroup: Monitored counter group for type: SINK, name: sink1: Successfully
 registered new MBean.
2022-11-10T13:26:28,217 INFO  [lifecycleSupervisor-1-0] instrumentation.Monitore
dCounterGroup: Component type: SINK, name: sink1 started
```

图 6-26 Flume 启动状态

说明：Flume 启动之后终端窗口处于阻塞状态，请读者勿将其视为卡死状态。

3) 测试与查看结果

(1) 新打开一个终端，创建/home/source.log 并写入文件，命令如下：

```
touch /home/source.log
```

```
echo hadoop >> /home/source.log
echo hello >> /home/source.log
echo hi >> /home/source.log
```

操作如图 6-27 所示。

```
[root@master ~]# touch /home/source.log
[root@master ~]#
[root@master ~]# echo hadoop >> /home/source.log
[root@master ~]# echo hello >> /home/source.log
[root@master ~]# echo hi >> /home/source.log
```

图 6-27　创建文件并写入内容

(2) 查看 HDFS 上的采集结果，命令如下：

```
hdfs dfs -ls /flume/data
```

可以看到已经生成了文件，查看 data 文件夹的文件，如图 6-28 所示。

```
[root@master ~]# hdfs dfs -ls /flume/data
Found 1 items
-rw-r--r--   2 root supergroup         16 2022-11-10 13:29 /flume/data/2022-11-1
0-13-29.1668058186320.tmp
```

图 6-28　查看 data 文件夹的文件

说明：因为文件名的生成策略原因，每次文件名会不同。稍等片刻后可以发现，临时文件已经变成了非临时文件，即没有了文件后缀 tmp。临时文件名变化后示意图如图 6-29 所示。

```
[root@master ~]# hdfs dfs -ls /flume/data
Found 1 items
-rw-r--r--   2 root supergroup         16 2022-11-10 13:30 /flume/data/2022-11-1
0-13-29.1668058186320
```

图 6-29　临时文件名变化后示意图

此时，继续查看此文件的内容，可以看到其实就是向/home/source.log 文件输入的内容，查看所采集文件的内容如图 6-30 所示。

```
[root@master ~]# hdfs dfs -cat /flume/data/2022-11-10-13-29.1668058186320
hadoop
hello
hi
```

图 6-30　查看所采集文件的内容

至此，使用 Flume 采集数据到 HDFS 的实训已完成。

6. 实训总结

本实训首先讲解了 Source、Channel 和 Sink 的常见类型，随后选择了 Exec 类型的 Source、Memory 类型的 Channel 以及 HDFS 类型的 Sink 进行实际操作。通过使用 Flume 采集文件数据，最终将数据成功导入到 HDFS 中。在实训过程中，可以实时观察启动 Agent 后终端窗口的变化，并结合所学的理论知识来理解整个执行过程。

实训 6.3　Kafka 集群部署

1. 实训目的

通过本实训了解 Kafka 的核心概念，掌握 Kafka 集群的安装与部署。

2. 实训内容

本实训主要安装和配置 Kafka，并验证 Kafka。

3. 实训要求

以小组为单元进行实训，每小组 5 人，小组自行协商选出一位组长。由组长安排和分配实训任务，具体任务参考实训操作环节。在实训之前需确保 ZooKeeper 集群安装正确。

4. 准备知识

Kafka 概念趣解如下：

① Producer：生产者，用来生产“鸡蛋”。

② Consumer：消费者，生产出来的“鸡蛋”由它消费。

③ Topic：把它理解为标签，生产者可给生产出来“鸡蛋”贴上一个标签(Topic)，消费者可选择性地“吃”贴上了特定标签的“鸡蛋”。

④ Broker：就是篮子。

⑤ Partition：是物理上的概念，每个 Topic 包含一个或多个 Partition。

⑥ Consumer Group：每个 Consumer 属于一个特定的 Consumer Group(可为每个 Consumer 指定 group name，若不指定 group name，则属于默认的 group)。

从技术角度来看，Topic(标签)实际就是队列，生产者把所有“鸡蛋(消息)”都放到对应的队列里，消费者到指定的队列里取“鸡蛋(消息)”。

5. 实训步骤

1) 安装 Kafka

① 将 kafka_2.13-3.3.1.tgz 压缩包上传至 master 节点的/root/package 目录下，代码如下：

```
cd /root/package
```

② 解压 kafka_2.13-3.3.1.tgz，这里解压到/root/package 目录下，命令如下：

```
tar -zxvf kafka_2.13-3.3.1.tgz -C /opt/software/
```

2) 配置 Kafka

(1) 配置环境变量，命令如下：

```
vim /etc/profile
```

添加以下内容：

```
export KAFKA_HOME=/opt/software/kafka_2.13-3.3.1
export PATH=$PATH:$KAFKA_HOME/bin
```

使配置生效，命令如下：

```
source /etc/profile
```

(2) 修改 Kafka 的配置文件($KAFKA_HOME/config)，命令如下：

```
cd /opt/software/kafka_2.13-3.3.1/config

vim server.properties
```

在 server.properties 文件中，Kafka 默认是连接本地节点的 ZooKeeper，现需修改成安装了 ZooKeeper 的三个节点，具体操作为修改此行内容(zookeeper.connect=localhost:2181)，

将此行的 localhost:2181 修改为 master:2181,slave1:2181,slave2:2181。修改 ZooKeeper 的连接节点的结果如图 6-31 所示。

```
############################# Zookeeper #############################

# Zookeeper connection string (see zookeeper docs for details).
# This is a comma separated host:port pairs, each corresponding to a zk
# server. e.g. "127.0.0.1:3000,127.0.0.1:3001,127.0.0.1:3002".
# You can also append an optional chroot string to the urls to specify the
# root directory for all kafka znodes.
zookeeper.connect=master:2181,slave1:2181,slave2:2181
```

图 6-31 修改 ZooKeeper 的连接节点的结果

注意：主机后面勿忘加上 2181 端口，各节点之间用英文逗号隔开。

修改日志路径如下：

```
log.dirs=/opt/software/kafka_2.13-3.3.1/tmp/kafka-logs
```

修改日志路径为/opt/software/kafka_2.13-3.3.1/tmp/kafka-logs，修改结果如图 6-32 所示。如图 6-32 所示。

```
############################# Log Basics #############################

# A comma separated list of directories under which to store log files
log.dirs=/opt/software/kafka_2.13-3.3.1/tmp/kafka-logs
```

图 6-32 修改 ZooKeeper 日志路径的结果

3) 复制 master 节点的 Kafka 到 slave1、slave2

在 master 中执行亿以上命令：

```
~/shell/scp_call.sh /opt/software/kafka_2.13-3.3.1
```

4) 配置 slave1、slave2 中 Kafka 的配置文件

(1) 配置 slave1 的配置文件(修改 broker.id)。

新打开一个终端，登录 slave1 并执行以下命令：

```
vim /opt/software/kafka_2.13-3.3.1/config/server.properties
```

将配置文件中的 broker.id=0 中的 0 换成 1。

(2) 配置 slave2 的配置文件(修改 broker.id)。

新打开一个终端，登录 slave2 并执行以下命令：

```
vim /opt/software/kafka_2.13-3.3.1/config/server.properties
```

将配置文件中的 broker.id=0 中的 0 换成 1。

(3) 拷贝 master 节点的环境变量到 slave1 和 slave2。

在 master 节点中执行以下命令：

```
~/shell/scp_call.sh /etc/profile
```

分别在 slave1 和 slave2 节点中执行以下命令，使配置生效：

```
source /etc/profile
```

5) 校验 Kafka

(1) 启动 Kafka。

需确保 master、slave1、slave2 的 ZooKeeper 已启动，如未启动，则用下面命令启动(执

行 jps，若有 QuorumPeerMain 进程，则表示已启动)：

```
zkServer.sh start
```

ZooKeeper 启动后，分别在 master、slave1、slave2 上执行以下命令来启动 Kafka：

```
kafka-server-start.sh -daemon $KAFKA_HOME/config/server.properties
```

执行后查看进程情况，发现 3 个节点都启动了 Kafka 进程。查看各节点上的进程如图 6-33 所示。

```
[root@master config]# kafka-server-start.sh -daemon $KAFKA_HOME/config/server.pr
operties
[root@master config]# ~/shell/jps_all.sh
============= master jps ==============
2195 Kafka
1789 QuorumPeerMain
2286 Jps
============= slave1 jps ==============
2082 Jps
1587 QuorumPeerMain
1999 Kafka
============= slave2 jps ==============
1906 Jps
1445 QuorumPeerMain
1854 Kafka
```

图 6-33 查看各节点上的进程

6. 实训总结

本实训要安装并配置好 ZooKeeper。Kafka 的安装部署与 ZooKeeper 的安装部署大同小异，启动的时候记得要先启动 ZooKeeper。同时进行本实训前需认真理解 Kafka 的原理。

实训 6.4 发布订阅消息系统 Kafka 的具体实现

1. 实训目的

通过本实训，理解常用的 Kafka 发布订阅消息系统的命令，熟悉 Kafka 订阅推送消息的步骤与流程。

2. 实训内容

本实训通过启动 Kafka 集群，然后模拟推送消息与订阅消息，操作 Kafka 的相关操作命令。

3. 实训要求

以小组为单元进行实训，每小组 5 人，小组自行协商选出一位组长。由组长安排和分配实训任务，具体任务参考实训操作环节。进行本实训之前需确保 ZooKeeper 集群与 Kafka 集群安装正确。

4. 准备知识

消息系统的应用场景有很多，常见的有解耦、异步、削峰等，具体如下：

(1) 解耦。系统 A 已对接系统 B 和系统 C，需要完成相应的接口对接，如果已有消息系统对接系统 A，则不再需要在系统 A 中完成相应的接口，只需要让系统 B 和系统 C 按照一定的规则对接消息系统即可。

(2) 异步。没有消息系统的时候，如果有一个消息传输路径为系统 A→系统 B→系统 C，则所消耗的时间为系统间时间之和。如果应用消息系统，则可以让系统 A 对接消息系统，然后让其他系统直接在消息系统里订阅即可，比按路径传输消息更节省时间。

(3) 削峰。当消息并发量非常大时，如果所有请求直接访问数据库，极有可能造成数据库连接异常等故障，此时可以增加一个消息系统，让系统 A 按照数据库能处理的并发量缓慢拉取消息系统中的消息。

5. 实训步骤

1) 发布订阅消息

(1) 启动 ZooKeeper 与 Kafka。

确保 ZooKeeper 与 Kafka 已启动。若(没启动，则用下面指令启动，master、slave1、slave2 都要执行)：

```
zkServer.sh start

kafka-server-start.sh -daemon $KAFKA_HOME/config/server.properties
```

(2) 创建 Topic。

创建 Topic(名称为 my_repl5_topic，有 3 个分区，复制因子为 3)，在 master 节点执行如下命令：

```
kafka-topics.sh --create --replication-factor 3 --partitions 3 --topic mytopic --bootstrap-server master:9092,slave1:9092,slave2:9092
```

创建 Topic 的结果如图 6-34 所示。

```
[root@master config]# kafka-topics.sh --create --replication-factor 3 --partitio
ns 3 --topic mytopic --bootstrap-server master:9092,slave1:9092,slave2:9092
Created topic mytopic.
```

图 6-34 创建 Topic 的结果

查看创建的 Topic 描述，命令如下：

```
kafka-topics.sh --describe --topic mytopic --bootstrap-server master:9092,slave1:9092,slave2:9092
```

查看创建的 Topic 的结果如图 6-35 所示。

```
[root@master config]# kafka-topics.sh --describe --topic mytopic --bootstrap-server master:9092,slave1:9092,slave2:9092
Topic: mytopic  TopicId: 5qijBJ6bS5072KfETltYyA PartitionCount: 3       ReplicationFactor: 3    Configs:
        Topic: mytopic  Partition: 0    Leader: 0       Replicas: 0,1,2 Isr: 0,1,2
        Topic: mytopic  Partition: 1    Leader: 2       Replicas: 2,0,1 Isr: 2,0,1
        Topic: mytopic  Partition: 2    Leader: 1       Replicas: 1,2,0 Isr: 1,2,0
```

图 6-35 查看创建的 Topic 的结果

(3) 启动生产者(Producer)。

在 master 节点启动 Producer(处于等待状态)，命令如下：

```
kafka-console-producer.sh --broker-list master:9092,slave1:9092,slave2:9092 --topic mytopic
```

启动 Producer 的结果如图 6-36 所示。

```
[root@master config]# kafka-console-producer.sh --broker-list master:9092,slave1:9092,slave2:9092 --topic mytopic
>
```

图 6-36 启动 Producer 的结果

(4) 启动消费者(Consumer)。

在 slave1 节点启动 Consumer(处于等待状态)，命令如下：

```
kafka-console-consumer.sh --bootstrap-server master:9092,slave1:9092,slave2:9092 --topic mytopic
```

启动 Consumer 的结果如图 6-37 所示。

```
[root@slave1 ~]# kafka-console-consumer.sh --bootstrap-server master:9092,slave1:9092,slave2:9092 --topic mytopic
```

图 6-37　启动 Consumer 的结果

2) 验证发布的消息和订阅的消息

切换到 master 终端，输入以下内容：

```
hello kafka

hello world
```

发布消息结果如图 6-38 所示。

```
[root@master config]# kafka-console-producer.sh --broker-list master:9092,slave1:9092,slave2:9092 --topic mytopic
>hello kafka
>hello world
>
```

图 6-38　发布消息

切换到 slave1 终端，可查看到内容，订阅消息结果如图 6-39 所示。

```
[root@slave1 ~]# kafka-console-consumer.sh --bootstrap-server master:9092,slave1:9092,slave2:9092 --topic mytopic
hello kafka
hello world
```

图 6-39　订阅消息

至此，发布消息以及订阅消息的过程就完成了。

6. 实训总结

本实训列举了消息系统的常见应用场景，并演示了使用 Kafka 实现发布与订阅消息。实操过程中，我们应该思考实际应用场景中发布消息与订阅消息的具体实现方式。同时，也应该在课后探索 Kafka 的高并发特性，思考如何在多个生产者或者多个消费者的情况下保证消息的正确传递。

知 识 巩 固

1. Flume 与 Kafka 有什么共同点与不同点？
2. ZooKeeper 在集群中的位置及作用是什么？

模块七　大数据日志分析综合项目案例

在企业实际应用场景中，为了解决特定的业务问题，如提高系统性能、优化用户体验、发现安全漏洞等，可通过分析大量的日志数据来发现有价值的信息和趋势，从而为企业的决策提供支持，帮助企业更好地了解自身的运营状况、优化产品和服务、提高系统的安全性和效率，并实现商业价值。

本模块按照企业开发流程，对大数据日志分析综合项目进行介绍，包括项目目的、意义、背景、架构和需求等。核心内容是业务的实现，最终的分析结果将会以图表的形式展现。

通过本模块的学习，可以培养学生精诚合作、协同共进的团队精神。

7.1 项目准备

1. 项目目的

当今时代，数据与我们息息相关，我们每天都会接触各种软件、浏览各种网站。在生活上，我们不仅仅接触信息，其实也在生产信息，并留下了很多的数据。本模块将综合前面学习知识完成一个综合项目案例，旨在帮助大家更深入地了解大数据技术，并熟悉生产环境下的开发流程。通过此项目案例的学习，可以对大数据的认识提升到一个新的高度。

2. 项目意义

本项目案例的日志指的是用户行为日志。用户行为日志可以类比为网站或者 App 的眼睛，开发人员可以从中了解用户的主要来源、用户喜欢的内容、用户的访问设备等。用户行为日志也可以类比为网站或者 App 的神经，通过分析用户行为日志，可以清楚网站或者 App 的优缺点，了解用户使用过程中遇到的各种问题及反馈，进而有利于优化自己的网站或者 App，提升用户体验。此外，通过分析用户行为日志，还可以挖掘出有价值的信息，并将这些信息进行归类，以此划分主要的倾向人群，从而有利于实现业务需求。

3. 项目背景

用户每次访问网站或者 App 时，都会留下很多的行为数据。这些行为包括访问、浏览、搜索、单击等。每一个行为所产生的数据都可以被后台采集到。比如，单击的 URL、跳转到某 URL 前的上一次 URL、页面上的停留时间等都会被后台采集到。当有了数据之后，就可以进行大数据分析统计工作。

4. 项目架构

下面先了解本次项目的架构，再总结数据处理的流程。项目架构流程图如图 7-1 所示。

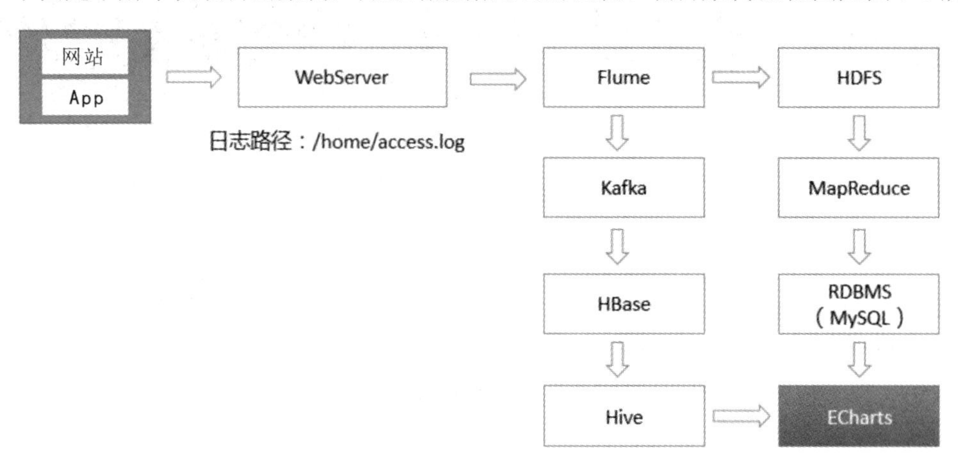

图 7-1　项目架构流程图

当访问网站或者使用 App 时会产生许多日志信息，日志信息存放到日志服务器里面。在图 7-1 所示的项目架构流程图中，WebServer 指的是网站或者 App 的后台，而本实训将日志信息直接存放到服务器的/home/access.log 路径下，然后通过 Flume 对采集到的信息进行路由，此处路由分两条主线。其中，一条主线是直接将数据采集到 HDFS 中，让 MapReduce 对 HDFS 上的数据进行清洗或者离线分析，分析完后再将结果存放到传统数据库中，此处传统数据库使用 MySQL；另一条主线是 Flume 与 Kafka 整合，将消费的数据存储到 HBase 中，当然此处的 Kafka 也可以与 Spark Streaming、Storm、Flink 等组件整合，实现实时流处理主线。Kafka 与 HBase 整合完后，HBase 可以与传统的业务系统整合，也可以与其他组件整合，图 7-1 所示中将 HBase 与 Hive 进行整合，目的是实现通过类 SQL 对 HBase 中的数据进行高效的分析。最后，这两条主线可以与 ECharts 整合，实现数据可视化。

综上所述，可以将数据处理流程归结为以下五大步骤。

(1) 数据采集。使用 Flume 对数据进行采集，将网站日志写入到 HDFS、Kafka 或者 HBase 等中。

(2) 数据清洗。使用 MapReduce、Spark、Hive、Flink 或者其他一些分布式计算框架对数据进行清洗，过滤掉没有意义的数据，如脏数据或者与业务不相关的数据等，清洗完之后的数据可以存放在 HDFS 或者 Hive、Spark SQL 等中。

(3) 数据处理。按照需求对相应业务进行统计和分析，可以使用数据清洗时的计算框架。

(4) 数据处理结果入库。处理的结果可以存放到 RDBMS、NoSQL 等数据库中。

(5) 数据可视化。当数据入库之后，可以开发各种各样的图形化界面对分析结果进行展示，如饼图、柱状图、地图、折线图等，可以借助的工具有 ECharts、DataV、HUE、Zeppelin、Kibana 等。

5. 项目需求

数据是一种宝贵的资源，可以从中发现有价值的信息。不同的业务领域有不同的需求，而满足这些需求的关键因素是技术能力和数据维度。数据维度越丰富、越完整，技术能力越强大，就越能挖掘出更多的信息。同时，数据的质量也影响着挖掘的难易程度。数据质量越高，挖掘就越容易。

本项目的数据采用模拟的方式生成，自定义的数据有 IP、时间、访问的 URL、跳转过来的网址、状态码 5 个字段。当然，想要生成哪些数据可以自行决定，也可以使用真实的数据。基于数据可以实现的业务场景非常多，可以尝试去多挖掘。比如，统计哪三个省份的用户访问网站最频繁？统计访问网站最频繁的时间段是哪个？统计过去 10 个小时内用户的访问量有多少？

为了更好地与前面模块的内容衔接，也为了降低学习的难度，本项目的需求是统计每天的用户访问量。

7.2 项目实施

1. 准备工作

需要准备好开发工具和所需要的软件的安装包。前面的实训已经准备好了，所以此处不再做过多说明。

在实操的时候，应确保各软件的版本与本书中的一致，如不完全相同，遇到问题时可先自行搜索与所用版本相关的解决方案。

2. 效果提前预览

项目展示效果图如图 7-2 所示。

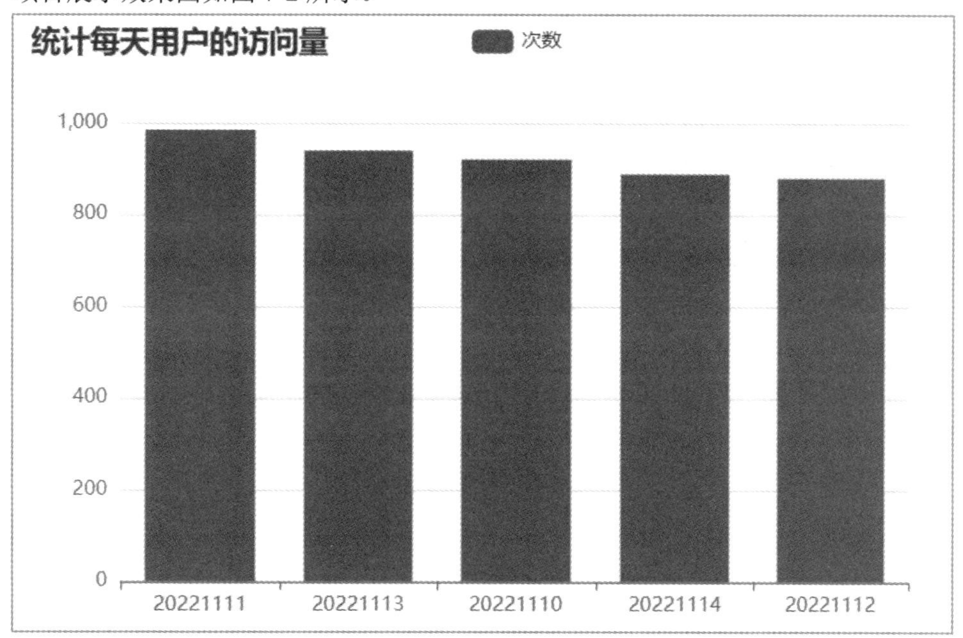

图 7-2　项目展示效果图

说明：由于项目中的数据是模拟生成的，因此每个人在实际执行项目时可能会看到不同的展示效果。

3. 实现步骤

接下来将一步一步来实现项目的开发，主要分为以下七大步骤：

1) 模拟日志生产

(1) 新建一个名称为 logstat 的项目，关键设置选项如图 7-3 所示。

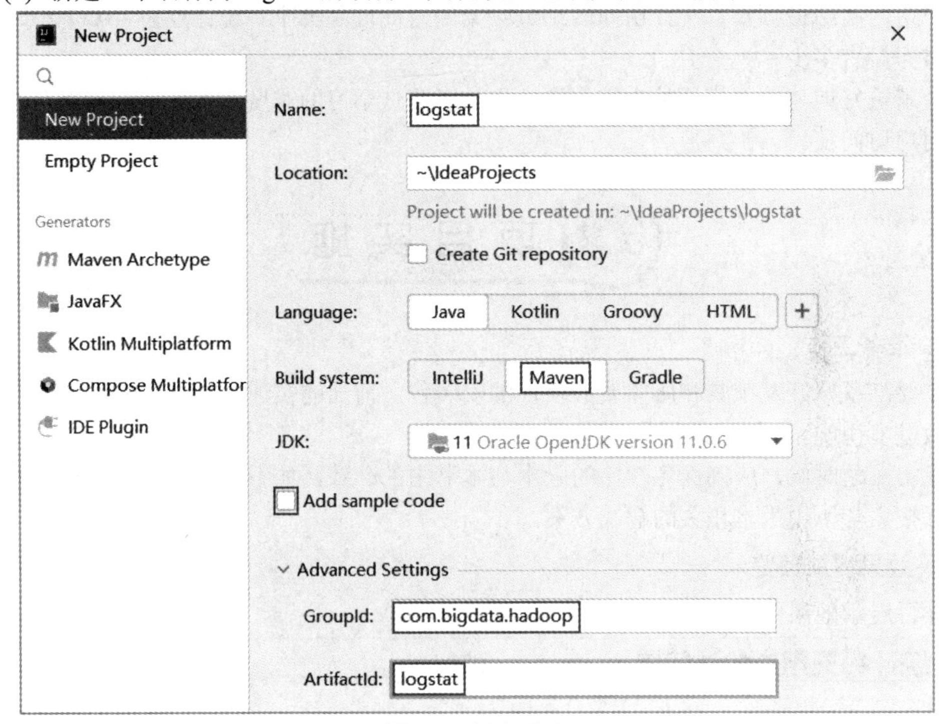

图 7-3　新建项目

项目新建好后，界面如图 7-4 所示。

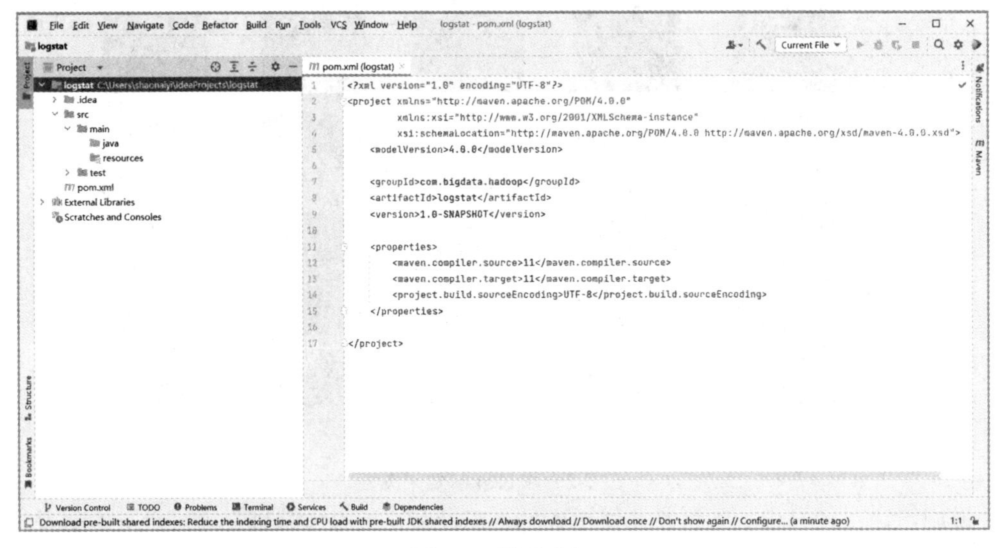

图 7-4　界面总览

接着，在 java 目录里面新建包 com.bigdata.hadoop.generate。新建 Packaage 如图 7-5 所

示，给新建包命名如图 7-6 所示。

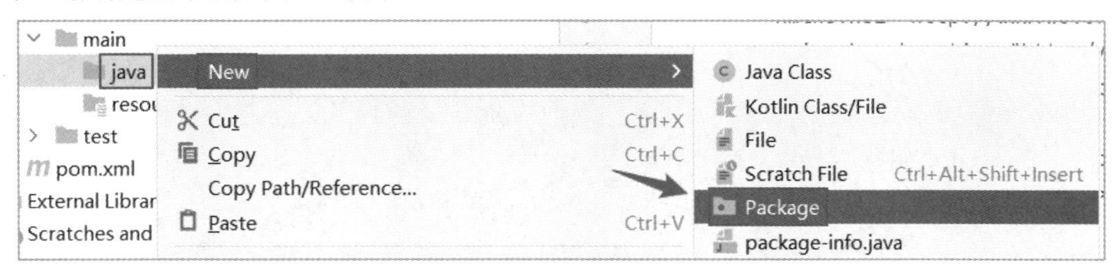

图 7-5　新建 Package

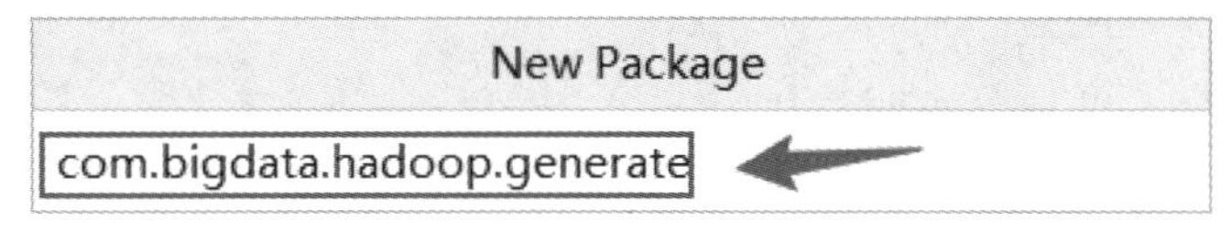

图 7-6　给新建包命名

新建 GenerateLog 类，并在其里面编写模拟日志生成的主程序。新建 Class 如图 7-7 所示，给新建类命名如图 7-8 所示。

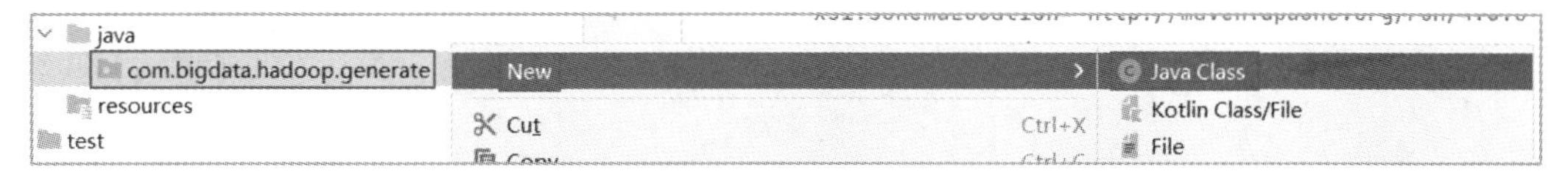

图 7-7　新建 Class

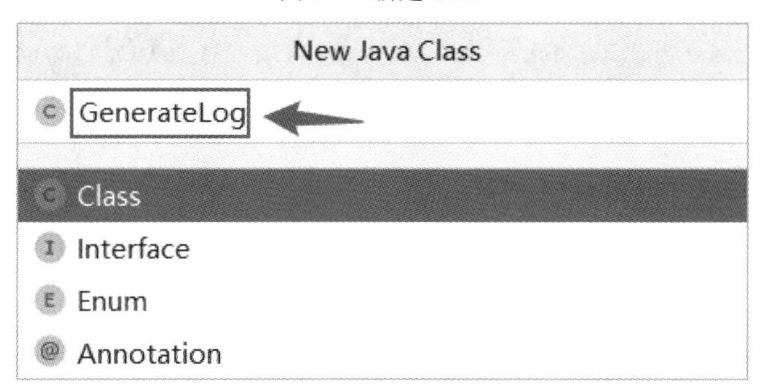

图 7-8　给新建类命名

(2) 编写代码，具体如下：

```
package com.bigdata.hadoop.generate;


import java.io.File;
import java.io.FileOutputStream;
import java.io.IOException;
import java.text.DateFormat;
import java.text.SimpleDateFormat;
import java.util.Calendar;
import java.util.Date;
import java.util.Random;
import java.util.concurrent.TimeUnit;
```

```
public class GenerateLog {

    //一、数据定义
    //1、url 地址
    public static String[] urlPaths = {
            "article/102.html",
            "article/103.html",
            "article/104.html",
            "article/105.html",
            "article/106.html",
            "article/107.html",
            "article/108.html",
            "article/109.html",
            "video/322",
            "tag/list"
    };

    //2、ip 数字
    public static String[] ipSplices = {"102", "71", "145", "33", "67", "54", "164", "121"};

    //3、http 网址
    public static String[] httpReferers = {
            "https://www.baidu.com/s?wd=%s",
            "https://www.sogou.com/web?query=%s",
            "https://cn.bing.com/search?q=%s",
            "https://search.yahoo.com/search?p=%s"
    };

    //4、搜索关键字
    public static String[] searchKeyword = {
            "复制粘贴玩大数据",
              "网站用户行为分析",
              "Elasticsearch 的安装",
              "Kafka 的安装及发布订阅消息系统",
              "window7 系统上 Centos7 的安装",
              "学习大数据常用 Linux 命令",
              "Docker 搭建 Spark 集群"
};
```

```
    //5、状态码
    public static String[] statusCodes = {"200", "404", "500"};

    //二、随机生成数据
    //1、随机生成 ip
    public static String sampleIp() {
        int ipNum;
        String ip = "";
        for (int i = 0; i < 4; i++) {
            ipNum = new Random().nextInt(ipSplices.length);
            ip += "." + ipSplices[ipNum];
        }
        return ip.substring(1);
    }

    //2、随机生成时间
    public static String formatTime() {
        DateFormat dateFormat = new SimpleDateFormat("yyyy-MM-dd HH:mm:ss");
        Calendar calendar = Calendar.getInstance();
        // 获取当前时间
        Date currentDate = calendar.getTime();
        // 设置一个起始时间(七天前)
        calendar.add(Calendar.DATE, - 7);
        Date startDate = calendar.getTime();
        // 获取七天内的一个随机时间
        long dateTime =startDate.getTime() + (long) (new Random().nextDouble() *
(currentDate.getTime() - startDate.getTime()));
        return dateFormat.format(dateTime);
    }

    //3、随机生成 url
    public static String sampleUrl() {
        int urlNum = new Random().nextInt(urlPaths.length);
        return urlPaths[urlNum];
    }

    //4、随机生成检索
    public static String sampleReferer() {
        Random random = new Random();
        int refNum = random.nextInt(httpReferers.length);
```

```
        int queryNum = random.nextInt(searchKeyword.length);
        if (random.nextDouble() < 0.2) {
            return "-";
        }
        String query_str = searchKeyword[queryNum];

        String referQuery = String.format(httpReferers[refNum], query_str);
        return referQuery;
    }

    //5、随机生成状态码
    public static String sampleStatusCode() {
        int codeNum = new Random().nextInt(statusCodes.length);
        return statusCodes[codeNum];
    }

    //6、生成日志方法
    //输出日志格式：67.54.33.102,2022-11-14 09:06:00,"GET /tag/list HTTP/1.1    ",https://
search.yahoo.com/search?p=复制粘贴玩大数据,404
    public static String generateLog() {
        String ip = sampleIp();
        String newTime = formatTime();
        String url = sampleUrl();
        String referer = sampleReferer();
        String code = sampleStatusCode();
        String log = ip + "," + newTime + "," + "\"GET /" + url + " HTTP/1.1    \"" + "," + referer +
"," + code;
        System.out.println(log);
        return log;
    }

    //三、主类
    public static void main(String[] args) throws IOException, InterruptedException {

        // dest:生成日志的路径
//          String dest = "/home/access.log";
        String dest = "access.log";

        File file = new File(dest);
```

```
            // num:每次生成条数
            // sleepTime:多久生成一次
            int num, sleepTime;

            if (args.length == 2) {
                num = Integer.valueOf(args[0]);
                sleepTime = Integer.valueOf(args[1]);
            } else {
                num = 50;
                sleepTime = 10;
            }

            while (true) {
                for (int i = 0; i < num; i++) {
                    String content = generateLog() + "\n";
                    FileOutputStream fos = new FileOutputStream(file, true);
                    fos.write(content.getBytes());
                    fos.close();
                }

                TimeUnit.SECONDS.sleep(sleepTime);
            }
        }
    }
```

(3) 代码解释，具体如下：

```
    String dest = "/home/access.log";
```

若想使用上述代码，则解开注释，表示模拟生产的日志所存储的路径(/home/access.log)。需要注意的是，此为服务器上的路径，而且 root 用户才具有写权限，如果不是 root 用户，请修改成其他可写路径。

当执行此类时，日志就会不断生成到所设置的路径，日志格式如图 7-9 所示。

目前代码中直接指定存储路径为 access.log，表示所生成日志文件的路径为项目所在目录(若指定为 D:\\access.log，则表示生成的日志文件在 D 盘根路径下)。

```
71.33.33.145,2022-12-30 21:25:17,"GET /tag/list HTTP/1.1  ",https://search.yahoo.com/search?p=Elasticsearch的安装,200
67.145.102.71,2023-01-05 21:56:45,"GET /article/106.html HTTP/1.1  ",https://cn.bing.com/search?q=复制粘贴玩大数据,404
54.71.102.164,2022-12-30 11:04:42,"GET /article/103.html HTTP/1.1  ",https://cn.bing.com/search?q=Kafka的安装及发布订阅消息系统,500
102.164.67.102,2022-12-31 03:33:43,"GET /article/106.html HTTP/1.1  ",-,500
164.67.33.164,2023-01-02 17:25:34,"GET /article/109.html HTTP/1.1  ",https://cn.bing.com/search?q=Docker搭建Spark集群,500
33.145.67.145,2023-01-02 19:51:20,"GET /article/107.html HTTP/1.1  ",https://www.baidu.com/s?wd=网站用户行为分析,404
54.145.121.164,2022-12-31 00:48:28,"GET /article/109.html HTTP/1.1  ",https://search.yahoo.com/search?p=学习大数据常用Linux命令,404
102.54.164.67,2023-01-06 07:44:59,"GET /article/105.html HTTP/1.1  ",https://www.baidu.com/s?wd=复制粘贴玩大数据,200
102.145.145.33,2023-01-04 02:42:49,"GET /tag/list HTTP/1.1  ",https://cn.bing.com/search?q=window7系统上Centos7的安装,500
54.102.145.102,2023-01-06 05:58:33,"GET /article/107.html HTTP/1.1  ",-,404
67.145.33.102,2022-12-30 21:09:04,"GET /tag/list HTTP/1.1  ",https://www.sogou.com/web?query=Elasticsearch的安装,500
71.71.164.164,2023-01-01 06:54:14,"GET /article/105.html HTTP/1.1  ",https://www.baidu.com/s?wd=复制粘贴玩大数据,404
54.33.164.54,2023-01-02 05:23:31,"GET /article/103.html HTTP/1.1  ",https://www.baidu.com/s?wd=window7系统上Centos7的安装,404
```

图 7-9　日志格式

为了展示效果，本实训模拟生成七天的数据。在实际操作过程中，可以不模拟七天，直接返回当天日期即可。

此外，还可以在执行的时候添加参数，第一个参数为一个批次生成的条数，第二个参数为多少秒生成一次。如不设置，则默认每 10 秒生成 50 条。

(4) 测试生成日志。

接下来可以先在 Windows 本地测试运行，观察运行结果是否有问题。注意：目前所设置的路径为 access.log。设置路径并执行如图 7-10 所示。

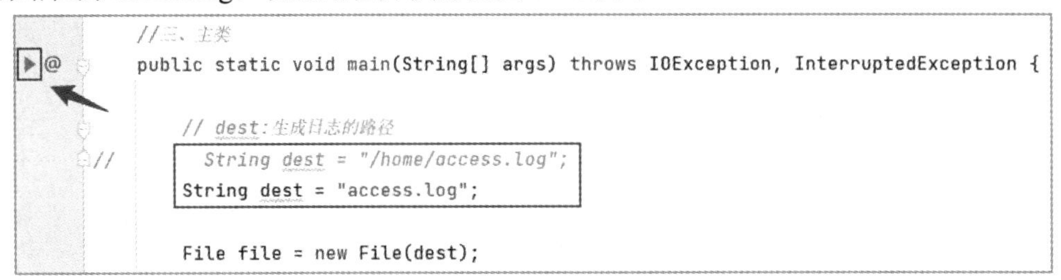

图 7-10　设置路径并执行

单击执行按钮，稍等一小会，可以发现项目目录下有日志文件 access.log 生成，查看文件日志如图 7-11 所示。在控制台中查看的结果如图 7-12 所示。

(5) 打包。

接下来可以将代码打包到服务器上执行，使生成的日志在服务器的/home 路径下。此时需要注释掉 Windows 路径，修改为 Linux 服务器的路径，如图 7-13 所示。

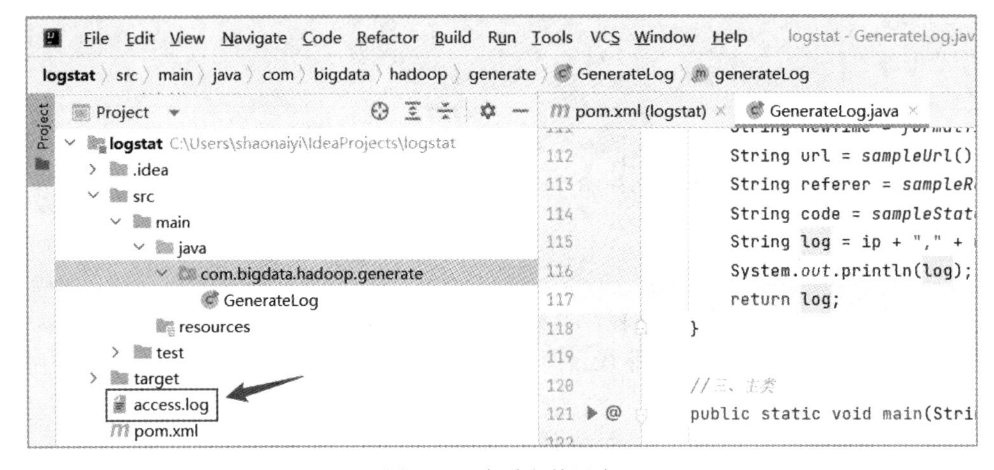

图 7-11　查看文件日志

```
Run: GenerateLog
"C:\Program Files\Java\jdk-11.0.6\bin\java.exe" "-javaagent:C:\Program Files\JetBrains\ideaIC-2022\lib\idea_rt.jar=50223:C:\Program Fi
33.145.67.67,2023-01-05 17:30:39,"GET /article/109.html HTTP/1.1  ",https://cn.bing.com/search?q=Docker搭建Spark集群,200
164.102.71.33,2023-01-05 19:09:57,"GET /article/105.html HTTP/1.1  ",-,500
164.102.33.33,2023-01-02 01:34:56,"GET /article/102.html HTTP/1.1  ",-,200
102.145.145.145,2023-01-02 04:45:51,"GET /article/108.html HTTP/1.1  ",https://search.yahoo.com/search?p=学习大数据常用Linux命令,200
71.102.71.121,2022-12-31 01:32:17,"GET /article/102.html HTTP/1.1  ",https://cn.bing.com/search?q=Kafka的安装及发布订阅消息系统,404
102.145.102.54,2023-01-02 18:14:44,"GET /article/104.html HTTP/1.1  ",-,200
164.121.33.121,2023-01-05 14:38:47,"GET /article/108.html HTTP/1.1  ",https://cn.bing.com/search?q=学习大数据常用Linux命令,200
33.121.102.145,2023-01-01 08:14:31,"GET /article/108.html HTTP/1.1  ",-,500
145.67.121.102,2022-12-30 12:23:35,"GET /article/103.html HTTP/1.1  ",https://search.yahoo.com/search?p=Kafka的安装及发布订阅消息系统,500
102.145.33.102,2022-12-30 14:02:54,"GET /article/109.html HTTP/1.1  ",https://search.yahoo.com/search?p=Docker搭建Spark集群,404
Version Control  Run  TODO  Problems  Terminal  Services  Build  Dependencies
```

图 7-12　在控制台中查看的结果

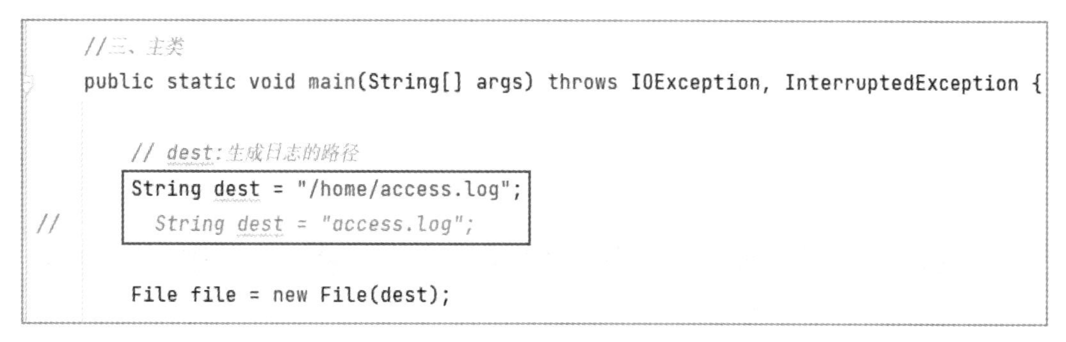

图 7-13　修改日志路径

因为服务器上的 JDK 版本是 JDK8，而 Windows 的版本为 JDK11，所以需要重新设置打包的项目语言级别。单击“File”→“Project Structure”→“Project”，在“Language Level”选择服务器上相应的语言级别，JDK8 对应的是 8 级别，如图 7-14 所示。

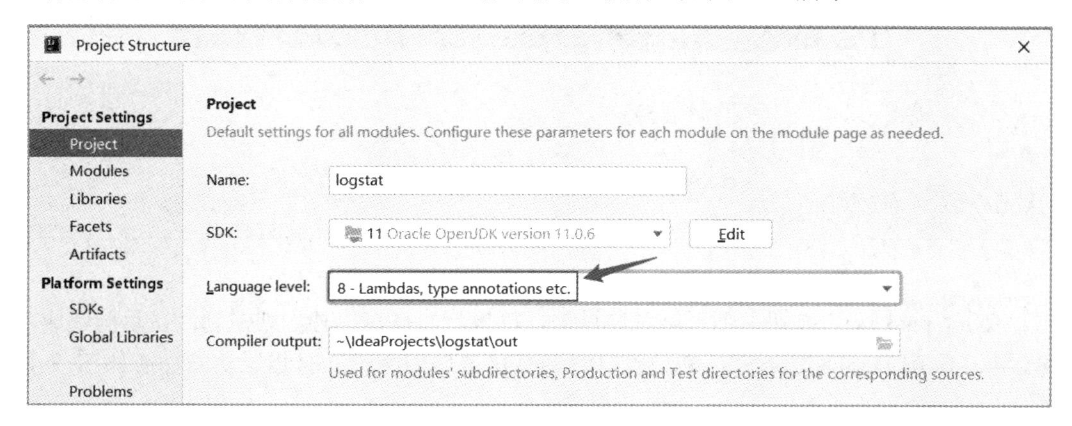

图 7-14　选择对应的语言级别

此外，还需要修改一下 pom.xml 文件中编译代码的 JDK 版本，此处修改为 JDK8，默认是 JDK11。设置编译的 JDK 版本如图 7-15 所示。

图 7-15　设置编译的 JDK 版本

接着就可以将代码进行打包，先单击编辑器右侧栏的“Maven”，再找到“package”。

打包项目如图 7-16 所示。

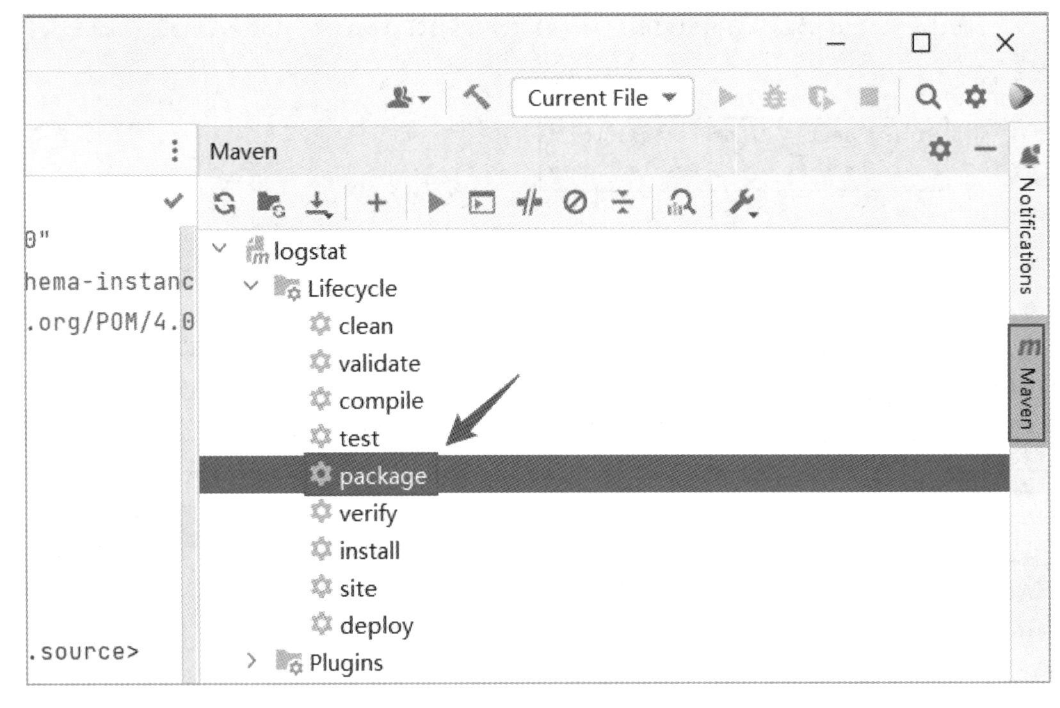

图 7-16 打包项目

双击“package”按钮，则可以对项目进行打包。如打包成功，则控制台显示构建成功的标志“BUILD SUCCESS”，并且可以看到打包之后的路径。打包成功的标志如图 7-17 所示。

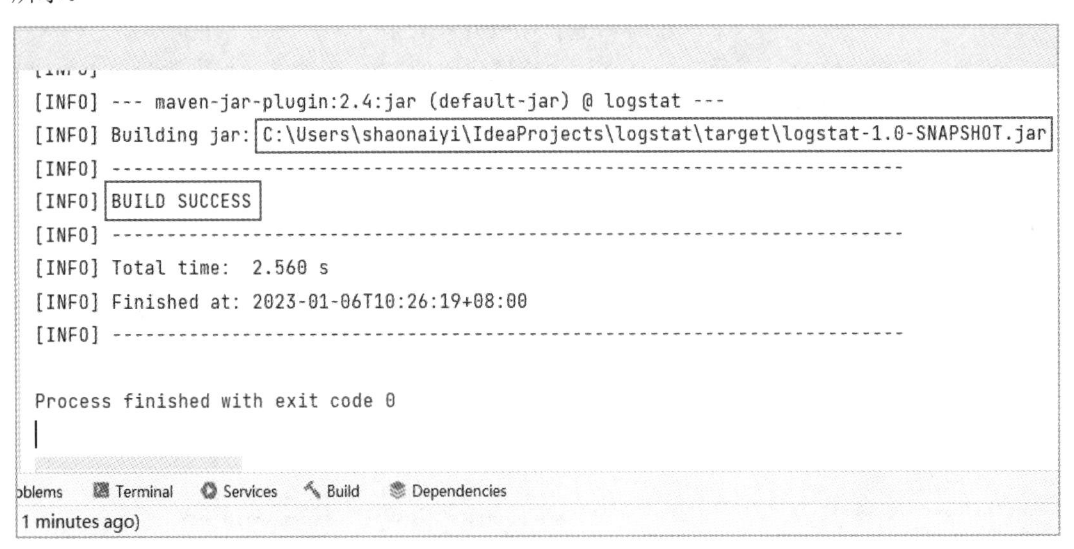

图 7-17 打包成功的标志

打包完成后，发现项目里多了 target 文件夹，target 文件夹里有生成的 JAR 包。查看 JAR 包文件如图 7-18 所示。

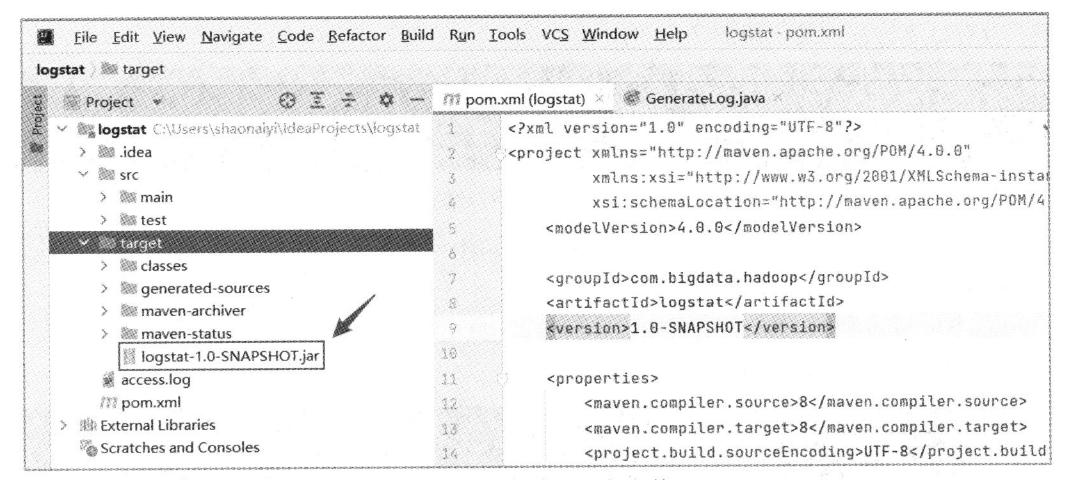

图 7-18　查看 JAR 包文件

此时，将此 JAR 包上传到 master 节点的/root/jars 文件夹中(若没有此目录，则新建即可)。查看上传路径如图 7-19 所示。

```
[root@master jars]# pwd
/root/jars
[root@master jars]# ll
total 20
-rw-r--r--. 1 root root 8415 Nov  2 11:33 hadoop-project.jar
-rw-r--r--. 1 root root 5879 Nov 14 16:22 logstat-1.0-SNAPSHOT.jar
```

图 7-19　查看上传路径

(6) 执行并查看结果(如果需要添加参数，则在后面添加上即可)，在任意路径下执行都可以，命令如下：

```
java -cp /root/jars/logstat-1.0-SNAPSHOT.jar com.bigdata.hadoop.generate.GenerateLog
```

执行模拟生成日志代码如图 7-20 所示。

```
[root@master jars]# java -cp /root/jars/logstat-1.0-SNAPSHOT.jar com.bigdata.had
oop.generate.GenerateLog
54.71.33.102,2022-11-08 14:46:01,"GET /article/104.html HTTP/1.1  ",https://www.
baidu.com/s?wd=学习大数据常用Linux命令,404
102.102.164.71,2022-11-13 22:05:01,"GET /article/108.html HTTP/1.1  ",https://cn
.bing.com/search?q=学习大数据常用Linux命令,500
71.67.54.33,2022-11-14 09:31:30,"GET /article/106.html HTTP/1.1  ",https://cn.bi
ng.com/search?q=Kafka的安装及发布订阅消息系统,500
67.145.71.102,2022-11-08 02:36:25,"GET /article/102.html HTTP/1.1  ",https://www
.sogou.com/web?query=Docker搭建Spark集群,404
102.71.145.121,2022-11-08 01:24:38,"GET /article/107.html HTTP/1.1  ",https://se
arch.yahoo.com/search?p=网站用户行为分析,404
54.102.102.54,2022-11-10 06:11:15,"GET /article/103.html HTTP/1.1  ",-,200
67.71.102.54,2022-11-08 09:55:03,"GET /article/106.html HTTP/1.1  ",https://www.
sogou.com/web?query=Docker搭建Spark集群,200
```

图 7-20　执行模拟生成日志代码

此时发现终端上一直有日志显示，打开一个新的终端窗口，进入到生成日志的目录查看，命令如下：

```
cd /home

wc -l access.log
```

查看日志行数的结果如图 7-21 所示。

```
[root@master ~]# cd /home
[root@master home]#
[root@master home]# wc -l access.log
700 access.log
```

图 7-21　查看日志行数的结果

查看生成的日志条数，目前为 700 条(实操结果会有差异，日志还在实时产生)。查看日志的前 10 条数据，命令如下：

```
head -n 10 access.log
```

查看结果如图 7-22 所示。

```
[root@master home]# head -n 10 access.log
54.71.33.102,2022-11-08 14:46:01,"GET /article/104.html HTTP/1.1  ",https://www.baidu.com/s?wd=学习大数据常用Linux命令,404
102.102.164.71,2022-11-13 22:05:01,"GET /article/108.html HTTP/1.1  ",https://cn.bing.com/search?q=学习大数据常用Linux命令,500
71.67.54.33,2022-11-14 09:31:30,"GET /article/106.html HTTP/1.1  ",https://cn.bing.com/search?q=Kafka的安装及发布订阅消息系统,500
67.145.71.102,2022-11-08 02:36:25,"GET /article/102.html HTTP/1.1  ",https://www.sogou.com/web?query=Docker搭建Spark集群,404
102.71.145.121,2022-11-08 01:24:38,"GET /article/107.html HTTP/1.1  ",https://search.yahoo.com/search?p=网站用户行为分析,404
54.102.102.54,2022-11-10 06:11:15,"GET /article/103.html HTTP/1.1  ",-,200
67.71.102.54,2022-11-08 09:55:03,"GET /article/106.html HTTP/1.1  ",https://www.sogou.com/web?query=Docker搭建Spark集群,200
121.67.121.54,2022-11-13 19:51:33,"GET /video/322 HTTP/1.1  ",-,404
54.67.54.164,2022-11-11 13:05:20,"GET /video/322 HTTP/1.1  ",https://cn.bing.com/search?q=Docker搭建Spark集群,200
145.67.164.54,2022-11-11 04:38:29,"GET /article/109.html HTTP/1.1  ",https://www.baidu.com/s?wd=网站用户行为分析,404
```

图 7-22　查看日志的前 10 条数据的结果

此时先切换终端，结束之前产生日志的程序，按“CTRL + C”即可停止。再查看一下日志行数，有 1300 条。通过以下命令来查看日志文件的大小：

```
du -h access.log
```

目前，日志文件的大小为 156K(每条日志大概是 0.12 K)。

查看的结果如图 7-23 所示。

```
[root@master home]# wc -l access.log
1300 access.log
[root@master home]#
[root@master home]# du -h access.log
156K    access.log
```

图 7-23　查看日志的行数与大小的结果

至此，模拟日志生成步骤就已经实现。在实际生产中，应该有一个专门的服务器来生产和存储日志，比如日志服务器，每当用户访问服务器上的网站时，都会产生不同的日志。此处不作过多介绍，如需要了解，可以自行参考网站开发的相关资料。

2) 编写 Flume 配置文件

接下来，需要使用 Flume 来采集日志，前面模块中已经介绍过 Flume。和前面不同的是，此处不仅仅是采集日志到 HDFS 中，同时还要采集日志到 Kafka 中。

(1) 新建配置文件 kafka-hdfs.conf 在 master 节点执行如下命令：

```
cd /opt/software/apache-flume-1.10.1-bin/conf

vim kafka-hdfs.conf
```

添加如下内容：

```
# agent1
agent1.channels = channel1 channel2
agent1.sources  = source1
agent1.sinks     = sink1 sink2

# agent1 execSource
agent1.sources.source1.type = exec
agent1.sources.source1.command=tail -n +0 -F /home/access.log

# agent1 memoryChannel
agent1.channels.channel1.type = memory
agent1.channels.channel1.capacity = 1000
agent1.channels.channel1.transactionCapacity = 100

# agent1 fileChannel
agent1.channels.channel2.type = file
agent1.channels.channel2.checkpointDir                                        =
/opt/software/apache-flume-1.10.1-bin/fchannel/spool/checkpoint
agent1.channels.channel2.dataDirs = /opt/software/apache-flume-1.10.1-bin/fchannel/spool/data
agent1.channels.channel2.capacity = 100000
agent1.channels.channel2.transactionCapacity=6000
agent1.channels.channel2.checkpointInterval=60000

# agent1 hdfsSink
agent1.sinks.sink1.type = hdfs

agent1.sinks.sink1.hdfs.path = hdfs://master:8020/user/flume/events/%Y-%m-%d
agent1.sinks.sink1.hdfs.filePrefix = events
agent1.sinks.sink1.hdfs.rollInterval=600
agent1.sinks.sink1.hdfs.rollSize = 268435456
agent1.sinks.sink1.hdfs.rollCount = 0
agent1.sinks.sink1.hdfs.idleTimeout = 3600
agent1.sinks.sink1.hdfs.writeFormat = Text
agent1.sinks.sink1.hdfs.inUseSuffix =.txt
agent1.sinks.sink1.hdfs.fileType = DataStream
```

```
agent1.sinks.sink1.hdfs.useLocalTimeStamp = true

# agent1 kafkaSink
agent1.sinks.sink2.type = org.apache.flume.sink.kafka.KafkaSink
agent1.sinks.sink2.topic = kafkatopic
agent1.sinks.sink2.brokerList = master:9092,slave1:9092,slave2:9092
agent1.sinks.sink2.requiredAcks = 1
agent1.sinks.sink2.batchSize = 20

# 将 source 和 sink 绑定到 channel
agent1.sources.source1.channels = channel1 channel2
agent1.sinks.sink1.channel = channel2
agent1.sinks.sink2.channel = channel1
```

此处额外添加了一个 fileChannel 和 kafkaSink。写好配置文件之后，可以先不启动，等后面的组件整合完成再联调。

3) 利用 Flume 整合 Kafka

由于在上面 Flume 的配置文件里，Kafka 的 Topic 取名为 kafkatopic，所以在 Kakfa 里需要新建一个名称为 kafkatopic 的 Topic。

(1) 新建 Kafka 的 Topic。启动 ZooKeeper(3 台服务器都要执行)，命令如下：

```
zkServer.sh start
```

启动 Kafka(3 台服务器都要执行)，命令如下：

```
kafka-server-start.sh -daemon $KAFKA_HOME/config/server.properties
```

此时查看一下各节点的进程情况，命令如下：

```
~/shell/jps_all.sh
```

查看 3 个节点的进程情况如图 7-24 所示。

```
[root@master conf]# ~/shell/jps_all.sh
============= master jps ==============
1192 QuorumPeerMain
2012 Kafka
2111 Jps
============= slave1 jps ==============
2019 Kafka
2115 Jps
1190 QuorumPeerMain
============= slave2 jps ==============
1186 QuorumPeerMain
1560 Kafka
1705 Jps
```

图 7-24　查看 3 台节点的进程情况

接下来新建名称为 kafkatopic 的 Topic，命令如下：

```
kafka-topics.sh --create --replication-factor 3 --partitions 5 --topic kafkatopic --bootstrap-server master:9092,slave1:9092,slave2:9092
```

新建结果如图 7-25 所示。

```
[root@master conf]# kafka-topics.sh --create --replication-factor 3 --partitions
 5 --topic kafkatopic --bootstrap-server master:9092,slave1:9092,slave2:9092
Created topic kafkatopic.
```

图 7-25　新建 Topic 的结果

创建好后，可以查看一下 Topic 的详情，观察是否正常，命令如下：

```
kafka-topics.sh --describe --topic kafkatopic --bootstrap-server master:9092,slave1:9092,slave2:9092
```

图 7-26 所示的 Topic 详情表示节点正常。

```
[root@master conf]# kafka-topics.sh --describe --topic kafkatopic --bootstrap-server master:9092,slave1:9092,slave2:9092
Topic: kafkatopic       TopicId: Yz_IxEdgSEGDIYtD8s9oEw PartitionCount: 5       ReplicationFactor: 3    Configs:
        Topic: kafkatopic       Partition: 0    Leader: 0       Replicas: 0,2,1 Isr: 0,2,1
        Topic: kafkatopic       Partition: 1    Leader: 2       Replicas: 2,1,0 Isr: 2,1,0
        Topic: kafkatopic       Partition: 2    Leader: 1       Replicas: 1,0,2 Isr: 1,0,2
        Topic: kafkatopic       Partition: 3    Leader: 0       Replicas: 0,1,2 Isr: 0,1,2
        Topic: kafkatopic       Partition: 4    Leader: 2       Replicas: 2,0,1 Isr: 2,0,1
```

图 7-26　查看 Topic 详情

(2) 构建 Kafka 业务代码结构。

继续回到 IDEA 编辑器里编写代码。因为生产者来源于 Flume，所以此处不需要自行编写生产者端的代码，只需实现消费者端的代码即可。新建包名 com.bigdata.hadoop.kafka(注意位置和包名)，如图 7-27 所示。

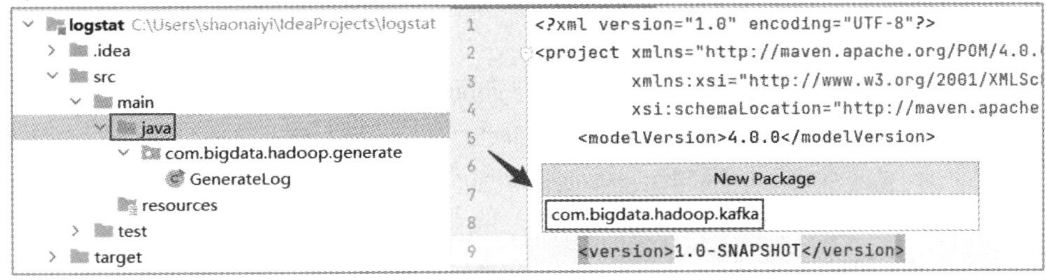

图 7-27　新建包名

在新建的包中新建 CustomConsumer 类，如图 7-28 所示。

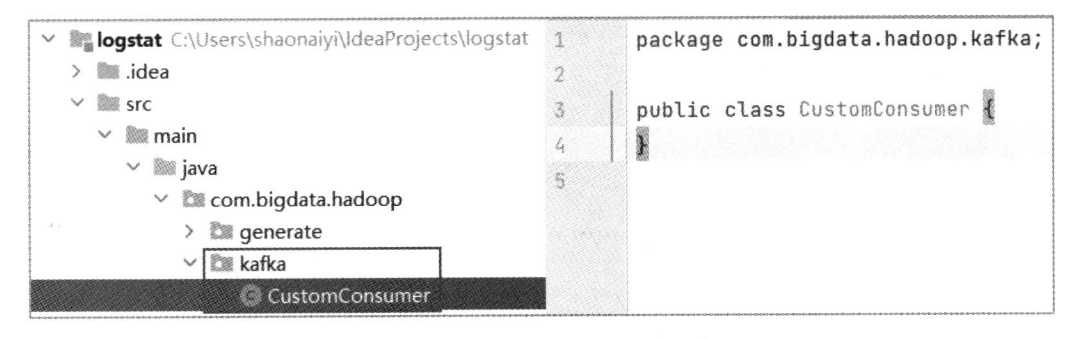

图 7-28　新建 CustomConsumer 类

(3) 引入 Kafka 所需要的 pom.xml 依赖。

因为项目里要用到打包的相关插件，所以也将其加进来，加粗字体为新增的内容。目前完整的 pom.xml 文件参考如下：

```
<?xml version="1.0" encoding="UTF-8"?>
<project xmlns="http://maven.apache.org/POM/4.0.0"
         xmlns:xsi="http://www.w3.org/2001/XMLSchema-instance"
         xsi:schemaLocation="http://maven.apache.org/POM/4.0.0 http://maven.apache.org/xsd/maven-
4.0.0.xsd">
```

```
<modelVersion>4.0.0</modelVersion>

<groupId>com.bigdata.hadoop</groupId>
<artifactId>logstat</artifactId>
<packaging>pom</packaging>
<version>1.0-SNAPSHOT</version>

<properties>
    <maven.compiler.source>8</maven.compiler.source>
    <maven.compiler.target>8</maven.compiler.target>
    <project.build.sourceEncoding>UTF-8</project.build.sourceEncoding>
    <kafka.version>3.3.1</kafka.version>
</properties>

<dependencies>
    <dependency>
        <groupId>org.apache.kafka</groupId>
        <artifactId>kafka-clients</artifactId>
        <version>${kafka.version}</version>
    </dependency>
    <dependency>
        <groupId>org.slf4j</groupId>
        <artifactId>slf4j-nop</artifactId>
        <version>1.7.36</version>
    </dependency>
</dependencies>

<build>
    <plugins>

        <plugin>
            <groupId>org.apache.maven.plugins</groupId>
            <artifactId>maven-compiler-plugin</artifactId>
            <version>3.8.0</version>
            <configuration>
                <source>1.8</source>
                <target>1.8</target>
                <testExcludes>
                    <testExclude>/src/test/**</testExclude>
                </testExcludes>
```

```
                        <encoding>utf-8</encoding>
                    </configuration>
                </plugin>

                <plugin>
                    <artifactId>maven-assembly-plugin</artifactId>
                    <configuration>
                        <descriptorRefs>
                            <descriptorRef>jar-with-dependencies</descriptorRef>
                        </descriptorRefs>
                    </configuration>
                    <executions>
                      <execution>
                          <id>make-assembly</id> <!-- this is used for inheritance merges -->
                          <phase>package</phase> <!-- 指定在打包节点执行 JAR 包合并操作-->
                            <goals>
                                <goal>single</goal>
                            </goals>
                        </execution>
                    </executions>
                </plugin>
            </plugins>
        </build>

    </project>
```

添加好后，需要导入依赖。右击 pom.xml 文件，选择“Maven”→“Reload project”。导入 Kafka 依赖如图 7-29 所示。

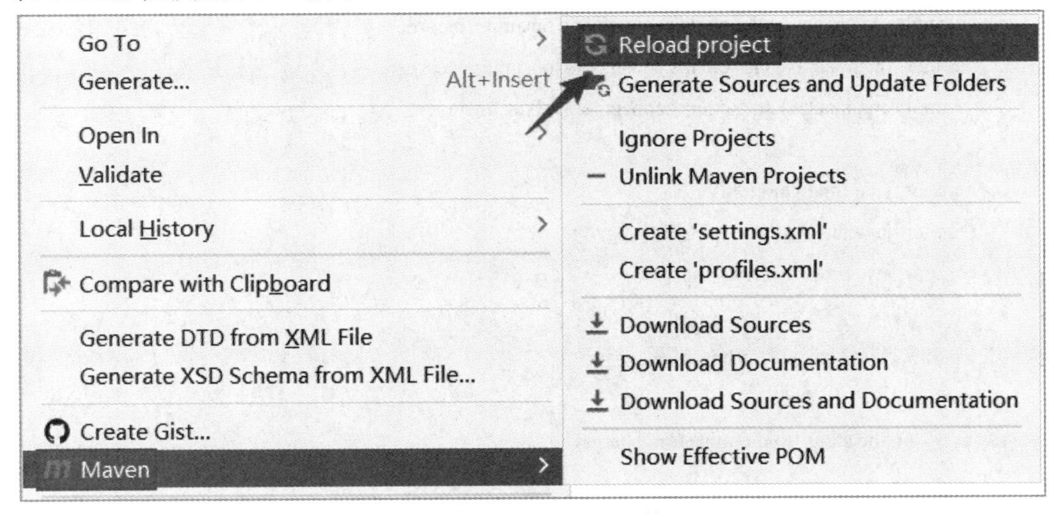

图 7-29　导入 Kafka 依赖

kafka-clients 是进行 Kafka 编程所需要导入的依赖，slf4j-nop 是为了解决运行时报警告而引入的依赖。等加载完成后即可以继续操作。

(4) 定义配置项。

由于编写代码过程中会用到许多配置，此时可以定义一个专门的类来存放配置信息。在 hadoop 包下新建 property 包，并且在此包中新建 MyProperties 类。新建 My Properties 如图 7-30 所示。

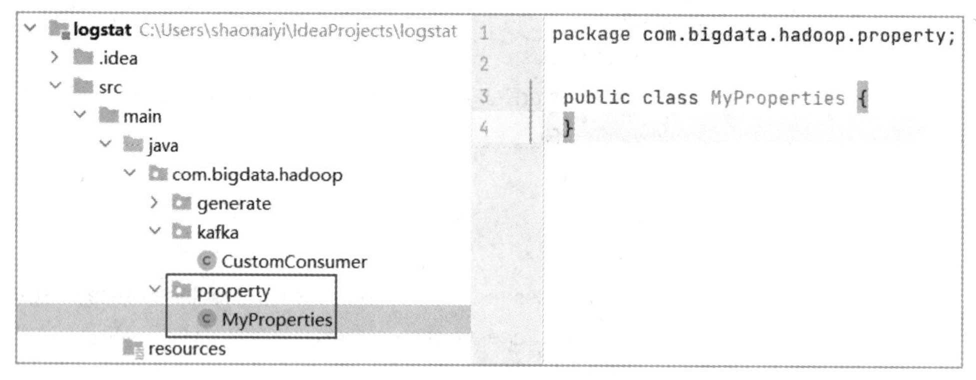

图 7-30 新建 MyProperties 类

在 MyProperties 类中添加配置项，代码如下：

```
//Kafka 相关配置项
public static final String ZK = "192.168.128.131:2181";
public static final String TOPIC = "kafkatopic";
public static final String BROKER_SERVER = "192.168.128.131:9092";
public static final String GROUP_ID = "group1";
```

(5) 编写 CustomConsumer 类代码，具体如下：

```
package com.bigdata.hadoop.kafka;

import com.bigdata.hadoop.property.MyProperties;
import org.apache.kafka.clients.consumer.ConsumerRecord;
import org.apache.kafka.clients.consumer.ConsumerRecords;
import org.apache.kafka.clients.consumer.KafkaConsumer;

import java.time.Duration;
import java.util.Arrays;
import java.util.Properties;

public class CustomConsumer {

    public static void main(String[] args) {

        Properties props = new Properties();
```

```
            // Kafka 集群
            props.put("bootstrap.servers", MyProperties.BROKER_SERVER);
            // 消费者组，只要 group.id 相同，就属于同一个消费者组
            props.put("group.id", MyProperties.GROUP_ID);
            // 关闭自动提交 offset
            props.put("enable.auto.commit", "false");
            // 设置 key 和 value 的反序列化方式
            props.put("key.deserializer", "org.apache.kafka.common.serialization.StringDeserializer");
            props.put("value.deserializer", "org.apache.kafka.common.serialization.StringDeserializer");

            KafkaConsumer<String, String> consumer = new KafkaConsumer<>(props);
            // 消费者订阅主题
            consumer.subscribe(Arrays.asList(MyProperties.TOPIC));

            while (true) {
                // 消费者拉取数据
                ConsumerRecords<String, String> records = consumer.poll(Duration.ofMillis(100));
                for (ConsumerRecord<String, String> record : records) {
//                  System.out.println("offset = %d, key = %s, value = %s%n", record.offset(),
record.key(), record.value());
                    String message = record.value();
                    System.out.println("Receive: " + message);
                }
                // 同步提交，当前线程会阻塞直到 offset 提交成功
                consumer.commitSync();
            }

        }

    }
```

(6) 打包项目到集群并执行。

重新打包 Maven 项目，稍等片刻，等打包完会发现多了一个以-jar-with-dependencies结尾的 JAR 包，将此 JAR 包上传到 master 服务器的~/jars 路径并执行，命令如下：

```
java -cp /root/jars/logstat-1.0-SNAPSHOT-jar-with-dependencies.jar com.bigdata.hadoop.kafka.
CustomConsumer
```

可以发现没有数据输出，这是因为 Flume 还没有启动。执行项目代码如图 7-31 所示。

```
[root@master jars]# java -cp /root/jars/logstat-1.0-SNAPSHOT-jar-with-dependenci
es.jar com.bigdata.hadoop.kafka.CustomConsumer
```

图 7-31　执行项目代码

此时再切换终端，查看发现多了一个 CustomConsumer 进程，如图 7-32 所示。

```
[root@master ~]# jps
1192 QuorumPeerMain
4441 CustomConsumer
4473 Jps
2012 Kafka
```

图 7-32　切换终端并查看进程

4) 将 Flume 与 HDFS、Kafka 整合

(1) 先启动 HDFS 和 YARN，命令如下：

```
start-all.sh
```

启动完成后查看各节点进程，若 3 个节点的进程情况如图 7-33 所示，则表示各服务都正常。

```
~/shell/jps_all.sh
```

(2) 启动 Flume(注意：目前的执行路径为$FLUME_HOME/conf)，命令如下：

```
flume-ng agent --conf $FLUME_HOME/conf --conf-file $FLUME_HOME/conf/kafka-hdfs.conf
--name agent1-Dflume.root.logger=DEBUG,console
```

```
[root@master ~]# ~/shell/jps_all.sh
============= master jps ==============
5233 ResourceManager
4708 NameNode
5572 Jps
1192 QuorumPeerMain
4441 CustomConsumer
2012 Kafka
4988 SecondaryNameNode
============= slave1 jps ==============
2019 Kafka
1190 QuorumPeerMain
2294 DataNode
2409 NodeManager
2620 Jps
============= slave2 jps ==============
1186 QuorumPeerMain
1560 Kafka
1867 DataNode
1981 NodeManager
2191 Jps
```

图 7-33　查看 3 个节点的进程情况

启动 Flume，如图 7-34 所示。

```
2022-11-16T17:50:34,049 INFO  [kafka-producer-network-thread | producer-1] clien
ts.Metadata: [Producer clientId=producer-1] Cluster ID: -3wcAL9zRYGKLshTUGBcSA
2022-11-16T17:50:34,353 INFO  [SinkRunner-PollingRunner-DefaultSinkProcessor] hd
fs.HDFSDataStream: Serializer = TEXT, UseRawLocalFileSystem = false
2022-11-16T17:50:34,655 INFO  [SinkRunner-PollingRunner-DefaultSinkProcessor] hd
fs.BucketWriter: Creating hdfs://master:8020/user/flume/events/2022-11-16/events
.1668592234354.txt
```

图 7-34　启动 Flume

打开一个新的终端窗口，查看 HDFS 上的数据，发现日志数据已经被采集到 HDFS 中(配置文件里配置的 HDFS 路径为/user/flume/events)，命令如下：

```
hdfs dfs -ls /user/flume/events/
```

查看 HDFS 上是否有数据，结果如图 7-35 所示。

```
[root@master ~]# hdfs dfs -ls /user/flume/events/
Found 1 items
drwxr-xr-x   - root supergroup          0 2022-11-16 17:50 /user/flume/events/2022-11-16
```

图 7-35　查看 HDFS 上是否有数据的结果

查看处于执行状态的 CustomConsumer 程序终端，也有数据显示。启动 CustomConsumer 程序的终端情况如图 7-36 所示。

```
Receive: 33.102.54.164,2022-11-13 09:37:27,"GET /tag/list HTTP/1.1  ",https://ww
w.sogou.com/web?query=Docker搭建Spark集群,404
Receive: 33.33.71.71,2022-11-13 15:52:31,"GET /video/322 HTTP/1.1  ",https://cn.
bing.com/search?q=Docker搭建Spark集群,500
Receive: 54.67.67.33,2022-11-14 12:11:33,"GET /article/109.html HTTP/1.1  ",-,40
4
Receive: 121.54.102.54,2022-11-13 08:57:49,"GET /article/106.html HTTP/1.1  ",ht
tps://search.yahoo.com/search?p=网站用户行为分析,404
Receive: 33.71.33.121,2022-11-08 09:37:45,"GET /article/108.html HTTP/1.1  ",htt
ps://search.yahoo.com/search?p=学习大数据常用Linux命令,200
```

图 7-36　启动 CustomConsumer 程序的终端情况

此时，将生成日志的程序启动，命令如下：

```
java -cp /root/jars/logstat-1.0-SNAPSHOT.jar com.bigdata.hadoop.generate.GenerateLog
```

启动后，再观察启动 CustomConsumer 程序的终端窗口，其实也是会有数据不断打印出来的。至此，Flume、Kafka、HDFS 就已经整合好。

5) Kafka 与 HBase 整合

(1) 引入 HBase 所需要的 pom.xml 依赖。

将<hbase.version>标签内容放在<properties>标签中，标签内容如下：

```
<hbase.version>2.5.0</hbase.version>
```

将<dependency>标签内容放在<dependencies>标签中，标签内容如下：

```
<dependency>
 <groupId>org.apache.hbase</groupId>
 <artifactId>hbase-client</artifactId>
 <version>${hbase.version}</version>
</dependency>
```

引入 HBase 所需要依赖，如图 7-37 所示。

```
    <kafka.version>3.3.1</kafka.version>
    <hbase.version>2.5.0</hbase.version>
</properties>

<dependencies>
    <dependency>
        <groupId>org.apache.hbase</groupId>
        <artifactId>hbase-client</artifactId>
        <version>${hbase.version}</version>
    </dependency>
    <dependency>
```

图 7-37　引入 HBase 所需要的依赖

(2) 在 MyProperties 配置类中添加编写 HBase 代码的相关配置项，代码如下：

```
//HBase 相关配置项
public static final String ZK_NODE = "/hbase";
public static final String TABLENAME = "loginfo";
public static final Integer PARTITION_NUM = 100;
```

(3) 编写 HBaseDAO 类代码。

在 hadoop 包下新建 hbase 包和 HBaseDAO 类。新建 hbase 包和 HBaseDAO 类如图 7-38 所示。

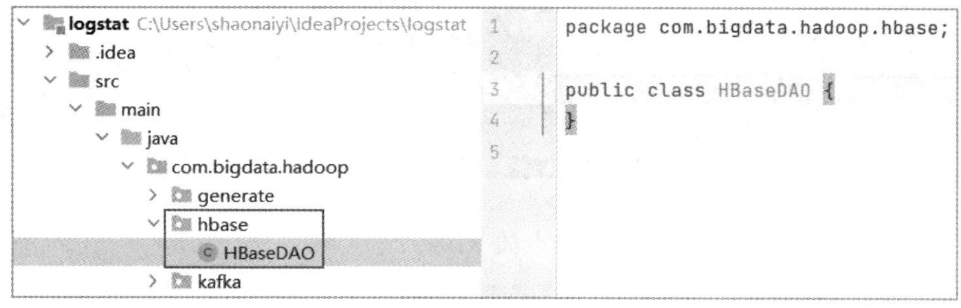

图 7-38 新建 hbase 包和 HBaseDAO 类

新建 HBaseDAO 类的完整代码如下：

```
package com.bigdata.hadoop.hbase;

import com.bigdata.hadoop.property.MyProperties;
import org.apache.hadoop.conf.Configuration;
import org.apache.hadoop.hbase.*;
import org.apache.hadoop.hbase.client.*;

import java.io.IOException;
import java.net.MalformedURLException;
import java.net.URL;
import java.text.DecimalFormat;

public class HBaseDAO {

    private Table table = null;
    private TableName tableName = null;
    // HBase 的分区个数
    private int partitonsNum = 0;

    //一、初始化
    public HBaseDAO() {
```

```
        //1、配置项
        Configuration configuration = HBaseConfiguration.create();
        Connection connection = null;
        configuration.set("hbase.zookeeper.quorum", MyProperties.ZK);
        configuration.set("zookeeper.znode.parent", MyProperties.ZK_NODE);
        partitonsNum = MyProperties.PARTITION_NUM;
        try {
            //2、获取连接
            connection = ConnectionFactory.createConnection( configuration);
            //3、获取 Admin 对象
            Admin admin = connection.getAdmin();
            String tbl = MyProperties.TABLENAME;
            TableName tableName = TableName.valueOf(tbl);
            //4、表不存在时创建表
            if (!admin.tableExists(tableName)) {
                //创建表描述对象
                TableDescriptorBuilder tableDescriptor = TableDescriptorBuilder.newBuilder
(tableName);
                //列簇 1
                ColumnFamilyDescriptor familyColumn1 = ColumnFamilyDescriptorBuilder.
newBuilder("c1".getBytes()).build();
                //列簇 2
                ColumnFamilyDescriptor familyColumn2 = ColumnFamilyDescriptorBuilder.
newBuilder("c2".getBytes()).build();
                tableDescriptor.setColumnFamily(familyColumn1);
                tableDescriptor.setColumnFamily(familyColumn2);
                //用 Admin 对象创建表
                admin.createTable(tableDescriptor.build());
            }
            //5、获取表
            table = connection.getTable(tableName);
            //6、关闭 Admin 对象
            admin.close();
        } catch (IOException e) {
            e.printStackTrace();
        }
    }

    //二、向表 put 数据
```

```
//日志初始格式：67.54.33.102,2022-11-14 09:06:00,"GET /tag/list HTTP/1.1    ",https://search.yahoo.com/search?p=复制粘贴玩大数据,404
//想要输出的结果：67.54.33.102,20221114090600,/tag/list,search.yahoo.com,404
//String log = ip+"\t"+newTime+"\t"+"\"GET /"+url+" HTTP/1.1    \""+"\t"+referer+"\t"+code;
//ip:67.54.33.102
//date:2022-11-14 09:06:00
//actionSource:"GET /tag/list HTTP/1.1 "
//refererSource:https://search.yahoo.com/search?p=复制粘贴玩大数据
//code:404
public void put(String log){

    //1、切割日志信息
    String[] arr = log.split(",");
    String ip = arr[0];
    String date = arr[1];
    String actionSource = arr[2];
    String refererSource = arr[3];
    String code = arr[4];

    System.out.println("原始数据：" + ip + "," + date+"," + actionSource + "," + refererSource + "," + code);

    //2、转换格式为以获取的想要的结果
    String dateFormat = date.replace("-","").replace(":","").replace(" ",""); // 删除“-”、空格和“:”
    String[] actionArr = actionSource.split(" ");   //删除空格
    String action = actionArr[1];
    String referer = null;
    if (!refererSource.equals("-")){
        String[] refererArr = refererSource.split("\\?");
        try {
            URL url = new URL(refererArr[0]);
            referer = url.getHost();
        } catch (MalformedURLException e) {
            e.printStackTrace();
        }
    } else {
        referer = "-";
    }
```

```
            //3、计算出该日志所在的 Region 区域号
            String hashCode = getHashCode(ip,dateFormat);

            //4、拼接 HBase 的 RowKey
            String rowKey = hashCode + "," + ip + "," + dateFormat + "," + code;

            //测试输出结果的结果：67.54.33.102,20221114090600,/tag/ list,search.yahoo.com,404
            System.out.println("转化后数据：" + ip + "," + dateFormat + "," + action +    "," + referer +
"," + code);

            //5、创建 Put 对象
            Put put = new Put(rowKey.getBytes());
            //在列簇中添加相应的列
            put.addColumn("c1".getBytes(),"ip".getBytes(),ip.getBytes());
            put.addColumn("c1".getBytes(),"date".getBytes(),dateFormat.getBytes());
            put.addColumn("c1".getBytes(),"action".getBytes(),action.getBytes());
            put.addColumn("c1".getBytes(),"referer".getBytes(),referer.getBytes());
            put.addColumn("c1".getBytes(),"code".getBytes(),code.getBytes());
            //put 数据到表中
            try {
                table.put(put);
            } catch (IOException e) {
                e.printStackTrace();
            }
        }

        //三、计算出该日志所在的 Region 区域号实现方法
        private String getHashCode(String ip,String dateFormat) {
            //1、此处取 ip 地址最后 5 位
            String ipNum = ip.replace(".","");
            int len = ipNum.length();
            String number = ipNum.substring(len - 4);
            //2、取出年份和月份
            String date = dateFormat.substring(0,6);
            //3、随机数取哈希值
            int code = (Integer.parseInt(date) ^ Integer.parseInt(number) ) % partitonsNum;
            //4、格式化后返回
            DecimalFormat df = new DecimalFormat();
```

```
            df.applyPattern("00");

            return df.format(code);
        }

    }
```

(4) 测试代码。

在 hbase 包下写一个 HBaseDAOTest 类，在里面编写一个 main 方法，在 main 方法中实现插入日志到 HBase 中的逻辑，具体操作是先新建一条日志，然后调用 HBaseDAO 类中的 put 方法即可，完整代码如下：

```
package com.bigdata.hadoop.hbase;

public class HBaseDAOTest {

    public static void main(String[] args) {

        // 定义一条数据
        String log = "67.54.33.102,2022-11-14 09:06:00,\"GET /tag/list   HTTP/1.1 \",https://search.
yahoo.com/search?p=复制粘贴玩大数据,404";
        // 插入数据测试
        HBaseDAO hBaseDAO = new HBaseDAO();
        hBaseDAO.put(log);

    }

}
```

启动 HBase 集群，命令如下：

```
start-hbase.sh
```

执行 main 方法，执行结束后进入 HBase Shell 操作页面，可用查看到已经通过代码新建的表，命令如下：

```
hbase shell

list
```

查看表的结果如图 7-39 所示。

```
hbase:011:0> list
TABLE
hbase
loginfo
2 row(s)
Took 0.0124 seconds
=> ["hbase", "loginfo"]
```

图 7-39　查看表的结果

查看 loginfo 表的数据，命令如下：

```
scan "loginfo"
```

查看结果如图 7-40 所示。

```
hbase:012:0> scan "loginfo"
ROW                              COLUMN+CELL
 61,67.54.33.102,20221114090600,404 column=c1:action, timestamp=2022-11-16T18:22:12.911, value=/tag/list
 61,67.54.33.102,20221114090600,404 column=c1:code, timestamp=2022-11-16T18:22:12.911, value=404
 61,67.54.33.102,20221114090600,404 column=c1:date, timestamp=2022-11-16T18:22:12.911, value=20221114090600
 61,67.54.33.102,20221114090600,404 column=c1:ip, timestamp=2022-11-16T18:22:12.911, value=67.54.33.102
 61,67.54.33.102,20221114090600,404 column=c1:referer, timestamp=2022-11-16T18:22:12.911, value=search.yahoo.com
```

图 7-40 查看 loginfo 表的数据的结果

可以看到，已经将日志数据插入到 HBase 的 loginfo 表中，说明测试成功。

测试成功后，我们需要删除测试数据，先 disable(禁用)表，再 drop(删除)表。删除表如图 7-41 所示。

```
disable 'loginfo'

drop 'loginfo'
```

```
hbase:013:0> disable 'loginfo'
Took 1.3153 seconds
hbase:014:0> drop 'loginfo'
Took 0.3841 seconds
hbase:015:0> list
TABLE
hbase
1 row(s)
Took 0.0104 seconds
=> ["hbase"]
```

图 7-41 删除表

(5) CustomConsumer 类调用 HBaseDAO 类。

测试插入数据到 HBase 成功后，就可以将 Kafka 与 HBase 结合起来。所以，此时可以在 Kafka 的消费者端调用与 HBaseDAO 类相关的代码，直接在 CustomConsumer 的 main 方法里调用即可，具体操作为构建 HBaseDAO 类的 HBase DAO 对象，代码如图 7-42 所示。

```
HBaseDAO hbaseDao = new HBaseDAO();

hbaseDao.put(message);
```

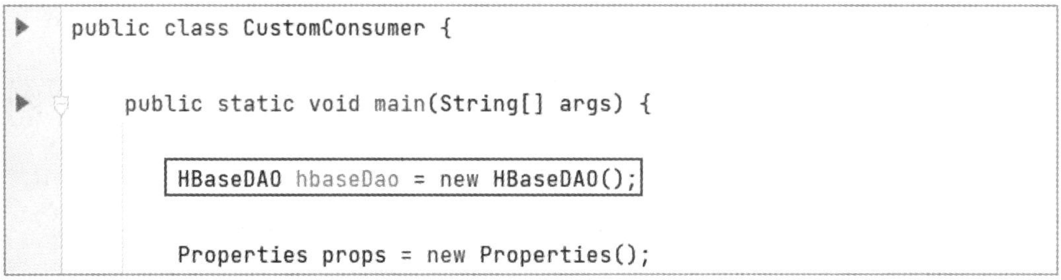

```
public class CustomConsumer {

    public static void main(String[] args) {

        HBaseDAO hbaseDao = new HBaseDAO();

        Properties props = new Properties();
```

图 7-42 构建 hbaseDao 对象

由于需要写入到 HBase 中的日志不止一条，因此可以编写一个 for 循环，然后在 for

循环里让 hbaseDao 对象去调用 put 方法，则可实现将多条日志插入到 HBase 中。hbaseDao 对象调用 put 方法代码如图 7-43 所示。

```
while (true) {
    // 消费者拉取数据
    ConsumerRecords<String, String> records = consumer.poll(Duration.ofMillis(100));
    for (ConsumerRecord<String, String> record : records) {
        System.out.println("offset = %d, key = %s, value = %s%n", record.offset(),
        String message = record.value();
        System.out.println("Receive: " + message);
        hbaseDao.put(message);
    }
    // 同步提交，当前线程会阻塞直到offset提交成功
    consumer.commitSync();
}
```

图 7-43 hbaseDao 对象调用 put 方法

注意：外层 while 循环是为了使程序一直执行。

(6) 打包到集群并执行。

重新打包新程序并上传到服务器上，执行 CustomConsumer 程序，命令如下：

```
java -cp /root/jars/logstat-1.0-SNAPSHOT-jar-with-dependencies.jar com.bigdata.hadoop.kafka.CustomConsumer
```

切换终端，查看 HBase 中的表，可以看到已生成 loginfo 表，但此时还没有数据。查看 HBase 中的表的结果如图 7-44 所示。

```
hbase:017:0> list
TABLE
hbase
loginfo
2 row(s)
Took 0.0231 seconds
=> ["hbase", "loginfo"]
hbase:018:0>
hbase:019:0>
hbase:020:0> scan "loginfo"
ROW                    COLUMN+CELL
0 row(s)
```

图 7-44 查看 HBase 中的表的结果

此时需要将 Flume 和模拟生成日志程序启动好。

打开一个新终端，执行如下命令：

```
flume-ng agent --conf $FLUME_HOME/conf --conf-file $FLUME_HOME/conf/kafka-hdfs.conf --name agent1 Dflume.root.logger=DEBUG,console
```

再打开一个新终端，启动模拟生成日志程序，命令如下：

```
java -cp /root/jars/logstat-1.0-SNAPSHOT.jar com.bigdata.hadoop.generate.GenerateLog
```

返回 HBase Shell 操作页面，查看 HBase 中 loginfo 表的数据，命令如下：

```
scan "loginfo"
```

查看 HBase 中 loginfo 表的数据如图 7-45 所示。

```
99,71.71.33.164,20221111135500,200  column=c1:action, timestamp=2022-11-16T18:46:46.057, value=/article/106.html
99,71.71.33.164,20221111135500,200  column=c1:code, timestamp=2022-11-16T18:46:46.057, value=200
99,71.71.33.164,20221111135500,200  column=c1:date, timestamp=2022-11-16T18:46:46.057, value=20221111135500
99,71.71.33.164,20221111135500,200  column=c1:ip, timestamp=2022-11-16T18:46:46.057, value=71.71.33.164
99,71.71.33.164,20221111135500,200  column=c1:referer, timestamp=2022-11-16T18:46:46.057, value=www.baidu.com
99,71.71.33.164,20221112042143,200  column=c1:action, timestamp=2022-11-16T18:46:39.035, value=/tag/list
99,71.71.33.164,20221112042143,200  column=c1:code, timestamp=2022-11-16T18:46:39.035, value=200
99,71.71.33.164,20221112042143,200  column=c1:date, timestamp=2022-11-16T18:46:39.035, value=20221112042143
99,71.71.33.164,20221112042143,200  column=c1:ip, timestamp=2022-11-16T18:46:39.035, value=71.71.33.164
99,71.71.33.164,20221112042143,200  column=c1:referer, timestamp=2022-11-16T18:46:39.035, value=search.yahoo.com
```

图 7-45　查看 HBase 中 loginfo 表的数据

从图 7-45 中可以发现，loginfo 表中的数据是一直在增加的，因为日志是实时生成的，所以其也是实时插入到 HBase 的 loginfo 表中的。至此已完成模拟日志生成，Flume 实时采集日志，将采集的日志发送给 Kafka，并且将数据写到 HBase 的流程。

6) 利用 MapReduc 分析 HDFS 上的数据并写入到 MySQL 中

接下来就要对数据进行分析，为了简化操作流程，本项目不考虑其他因素，直接将 IP 作为用户的访问量。也就是说，日志中出现的一个 IP 表示一次用户访问。前面已经提及，本项目业务需求是统计每天用户的访问量，并将统计结果写入到 MySQL 中。此过程对学生所掌握的基础要求比较高，涉及的知识点也比较多，如果学生已学过 Spring Boot 和 JS、HTML，则比较容易上手。

(1) MySQL 准备工作。

打开一个新终端，先登录 MySQL，命令如下：

```
mysql -uroot -p123456
```

新建 logstat 数据库，命令如下：

```
create database logstat;


use logstat;
```

创建统计结果相应的 day_log_access_topn_stat 表，代码如下：

```
create table day_log_access_topn_stat (
day varchar(8) not null,
times bigint(10) not null,
primary key (day)
);
```

(2) 引入 HDFS 所需要的 pom.xml 依赖。

将<hadoop.version>标签内容放在<properties>标签中，标签内容如下：

```
<hadoop.version>3.3.4</hadoop.version>
```

将<dependency>标签内容放在<dependencies>标签中，标签内容如下：

```
<dependency>
    <groupId>org.apache.hadoop</groupId>
    <artifactId>hadoop-client</artifactId>
    <version>${hadoop.version}</version>
</dependency>
```

引入编写 Hadoop 程序所需的依赖，如图 7-46 所示。

```
    <hbase.version>2.5.0</hbase.version>
    <hadoop.version>3.3.4</hadoop.version>
</properties>

<dependencies>
    <dependency>
        <groupId>org.apache.hadoop</groupId>
        <artifactId>hadoop-client</artifactId>
        <version>${hadoop.version}</version>
    </dependency>
    <dependency>
```

图 7-46 引入编写 Hadoop 程序所需的依赖

编写好 pom.xml 文件后，记得 reload(重新加载)一下项目，将依赖加载到项目中。

(3) 编写代码。

准备好后，新建 mapreduce 包和 LogStat2MySQL 类，如图 7-47 所示。

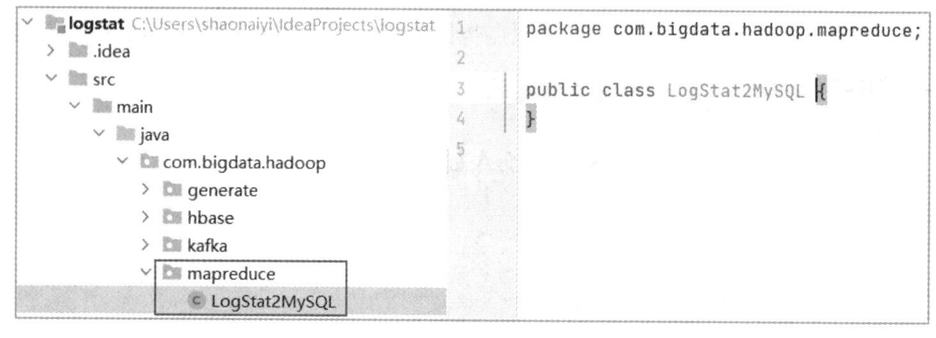

图 7-47 新建 mapreduce 包和 LogStat2MySQL 类

在 MyProperties 类中加入 MySQL 配置项，代码如下：

```
    //MySQL 相关配置项
    public static final String DRIVER = "com.mysql.cj.jdbc.Driver";
    public static final String URL = "jdbc:mysql://master:3306/logstat?useUnicode=true&characterEncoding=UTF8";
    public static final String USERNAME = "root";
    public static final String PASSWORD = "123456";
```

编写 LogStat2MySQL 类，代码如下：

```
package com.bigdata.hadoop.mapreduce;

import java.io.DataInput;
import java.io.DataOutput;
import java.io.IOException;
import java.sql.PreparedStatement;
import java.sql.ResultSet;
import java.sql.SQLException;
```

```
import com.bigdata.hadoop.property.MyProperties;
import org.apache.hadoop.io.Writable;
import org.apache.hadoop.mapred.lib.db.DBWritable;

import org.apache.hadoop.conf.Configuration;
import org.apache.hadoop.fs.FileSystem;
import org.apache.hadoop.fs.Path;
import org.apache.hadoop.io.LongWritable;
import org.apache.hadoop.io.Text;
import org.apache.hadoop.mapreduce.Job;
import org.apache.hadoop.mapreduce.Mapper;
import org.apache.hadoop.mapreduce.Reducer;
import org.apache.hadoop.mapreduce.lib.db.DBConfiguration;
import org.apache.hadoop.mapreduce.lib.db.DBOutputFormat;
import org.apache.hadoop.mapreduce.lib.input.FileInputFormat;
import org.apache.hadoop.mapreduce.lib.output.FileOutputFormat;

public class LogStat2MySQL {

    //一、与 MySQL 整合
    public static class TblsWritable implements Writable, DBWritable{

        String day;
        int times;

        public TblsWritable() {
        }

        public TblsWritable(String day, int times) {
            this.day = day;
            this.times = times;
        }

        public void write(PreparedStatement statement) throws SQLException {
            statement.setString(1, this.day);
            statement.setInt(2, this.times);
        }

        public void readFields(ResultSet resultSet) throws SQLException {
```

```
            this.day = resultSet.getString(1);
            this.times = resultSet.getInt(2);
        }

        public void write(DataOutput out) throws IOException {
            out.writeUTF(day);
            out.writeInt(times);
        }
        public void readFields(DataInput in) throws IOException {
            day = in.readUTF();
            times = in.readInt();
        }
    }


    //二、Map 类实现
    public static class MyMapper extends Mapper<LongWritable, Text, Text, LongWritable> {

        LongWritable one = new LongWritable(1);

        @Override
        protected void setup(Context context){
        }

        @Override
        protected void map(LongWritable key, Text value, Context context) throws IOException,
InterruptedException {

            //每条日志信息
            String lines = value.toString();
            String[] arr = lines.split(",");
            String date = arr[1];
            //截取日期
            String dateFormat = date.replace("-","").substring(0,8);
            context.write(new Text(dateFormat), one);

        }

        @Override
```

```
        protected void cleanup(Context context){
        }
    }

    //三、Reduce 类实现
    public static class MyReducer extends Reducer<Text, LongWritable, TblsWritable, TblsWritable> {

        @Override
        protected void reduce(Text key, Iterable<LongWritable> values, Context context) throws
IOException, InterruptedException {

            int sum = 0;
            for (LongWritable value: values){
                sum += value.get();
            }
            context.write(new TblsWritable(key.toString(), sum), null);
        }
    }

    //四、主类
    public static void main(String[] args) throws Exception{

        Configuration configuration = new Configuration();
        DBConfiguration.configureDB( configuration,
                MyProperties.DRIVER,
                MyProperties.URL,
                MyProperties.USERNAME,
                MyProperties.PASSWORD);

        //1、若输出路径有内容，则先删除
        Path outputPath = new Path(args[1]);
        FileSystem fileSystem = FileSystem.get(configuration);
        if(fileSystem.exists(outputPath)){
            fileSystem.delete(outputPath, true);
            System.out.println("路径存在，但已被删除");
        }

        Job job = Job.getInstance(configuration, "LogStat2MySQL");
```

```
        job.setJarByClass(LogStat2MySQL.class);

        job.setMapperClass(MyMapper.class);
        job.setMapOutputKeyClass(Text.class);
        job.setMapOutputValueClass(LongWritable.class);

        job.setReducerClass(MyReducer.class);
        job.setOutputKeyClass(Text.class);
        job.setOutputValueClass(LongWritable.class);

        job.setOutputFormatClass(DBOutputFormat.class);
        DBOutputFormat.setOutput(job, "day_log_access_topn_stat ", "day", "times");

        //2、添加 MySQL 数据库的 JAR 包到 HDFS 上，并设置好 JAR 包路径
        job.addArchiveToClassPath(new Path("/lib/mysql/mysql-connector-java-8.0.30.jar"));

        //3、参数 1：需要统计的文件路径；参数 2：统计的文件输出的路径
        FileInputFormat.setInputPaths(job, new Path(args[0]));
        FileOutputFormat.setOutputPath(job, new Path(args[1]));

        System.exit(job.waitForCompletion(true) ? 0 : 1);

    }

}
```

(4) 上传 MySQL 驱动包到 HDFS 中。

在执行程序前，需要将 MySQL 驱动包上传到 HDFS 中，此处代码中设置的路径为/lib/mysql，所以应先新建 HDFS 的目录，命令如下：

```
hdfs dfs -mkdir -p /lib/mysql
```

上传 MySQL 驱动包到 HDFS 中的/lib/mysql 路径(本次操作驱动包在本地的/root/package 目录)，命令如下：

```
hdfs dfs -put /root/package/mysql-connector-java-8.0.30.jar /lib/mysql
```

(5) 执行统计的代码。

重新打包程序并上传到集群，然后执行 LogStat2MySQL 程序，命令如下：

```
yarn jar /root/jars/logstat-1.0-SNAPSHOT-jar-with-dependencies.jar com.bigdata.hadoop.mapreduce.
LogStat2MySQL /user/flume/events/* /user/flume/out
```

执行完后，之前使用 Flume 采集到 HDFS 的日志数据将会被统计，并且将统计结果写入到 MySQL 中。查看统计结果的命令如下：

```
select * from day_log_access_topn_stat;
```

MySQL 统计结果如图 7-48 所示。

```
mysql> select * from day_log_access_topn_stat;
+----------+-------+
| day      | times |
+----------+-------+
| 20221107 |   124 |
| 20221108 |   390 |
| 20221109 |   455 |
| 20221110 |   921 |
| 20221111 |   985 |
| 20221112 |   879 |
| 20221113 |   940 |
| 20221114 |   889 |
| 20221115 |   562 |
| 20221116 |   405 |
+----------+-------+
10 rows in set (0.05 sec)
```

图 7-48　MySQL 统计结果

至此，利用 MapReduce 分析 HDFS 中的数据并写入到 MySQL 中已完成。

7) ECharts 与 MySQL 整合并实现数据可视化

本项目使用 ECharts 对数据进行可视化。

(1) 新建一个 Web 项目。

在浏览器中输入网址 https://start.spring.io/，可以在此网址中生成一个 Spring Boot 项目。在左侧勾选或者填写相关的信息，在右侧单击“ADD DEPENDENCIES...”会弹出需要添加的依赖，分别搜索“Spring Web”“MySQL Driver”，将这两个依赖添加进来，最后单击页面下方的“GENERATE”，则会生成项目并下载到自定义的路径。新建 Spring Boot 项目示意图如图 7-49 所示。

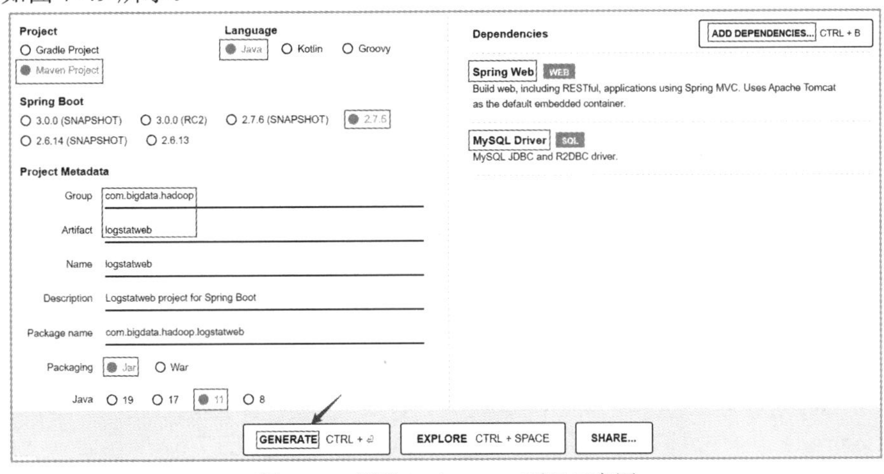

图 7-49　新建 Spring Boot 项目示意图

说明：

① 如果 Spring Boot 没有 2.7.5 版本，随意选择一个版本即可。当项目新建好之后，可以直接在 pom.xml 文件中修改版本。

② 添加依赖项操作可以不在 http://start.spring.io/ 页面选择，等项目新建好后在 pom.xml 文件中添加。

项目下载好后是一个名为 logstatweb 的压缩包，可以将此压缩包拷贝到 IDEA 的项目路径下，然后解压，解压后是一个名称为 logstatweb 的文件夹，同时其也是一个可供 IDEA

编辑器打开的项目。logstatweb 项目的内容如图 7-50 所示。

C:\Users\shaonaiyi\IdeaProjects\logstatweb　　搜索"logstatweb"

名称	修改日期	类型	大小
.mvn	2022/11/17 14:46	文件夹	
src	2022/11/17 14:46	文件夹	
.gitignore	2022/11/17 6:40	GITIGNORE 文件	1 KB
HELP.md	2022/11/17 6:40	MD 文件	2 KB
mvnw	2022/11/17 6:40	文件	11 KB
mvnw	2022/11/17 6:40	Windows 命令脚本	7 KB
pom	2022/11/17 6:40	Cent HTML Doc...	2 KB

图 7-50　logstatweb 项目的内容

(2) 打开 logstatweb 项目并进行初始化操作。

此时，可以使用 IDEA 编辑器打开 logstatweb 项目。先单击“File”再单击“Open”，选择 logstatweb 项目打开，并将 Maven 相关依赖重新 reload(重新加载)一遍，等待依赖下载完成。依赖下载好后，可以看到 logstatweb 项目结构，如图 7-51 所示。

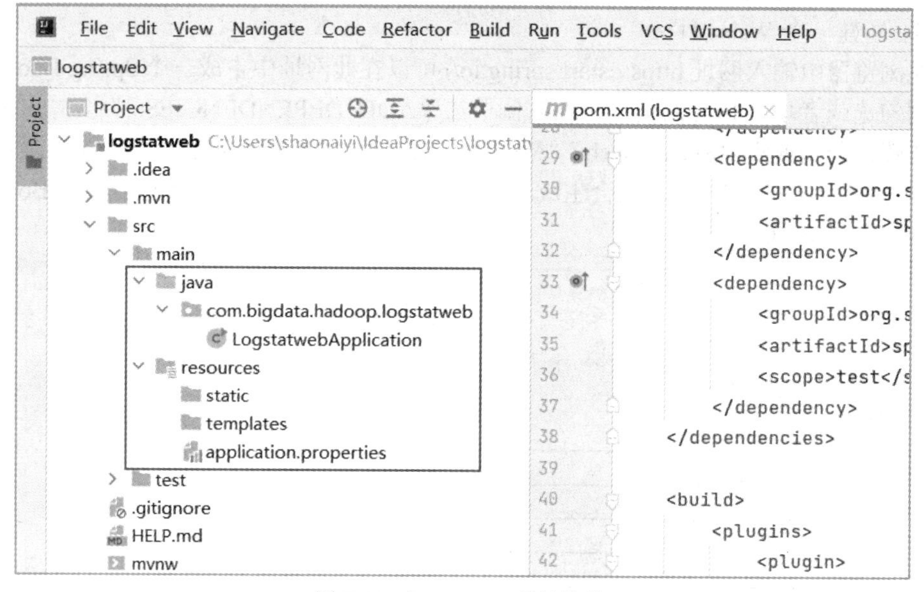

图 7-51　logstatweb 项目结构

(3) 在 logstatweb 项目的 logstatweb 包下新建一个 controller 包，并在此包中新建 LogStatController 类(注意位置)。新建的 LogStatController 类如图 7-52 所示。

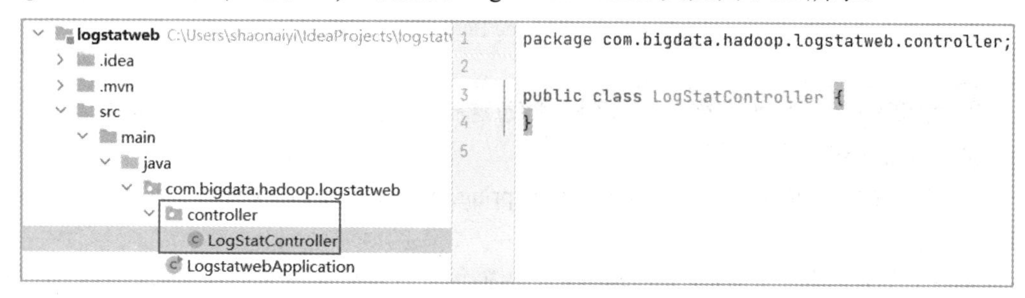

图 7-52　新建的 LogStatController 类

(4) 在 logstatweb 包下新建一个 pojo 包，并在此包中新建 DayTimes 实体类，在后续的程序中 LogStatController 类将会返回 DayTimes 实体类集合供前端页面展示。新建的 DayTimes 实体类如图 7-53 所示。

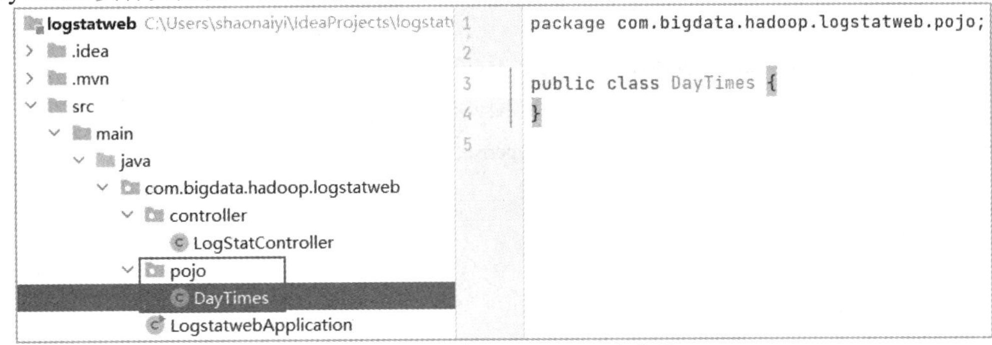

图 7-53　新建的 DayTimes 实体类

添加 day 和 times 属性，并且添加 setter 和 getter 方法，代码如下：

```
package com.bigdata.hadoop.logstatweb.pojo;

public class DayTimes {

    private String day;
    private Integer times;

    public String getDay() {
        return day;
    }

    public void setDay(String day) {
        this.day = day;
    }

    public Integer getTimes() {
        return times;
    }

    public void setTimes(Integer times) {
        this.times = times;
    }
}
```

(5) 在 logstatweb 包下新建一个 property 包，并在此包中编写 MyProperties 类和添加 MySQL 的相关配置，代码如下：

```
//MySQL 相关配置项
```

```
    public static final String DRIVER = "com.mysql.cj.jdbc.Driver";
    public static final String URL = "jdbc:mysql://master:3306/logstat?useUnicode=true&characterEncoding=
UTF8";
    public static final String USERNAME = "root";
    public static final String PASSWORD = "123456";
```

说明：URL 中的“master”可以修改为 MySQL 服务器的 ip 地址，完整代码如下：

```
    package com.bigdata.hadoop.logstatweb.property;

    public class MyProperties {

        //MySQL 相关配置项
        public static final String DRIVER = "com.mysql.cj.jdbc.Driver";
        public static final String URL = "jdbc:mysql://master:3306/logstat?useUnicode= true&character-
Encoding=UTF8";
        public static final String USERNAME = "root";
        public static final String PASSWORD = "123456";

    }
```

(6) 在 logstatweb 包下新建一个 dao 包，并在此包中新建 MySQLDAO 类，完整代码如下：

```
    package com.bigdata.hadoop.logstatweb.dao;

    import com.bigdata.hadoop.logstatweb.pojo.DayTimes;
    import com.bigdata.hadoop.logstatweb.property.MyProperties;

    import java.sql.*;
    import java.util.ArrayList;
    import java.util.List;

    public class MySQLDAO {

        //一、连接 MySQL 的配置项
        static final String DRIVER = MyProperties.DRIVER;
        static final String URL = MyProperties.URL;
        static final String USERNAME = MyProperties.USERNAME;
        static final String PASSWORD = MyProperties.PASSWORD;

        //二、查询数据
        public static List<DayTimes> queryDayTimes() {
```

```
Connection conn = null;
Statement stmt = null;
List<DayTimes> dayTimesList = new ArrayList<DayTimes>();

try{
    //1、注册 JDBC 驱动
    Class.forName(DRIVER);

    //2、打开连接
    System.out.println("连接数据库...");
    conn = DriverManager.getConnection(URL,USERNAME,PASSWORD);

    //3、执行查询
    System.out.println("实例化 Statement 对象...");
    stmt = conn.createStatement();
    String sql;

    //4、定义 SQL 语句
    sql = "SELECT day,times FROM day_log_access_topn_stat order by times desc limit 5;";
    ResultSet rs = stmt.executeQuery(sql);
    String day;
    Integer times;
    DayTimes dayTimes = null;

    //5、查询结果
    while(rs.next()){

        dayTimes = new DayTimes();
        //通过字段检索
        day   = rs.getString("day");
        times = rs.getInt("times");
        System.out.println(day+" "+times);

        dayTimes.setDay(day);
        dayTimes.setTimes(times);

        dayTimesList.add(dayTimes);
```

```
                    //测试输出数据
                    System.out.print("day: " + day + "\n");
                    System.out.print("times: " + times + "\n");
                }

                //6、完成后关闭
                rs.close();
                stmt.close();
                conn.close();

            }catch(SQLException e){
                e.printStackTrace();
            }catch(Exception e){
                e.printStackTrace();
            }finally{
                //7、关闭资源
                try{
                    if(stmt!=null) stmt.close();
                }catch(SQLException se2){
                }
                try{
                    if(conn!=null) conn.close();
                }catch(SQLException se){
                    se.printStackTrace();
                }
            }
            //8、返回结果
            return dayTimesList;
        }

    }
```

上述代码中的关键语句是下面的 SQL 语句：

```
SELECT day,times FROM day_log_access_topn_stat order by times desc limit 5;
```

此 SQL 语句的含义是按用户访问量降序查询 day_log_access_topn_stat 表，并且取前 5 条数据。

(7) 编写 LogStatController 类，代码如下：

```
package com.bigdata.hadoop.logstatweb.controller;

import com.bigdata.hadoop.logstatweb.dao.MySQLDAO;
```

```
import com.bigdata.hadoop.logstatweb.pojo.DayTimes;
import org.springframework.stereotype.Controller;
import org.springframework.web.bind.annotation.RequestMapping;
import org.springframework.web.bind.annotation.ResponseBody;

import java.util.List;

@Controller
public class LogStatController {

    @RequestMapping("/list")
    @ResponseBody
    public List<DayTimes> getList(){
        return MySQLDAO.queryDayTimes();
    }

    @RequestMapping("/index")
    public String index(){
        return "index";
    }

}
```

(8) 在 resource/templates 目录下新建一个名称为 index 的 HTML 文件。具体操作为先右击“templates”，再单击“New”→“HTML File”，输入文件名，最后按下回车键即可。新建 index. html 文件示意图如图 7-54 所示。

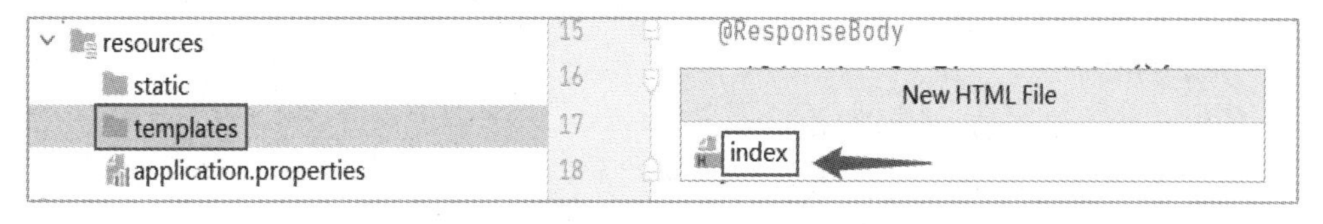

图 7-54　新建 index.html 文件示意图

新建 index.html 文件的完整代码如下：

```
<!DOCTYPE html>
<html lang="en">
<head>
    <meta charset="UTF-8">
    <title>用户访问量</title>
    <script src="js/echarts.min.js"></script>
    <script src="js/jquery-3.6.1.min.js"></script>
</head>
<body>
```

```
<!-- 为 ECharts 准备一个具备大小(宽高)的 DOM -->
<div id="main" style="width: 600px;height:400px;"></div>

<script type="text/javascript">
    //一、基于准备好的 dom，初始化 echarts 实例
    var myChart = echarts.init(document.getElementById('main'));

    //二、新建 statday 与 times 数组接收
    var statday = [];
    var stattimes = [];

    //三、AJAX 接收数据主体
    $.ajax({
        type:"GET",
        //1、访问的 URL，需与 LogStatController 类对应
        url:"/list",
        dataType:"json",
        async:false,
        success:function (result) {

            for (var i = 0; i < result.length; i++){
                statday.push(result[i].day);
                stattimes.push(result[i].times);
            }

        },
        error :function(errorMsg) {
            alert("获取后台数据失败！");
        }
    });

    // 指定图表的配置项和数据
    var option = {
        title: {
            text: '统计每天用户的访问量'
        },
        tooltip: {},
        legend: {
            data:['次数']
```

```
        },
        xAxis: {
            //结合
            data: statday
        },

        yAxis: {},
        series: [{
            name: '次数',
            type: 'bar',
            //结合
            data: stattimes
        }]
    };

    // 使用刚指定的配置项和数据显示图表。
    myChart.setOption(option);

</script>
</body>
```

(9) 引入 js 与 ECharts。

下面引入 ECharts 和 JQuery 的 js 包，先在 resources/static 目录下新建一个名为 js 的文件夹。具体操作为先右击“static”，再单击“New”→“Directory”，输入文件名，最后按下回车键即可。新建 js 文件夹的示意图如图 7-55 所示。

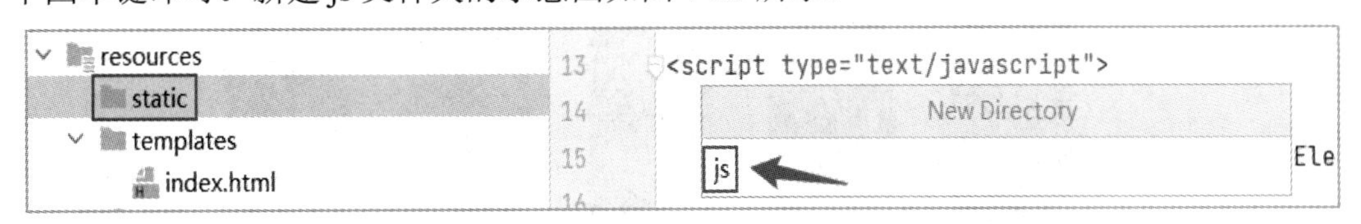

图 7-55　新建 js 文件夹的示意图

将 ECharts 的资源包与 JQuery 的资源文件拷贝到 js 文件夹中，如图 7-56 所示。

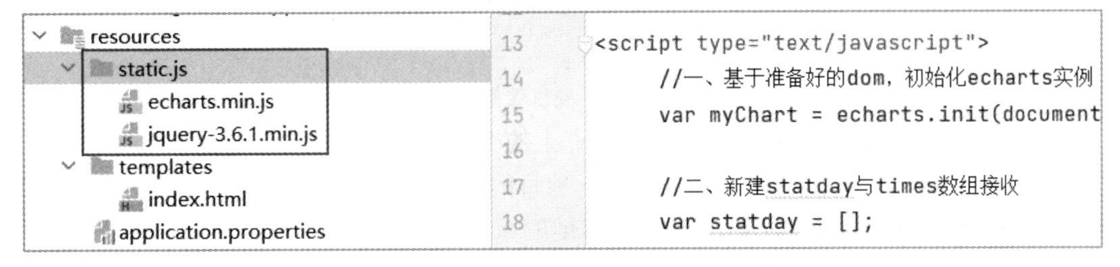

图 7-56　将 ECHarts 的资源包和 JQuery 的资源文件拷贝到 js 文件夹中

说明：本项目中使用的两个文件名称分别为 echarts.min.js 和 jquery-3.6.1.min.js。

(10) 测试项目。

此时可以先在 Windows 本地测试项目，测试成功后再打包到集群中运行。具体操作为先打开构建项目时自动创建的 LogstatwebApplication 类，然后单击类名左侧的运行按钮即可。在 Windows 本地启动项目的示意图如图 7-57 所示。

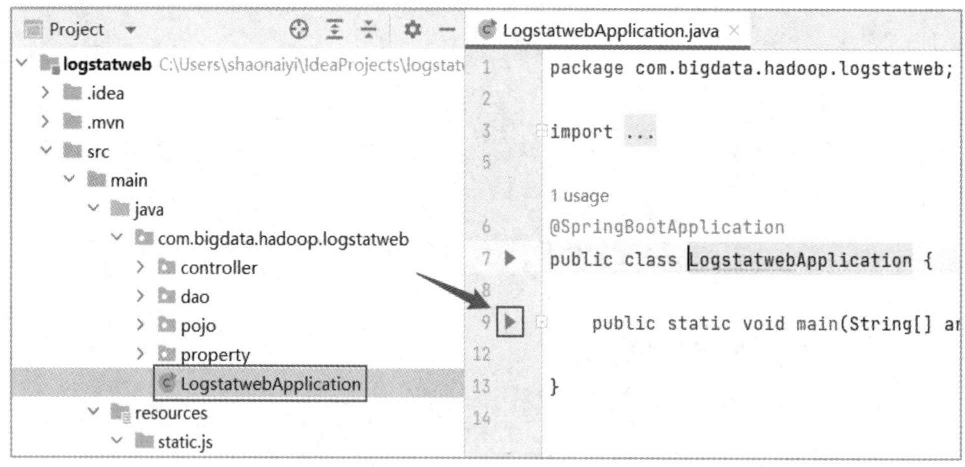

图 7-57　在 Windows 本地启动项目的示意图

运行之后，可以在 Windows 本地打开浏览器，在地址栏中输入 http://localhost: 8080/index。按下回车键后，若页面中出现图表，则表示测试成功。项目效果图如图 7-58 所示。

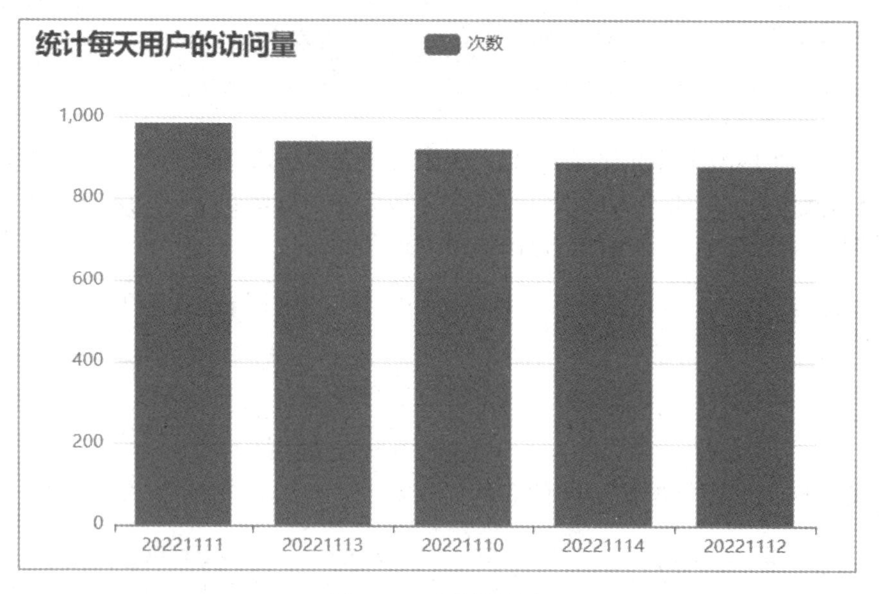

图 7-58　项目效果图

注意：在 Windows 本地访问 master 节点上的 MySQL 服务时，需要先将 mastet 节点上的 MySQL 服务启动，此外，在 logstatweb 项目的 MyProperties 类中所配置的 MySQL 服务器地址为 master，所以需要将 Windows 本地的域名映射关系配置好。该配置已经在实训 2.2 中操作过，若没配置，则可参考实训 2.2 的相关步骤。

(11) 打包并运行项目。

打包之前，需要先将 Java 编译版本修改为 Java8，因为集群上的版本是 Java8。修改 Java 版本的结果如图 7-59 所示。

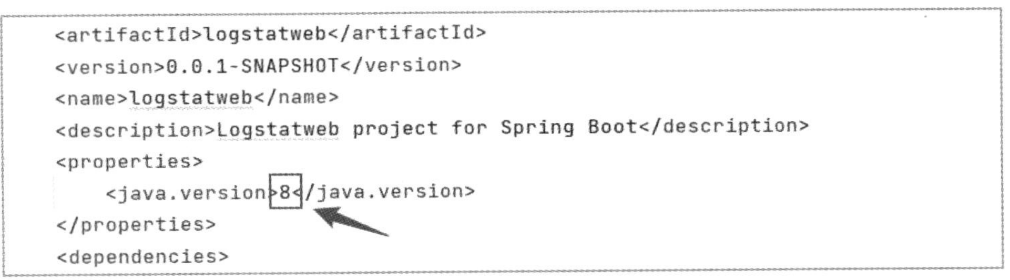

```
<artifactId>logstatweb</artifactId>
<version>0.0.1-SNAPSHOT</version>
<name>logstatweb</name>
<description>Logstatweb project for Spring Boot</description>
<properties>
    <java.version>8</java.version>
</properties>
<dependencies>
```

图 7-59　修改 Java 版本的结果

然后将项目进行打包，并上传到 master 的/root/jars 目录下，执行以下命令启动项目：

```
java -jar /root/jars/logstatweb-0.0.1-SNAPSHOT.jar --server.port=8888
```

说明：--server.port=8888 表示指定项目的服务端口为 8888，这样可以解决因为端口冲突而报错的问题。如果不冲突，也可以不指定端口。

启动后，终端的显示效果如图 7-60 所示。

```
calhost].[/]       : Initializing Spring embedded WebApplicationContext
2022-11-17 04:06:44.791  INFO 10743 --- [           main] w.s.c.ServletWebServer
ApplicationContext : Root WebApplicationContext: initialization completed in 122
8 ms
2022-11-17 04:06:45.076  INFO 10743 --- [           main] o.s.b.a.w.s.WelcomePag
eHandlerMapping    : Adding welcome page template: index
2022-11-17 04:06:45.276  INFO 10743 --- [           main] o.s.b.w.embedded.tomca
t.TomcatWebServer  : Tomcat started on port(s): 8888 (http) with context path ''
2022-11-17 04:06:45.290  INFO 10743 --- [           main] c.b.h.logstatweb.Logst
atwebApplication   : Started LogstatwebApplication in 2.418 seconds (JVM running
 for 2.831)
```

图 7-60　启动项目效果图

4. 项目展示

由于项目的服务端口已经改成 8888，所以访问项目需要使用 8888 端口。此时可以在 Windows 本地打开浏览器，在地址栏中输入 http://master:8888/index，按下回车键后，可以看到已经将 MySQL 中的数据查询出来了。项目最终效果如图 7-61 所示。

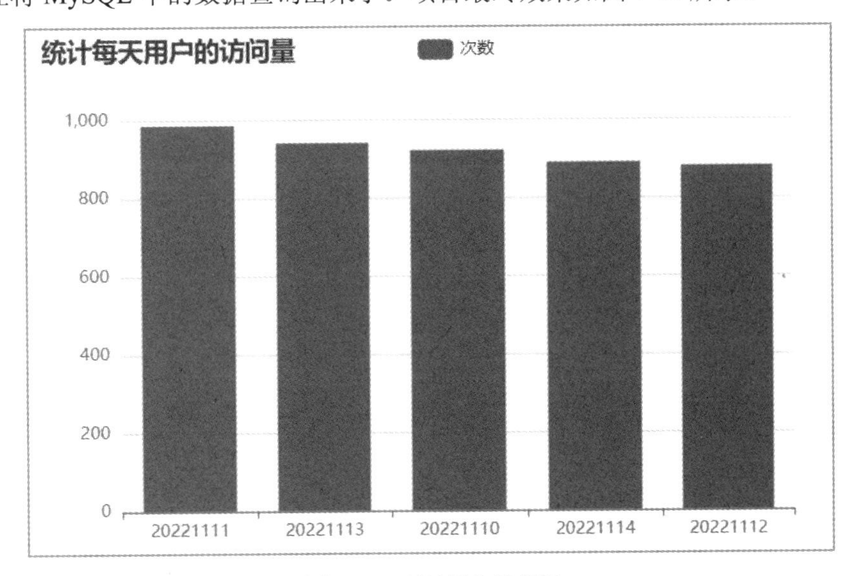

图 7-61　项目最终效果图

至此，大数据处理的一整套流程就已经实现，即数据采集→数据清洗→数据处理→数据处理结果入库→数据可视化。

7.3 项目总结

在本项目中，结合实际生产项目，搭建了一个小型的大数据平台。尽可能地简化工作上的复杂流程，以让学者轻易上手。在实操本项目前，需要有足够的基础，而且要确保所需要的组件都安装正确。如果前面的实训没有完成，直接上手本项目，那么可能会出现错误，此时应该翻阅本书并查看前面的实训，确保没有遗漏重要步骤。

若遇到问题，则应学会自行搜索资料，并注意软件的版本问题。在实际中，大多数企业都会选用集成的管理平台，以更好地解决版本问题。如选用 CDP 大数据平台，则不会遇到实训里面经常遇到的要覆盖掉一些旧的 JAR 包来解决冲突的情况。此类情况还会有很多，尤其是在生产上，但是在初学者入门学习的时候，为了节约学习成本，也为了更好地理解大数据的生态，用原生的组件进行学习的效果是非常好的。

本项目还有很多可以优化的地方，但是也会要求有很高的知识水平，如完善 Shell 脚本加入 HBase 内存的调优操作等。

知识巩固

1. 本项目还有哪些可以优化的地方？
2. 本项目还有哪些需求可以实现？
3. 开发一个完整的项目需要哪些团队成员？

附录 1　搭建虚拟机环境

由于本书篇幅有限，搭建虚拟机环境过程以在线文档与学习视频的方式给出，供读者学习。请扫描下方二维码查阅相关资料。

搭建虚拟机环境的相关资源

附录 2　大数据常用管理脚本

1. 脚本 1

文件名称：scp_all.sh。

作用：从 master 节点复制文件/文件夹到 slave1、slave2 节点。

完整代码如下：

```
#!/bin/bash

prame=$1   #接收文件名
dirname=`dirname $1`
cd $dirname     #进入该文件路径下
fullpath=`pwd -P .`   #获得该文件的绝对路径
user=`whoami`       #获得当前用户的身份

for ip in master slave1 slave2 #循环三个主机名
do
echo ============= $ip ==============
   scp -r $prame ${user}@$ip:$fullpath
done
```

使用说明：下面两条命令

```
scp mapred-site.xml yarn-site.xml hadoop-sny@slave1:~/bigdata/hadoop-2.7.5/etc/hadoop/
scp mapred-site.xml yarn-site.xml hadoop-sny@slave2:~/bigdata/hadoop-2.7.5/etc/hadoop/
```

可替换成如下命令：

```
cd ~/bigdata/hadoop-2.7.5/etc/hadoop/
scp_all.sh mapred-site.xml
scp_all.sh yarn-site.xml
```

2. 脚本 2

文件名称：call_all.sh。

作用：使 master、slave1、slave2 3 个节点执行同样的命令。

完整代码如下：

```
#!/bin/bash

prame=$1 #接收命令参数
for ip in master slave1 slave2 #循环 3 个主机名
```

```
do
   echo ============== $ip $prame ===============
   ssh $ip "source /etc/profile;$prame"
done
```

使用说明：若在 3 个节点上执行 jps 命令，则可直接在 master 节点上执行如下命令：

```
call_all.sh jps
```

3. 脚本 3

文件名称：jps_all.sh

作用：用于执行 3 个节点的 jps 指令。其实只需将脚本 2 的代码修改即可。

完整代码如下：

```
#!/bin/bash

prame=$1 #接收命令参数
for ip in master slave1 slave2 #循环 3 个主机名
do
   echo ============== $ip $prame ===============
   ssh $ip "source /etc/profile;jps"
done
```

使用说明：也可直接在 master 节点上执行，如下命令：

```
jps_all.sh
```

参 考 文 献

[1] WHITET. Hadoop:the definitive guide[M].4th ed.南京：东南大学出版社，2015.

[2] WHITE T. Hadoop 权威指南[M]. 3 版. 华东师范大学数据科学与工程学院，译. 北京：清华大学出版社，2015.

[3] WHITE T. Hadoop 权威指南：大数据的存储与分析[M]. 4 版. 王海，华东，刘喻，等，译. 北京：清华大学出版社，2017.

[4] 孙志伟. Hadoop 3 实战指南[M]. 北京：人民邮电出版社，2021.